XINNENGYUAN FADIAN XIANGMU QIANQI KAIFA
SHIYONG JISHU SHOUCE

新能源发电项目前期开发

实用技术手册

中国电力建设工程咨询中南有限公司 / 组编

彭恒 / 主编

中国电力出版社
CHINA ELECTRIC POWER PRESS

内　容　提　要

　　本手册全面介绍了新能源发电项目开发业务人员在项目开发阶段所需的技术知识与资料。全书共分为 13 章，内容涵盖了几乎所有的新能源发电项目类型，每种发电形式均介绍了基本原理、主要工艺路线、关键设备及参数、主要技术经济指标、行业发展情况等，并附有大量的工程数据资料，是一本实用性很强的工具书。

　　本手册主要供业主、工程建设及设计单位新能源项目开发人员使用，也可作为施工安装、运行管理单位相关人员及高等院校相关专业师生的参考书。

图书在版编目（CIP）数据

新能源发电项目前期开发实用技术手册/中国电力建设工程咨询中南有限公司组编；彭恒主编 . —北京：中国电力出版社，2023.10
ISBN 978-7-5198-7986-0

Ⅰ.①新… Ⅱ.①中…②彭… Ⅲ.①新能源-发电-项目开发-技术手册 Ⅳ.①TM61-62

中国国家版本馆 CIP 数据核字（2023）第 129896 号

出版发行：中国电力出版社
地　　址：北京市东城区北京站西街 19 号（邮政编码 100005）
网　　址：http：//www.cepp.sgcc.com.cn
责任编辑：孙建英（010—63412369）　董艳荣
责任校对：黄　蓓　常燕昆
装帧设计：王红柳
责任印制：吴　迪

印　　刷：三河市航远印刷有限公司
版　　次：2023 年 10 月第一版
印　　次：2023 年 10 月北京第一次印刷
开　　本：787 毫米×1092 毫米　16 开本
印　　张：15.25
字　　数：336 千字
印　　数：0001—1000 册
定　　价：80.00 元

《新能源发电项目前期开发实用技术手册》编写组

主　编　彭　恒

副主编　谢炎柏

编写人（以章节顺序排列）

　　　　彭　恒　谢炎柏　张　林　李　鹏　李　辰　魏　琨

　　　　叶慧蓉　邓应华　冯道显　李时宇　王金龙　刘　丹

审核人（以章节顺序排列）

　　　　谢炎柏　彭　恒　李　辰　邓应华　冯道显　魏　琨

　　　　王金龙　张　林

在国际《巴黎气候协定》和国家"双碳"目标战略的背景下，国内外新能源发电投资建设迎来了高峰，大量的企业进入到这一领域。由于新能源发电的发展历程相对较短，而且各种形式种类繁多，很多电力建设工作者们对这类项目还比较陌生，而项目的压力又要求大家不得不尽快熟悉相关的技术内容，因此，急需一本实用的技术手册以解燃眉之急。

对于负责新能源发电项目开发的业务人员而言，在前期开发过程中除了要具备商务运作方面的能力外，还需要了解与项目有关的一些技术知识，从而在项目前期的策划与洽谈中能游刃有余，给予利益相关方充分的信心。此外，在项目开发与建设的操作过程中，一些重要的数据资料需要全面了解并随身备查。本手册正是基于这样的使用目的来编写的。

本手册主要用于新能源发电工程项目开发，可满足相关业务人员在项目开发阶段的技术资料需求。全书共分13章，包括新能源发电行业发展状况，新能源发电项目前期工程信息资料，新能源发电项目前期各阶段主要工作，新能源发电项目前期技术文件，光伏发电，光热发电，风力发电，生活垃圾发电，农林生物质发电，地热发电，储能，电力源网荷储一体化和多能互补、多能耦合，新能源发电项目技术经济分析等内容，每种发电形式均介绍了基本原理、主要工艺路线、关键设备及参数、主要技术经济指标、行业发展情况等，并附有大量的工程数据资料，既浅显易读又内容翔实，适用于快速了解和运用，具有很强的实用性。

本手册由中国电力建设工程咨询中南有限公司组织编写，编写及审核人员均为多年从事新能源发电咨询设计工作的资深专家。本手册中许多案例资料来自实际工程项目，设备资料均由相关设备厂家提供。本手册第一章由彭恒、谢炎柏编写，第二章由张林编写，第三章由李鹏编写，第四章由李辰编写，第五章由魏琨编写，第六章由叶慧蓉编写，第七章由邓应华编写，第八章、第九章由冯道显编写，第十章由李时宇编写，第十一章由王金龙编写，第十二章由彭恒编写，第十三章由刘丹编写，全书由彭恒、谢炎柏负责统稿。毛军完成了全书的文件整理工作，在此深表感谢！

由于业务工作繁忙，时间有限，错误及不当之处在所难免，恳请广大读者多多指正。

《新能源发电项目前期开发实用技术手册》编写组
2023 年 6 月

前言

第一章

新能源发电行业发展状况

第一节 新能源发电项目主要类型及行业发展回顾

一、新能源发电类型

常规能源是指已能大规模生产和广泛利用的一次能源，又称传统能源，如煤炭、石油、天然气、水力和核裂变能，是促进社会进步和文明的主要能源。

新能源是指常规能源之外的各种能源形式。它的各种形式都是直接或者间接地来自于太阳或地球内部所产生的热能，均为可再生能源。包括太阳能、风能、生物质能、地热能、海洋能以及由可再生能源衍生出来的生物燃料和氢所产生的能量。这些能源用于产生电能即为新能源发电。

值得一提的是，新能源均为可再生能源，但根据国际可再生能源署的定义，可再生能源除上述新能源外，还包括常规的水力能（水力发电及抽水蓄能发电）。

新能源发电类型见图 1-1。

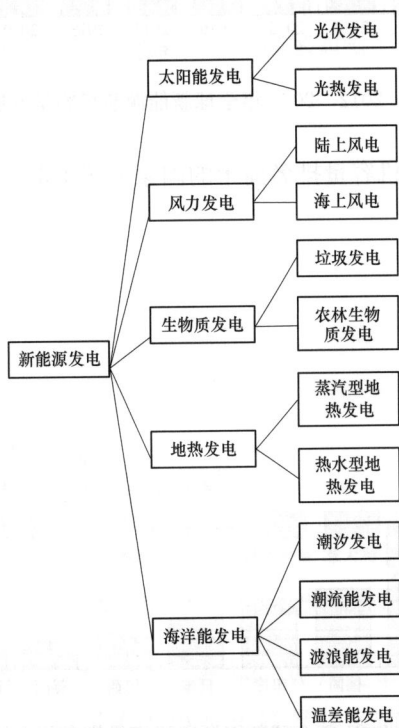

图 1-1 新能源发电类型

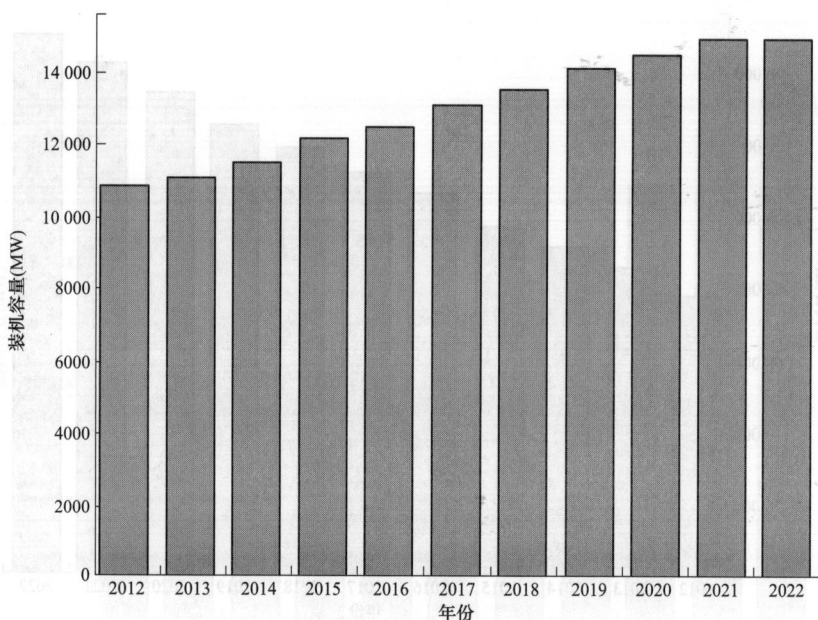

图1-10 2012—2022年全球地热发电装机容量发展趋势

2022年全球地热发电装机容量排名前十的国家如图1-11所示。

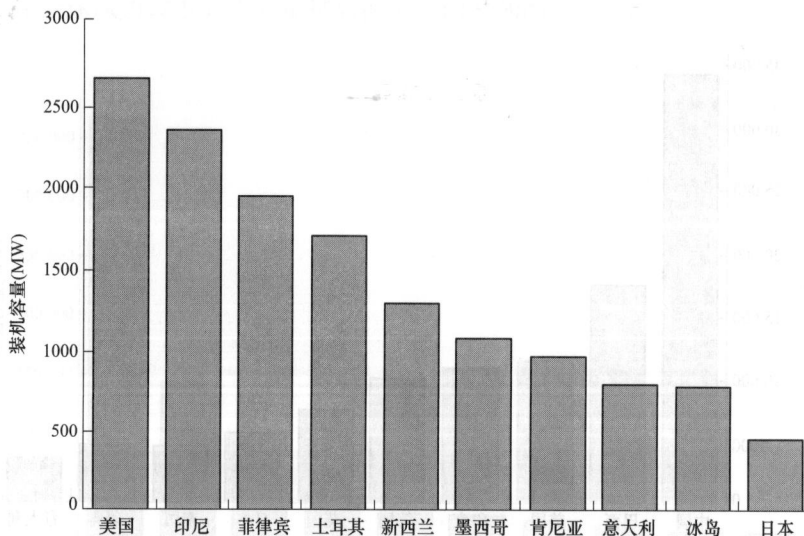

图1-11 2022年全球地热发电装机容量排名前十的国家

（6）全球海洋能发电装机容量从2012年的509MW增长至2025年的524MW，增长缓慢，近年来几乎停滞。截至2022年全球海洋能发电装机容量排名前五位的国家分别为朝鲜（256MW）、法国（211MW）、英国（22MW）、加拿大（21MW）、西班牙（5MW）。

2012—2022年全球海洋能发电装机容量发展趋势如图1-12所示。

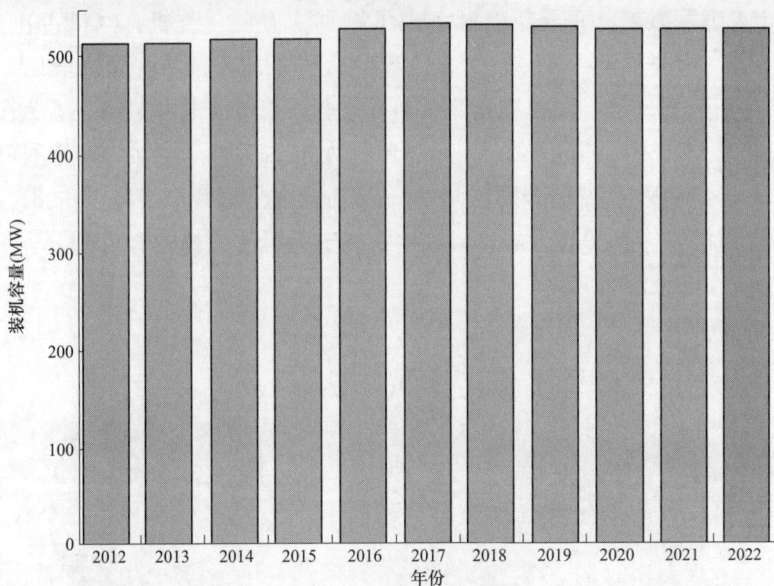

图 1-12　2012—2022 年全球海洋能发电装机容量发展趋势

2022 年全球海洋能发电装机容量排名前十的国家如图 1-13 所示。

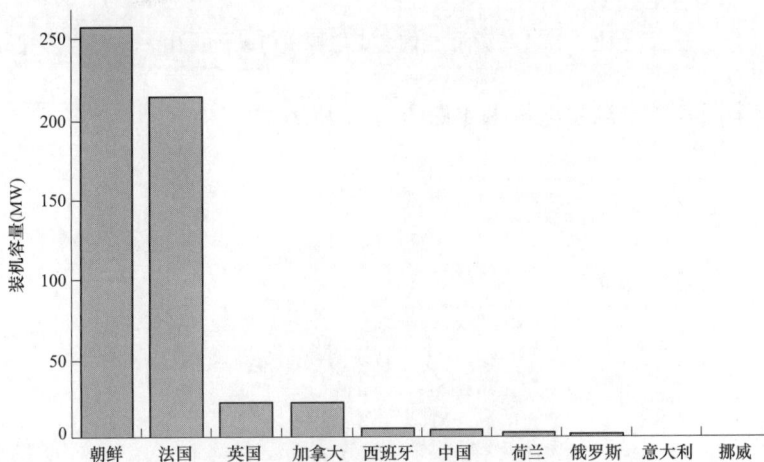

图 1-13　2022 年全球海洋能发电装机容量排名前十的国家

（7）2022 年全球五种新能源发电装机占比见图 1-14。

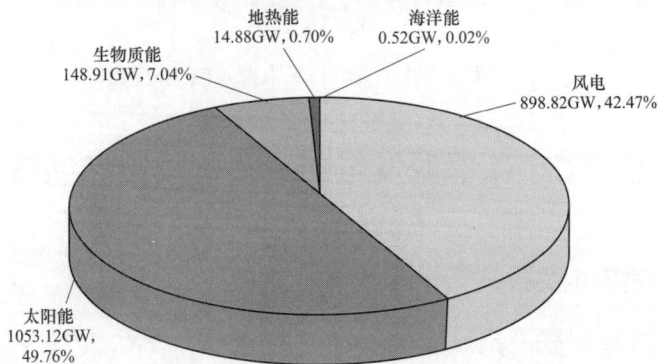

图 1-14　2022 年全球五种新能源发电装机占比

（8）"十三五"以来，我国新能源实现了跨越式发展，装机、电量占比显著提升。截至 2022 年底，全国非化石能源发电装机容量达到 12.7 亿 kW，同比增长 13.8%，占总装机比重上升至 49.6%，同比提高 2.6 个百分点，其中水电占 16.1%，太阳能发电占 15.3%，风电占 14.3%，核电占 2.2%，生物质发电占 1.6%。2022 年全国可再生能源发电量为 2.7 万亿 kWh，占全国发电量的 31.3%、占全国新增发电量的 81%，已成为我国新增发电量的主体。2022 年全国各类电源发电装机占比如图 1-15 所示。

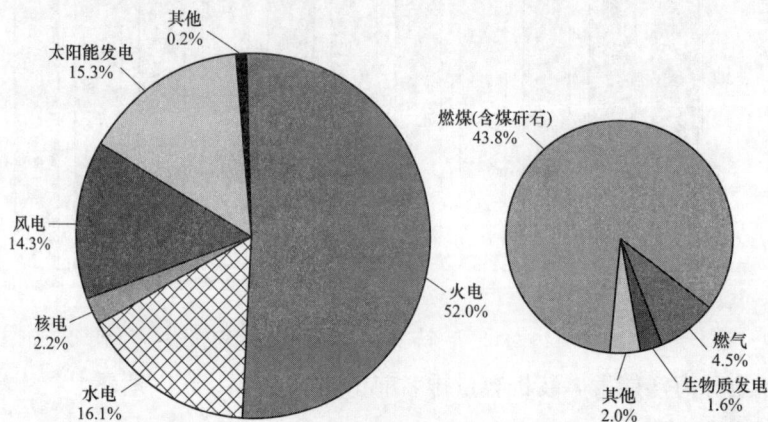

图 1-15　2022 年全国各类电源发电装机占比

2022 年全国各类电源发电量占比如图 1-16 所示。

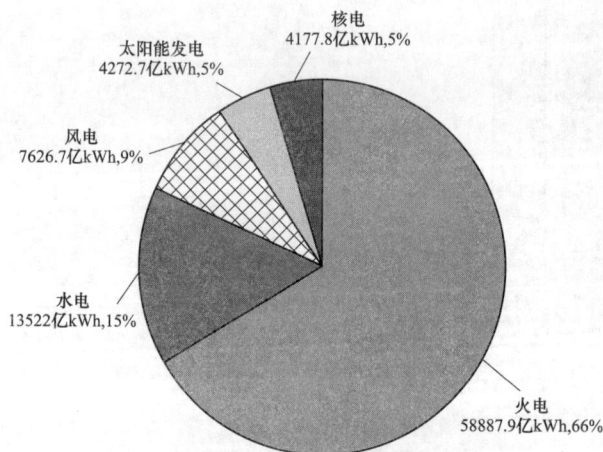

图 1-16　2022 年全国各类电源发电量占比

第二节　新能源发电相关政策及市场展望

一、新能源发电相关政策

为应对全球气候变暖、实现碳达峰碳中和目标，能源行业绿色转型已成为国际社会所采取的共同行动，全球正在经历新一轮的能源变革。

绿色能源转型离不开政策的支持。为了促进新能源产业的发展，各国均制定了系列化的产业扶持政策。不同阶段、不同国家，对新能源的产业扶持力度都会有所差异，虽然阶段性的发展中心会有所转移，但随着技术进步及成本下降，风电光伏逐渐从昂贵示范阶段，走向了全面产业化大发展。全球范围来看，陆上风电、光伏装机规模已经历了爆发式增长。国际能源署近日发布的一项关于可再生能源市场的报告指出，尽管面临成本上升和供应链瓶颈的不利影响，2021年全球可再生能源发电装机容量仍增长6%，即新增295GW。随着多国加大应对气候变化力度、加速推动能源结构转型，可再生能源发电的竞争力将进一步增强，成为全球最重要的电力来源之一。

一系列产业扶持政策包括新能源补贴、相关企业税收优惠、新能源配额制、平价上网试点、电力交易办法改革等，极大促进了我国新能源行业的发展。2021年全球可再生能源新增装机容量中，我国占了约34%（光伏发电新增53.13GW，风电新增46.95GW）。

近年来国家出台的主要扶持政策见表1-1。

表1-1　　　　　　　　　　近年来国家出台的主要扶持政策

时间	政策名称	内　容
2021年2月	国家发展改革委 财政部 中国人民银行 银保监会 国家能源局《关于引导加大金融支持力度促进风电和光伏发电等行业健康有序发展的通知》	通过九大措施，加大金融支持力度，促进风电和光伏发电等行业健康有序发展。对短期偿付压力较大但未来有发展前景的可再生能源企业，金融机构可以按照风险可控原则，在银企双方自主协商的基础上，根据项目实际和预期现金流，予以贷款展期、续贷或调整还款进度、期限等安排
2021年2月	国家发展改革委 国家能源局《关于推进电力源网荷储一体化和多能互补发展的指导意见》	利用存量常规电源，合理配置储能，统筹各类电源规划、设计、建设、运营，优先发展新能源，积极实施存量"风光水火储一体化"提升，稳妥推进增量"风光水（储）一体化"，探索增量"风光储一体化"，严控增量"风光火（储）一体化"
2021年4月	国家发展改革委《关于进一步完善抽水蓄能价格形成机制的意见》	现阶段，要坚持以两部制电价政策为主体，进一步完善抽水蓄能价格形成机制，以竞争性方式形成电量电价，将容量电价纳入输配电价回收，同时强化与电力市场建设发展的衔接，逐步推动抽水蓄能电站进入市场，充分发挥电价信号作用，调动各方面积极性，为抽水蓄能电站加快发展、充分发挥综合效益创造更加有利的条件。 健全抽水蓄能电站费用分摊疏导方式，建立容量电费纳入输配电价回收的机制。建立相关收益分享机制
2021年5月	国家发展改革委《关于"十四五"时期深化价格机制改革行动方案的通知》	持续深化电价改革。进一步完善省级电网、区域电网、跨省跨区专项工程、增量配电网价格形成机制，加快理顺输配电价结构。持续深化燃煤发电、燃气发电、水电、核电等上网电价市场化改革，完善风电、光伏发电、抽水蓄能价格形成机制，建立新型储能价格机制。平稳推进销售电价改革，有序推动经营性电力用户进入电力市场，完善居民阶梯电价制度
2021年5月	《关于2021年风电、光伏发电开发建设有关事项的通知》	落实碳达峰、碳中和目标。2021年，全国风电、光伏发电发电量占全社会用电量的比重达到11%左右，后续逐年提高，确保2025年非化石能源消费占一次能源消费的比重达到20%左右

时间	政策名称	内　容
2021 年 6 月	国家能源局综合司《关于报送整县（市、区）屋顶分布式光伏开发试点方案的通知》	全国共有 676 个整县（市、区）屋顶分布式光伏开发试点，试点工作要严格落实"自愿不强制、试点不审批、到位不越位、竞争不垄断、工作不停停"的工作要求。对于试点过程中不执行国家政策、随意附加条件、变相增加企业开发建设成本的，将取消试点资格
2021 年 6 月	国家发展改革委《新能源上网电价政策有关事项的通知》	2021 年起，对新备案集中式光伏电站、工商业分布式光伏项目和新核准陆上风电项目，中央财政不再补贴，实行平价上网。2021 年起，新核准（备案）海上风电项目、光热发电项目上网电价由当地省级价格主管部门制定，具备条件的可通过竞争性配置方式形成。鼓励各地出台针对性扶持政策，支持光伏发电、陆上风电、海上风电、光热发电等新能源产业持续健康发展
2021 年 7 月	国家发展改革委国家能源局《关于加快推动新型储能发展的指导意见》	鼓励结合源、网、荷不同需求探索储能多元化发展模式。以"揭榜挂帅"方式加强关键技术装备研发，推动储能技术进步和成本下降。加快完善政策机制，加大政策支持力度，鼓励储能投资建设。明确储能市场主体地位，发挥市场引导作用
2021 年 7 月	国家发展改革委、国家能源局《关于鼓励可再生能源发电企业自建或购买调峰能力增加并网规模的通知》	以市场化机制引导市场主体多渠道增加可再生能源并网规模，明确可再生能源发电企业可通过自建、合建、购买调峰和储能能力来增加可再生能源并网规模，提出确认、管理、运行等有关规定
2021 年 8 月	国家发展改革委财政部国家能源局《2021 年生物质发电项目建设工作方案》	2020 年 1 月 20 日（含）以后当年全部机组建成并网但未纳入 2020 补贴范围的项目及 2020 年底前开工且 2021 年底前全部机组建成并网的项目，为非竞争配置项目；2021 年 1 月 1 日（含）以后当年新开工项目为竞争配置项目
2021 年 9 月	国家能源局《抽水蓄能中长期发展规划（2021—2035 年）》	做好资源站点保护，为抽水蓄能预留发展空间；加强规划站点储备和管理，滚动开展抽水蓄能站点资源普查和项目储备工作；积极推进项目建设，加强项目优化布局和工程建设管理；因地制宜开展中小型抽水蓄能建设；建立行业监测体系，按年度发布抽水蓄能发展报告。 到 2025 年，抽水蓄能投产总规模较"十三五"翻一番，达到 6200 万 kW 以上；到 2030 年，抽水蓄能投产总规模较"十四五"再翻一番，达到 1.2 亿 kW 左右
2021 年 10 月	国务院《2030 年前碳达峰行动方案》	全面推进风电、太阳能发电大规模开发和高质量发展，坚持集中式与分布式并举，加快建设风电和光伏发电基地。加快智能光伏产业创新升级和特色应用，创新"光伏＋"模式，推进光伏发电多元布局。坚持陆海并重，推动风电协调快速发展，完善海上风电产业链，鼓励建设海上发电基地。积极发展太阳能光热发电，推动建立光热发电与光伏发电、风电互补调节的风光热综合可再生能源发电基地。因地制宜发展生物质发电、生物质能清洁供暖和生物天然气。探索深化地热能以及波浪能、潮流能、温差能等海洋新能源开发利用。进一步完善可再生能源电力消纳保障机制。到 2030 年，风电、太阳能发电总装机容量达到 12 亿 kW 以上

时间	政策名称	内　　容
2021 年 10 月	中共中央国务院《关于完整准确全面贯彻新发展理念做好碳达峰碳中和工作的意见》	加快发展新一代信息技术、生物技术、新能源、新材料、高端装备、新能源汽车、绿色环保以及航空航天、海洋装备等战略性新兴产业，深化与各国在绿色技术、绿色装备、绿色服务、绿色基础设施建设等方面的交流与合作，积极推动我国新能源等绿色低碳技术和产品走出去，让绿色成为共建"一带一路"的底色
2021 年 11 月	国家能源局综合司《关于推进 2021 年度电力源网荷储一体化和多能互补发展工作的通知》	强调鼓励重大创新示范，要求各省级能源主管部门应在确保安全前提下，以需求为导向，优先考虑含光热发电、氢能制输储用、梯级电站储能、抽气蓄能、电化学储能、压缩空气储能、飞轮储能等新型储能示范的"一体化"项目
2022 年 2 月	国家发展改革委、国家能源局《关于完善能源绿色低碳转型体制机制和政策措施的意见》	针对现有的能源体制机制和政策的不足，聚焦深化体制改革、机制创新和关键政策，立足能源生产和消费的全过程，提出了完善能源绿色低碳转型体制机制的总体要求、重点任务和政策措施。开展废弃矿井改造储能等新型储能项目研究示范，逐步扩大新型储能应用；完善支持灵活性煤电机组、天然气调峰机组、水电、太阳能热发电和储能等调节性电源运行的价格补偿机制
2022 年 3 月	国家发展改革委、国家能源局《"十四五"现代能源体系规划》	"十四五"时期要加快推动能源绿色低碳转型，要加快发展风电、太阳能发电。有序推进风电和光伏发电集中式开发，加快推进以沙漠、戈壁、荒漠地区为重点的大型风电光伏基地项目建设，积极推动黄河上游、新疆、冀北等多能互补清洁能源基地建设。积极发展太阳能热发电
2022 年 3 月	国家能源局《2022 年能源工作指导意见》	大力发展风电光伏。非化石能源占能源消费总量比重提高到 17.3% 左右，新增电能替代电量 1800 亿 kWh 左右，风电、光伏发电发电量占全社会用电量的比重达到 12.2% 左右
2022 年 4 月	国家能源局、科学技术部《"十四五"能源领域科技创新规划》	围绕先进可再生能源、新型电力系统、安全高效核能、绿色高效化在可再生能源发电及综合利用技术方面，规划提出聚焦大规模高比例可再生能源开发利用，研发更高效、更经济、更可靠的水能、风能、太阳能、生物质能、地热能以及海洋能等可再生能源先进发电及综合利用技术，支撑可再生能源产业高质量开发利用
2022 年 5 月	国家发展改革委、国家能源局《关于促进新时代新能源高质量发展的实施方案》	从创新新能源开发利用模式、加快构建适应新能源占比逐渐提高的新型电力系统、深化新能源领域"放管服"改革、支持引导新能源产业健康有序发展、保障新能源发展合理空间需求、充分发挥新能源的生态环境保护效益、完善支持新能源发展的财政金融政策等 7 方面提出 21 项具体政策举措
2022 年 6 月	国家发展改革委、国家能源局等九部门《"十四五"可再生能源发展规划的通知》	到 2025 年，可再生能源在一次能源消费增量中占比超过 50%；可再生能源年发电量达到 3.3 万亿 kWh 左右，可再生能源发电量增量在全社会用电量增量中的占比超过 50%；可再生能源电力总量、非水电消纳责任权重分别达到 33%、18% 左右；地热能供暖、生物质供热、生物质燃料、太阳能热利用等非电利用规模达到 6000 万 t 标准煤以上

二、市场展望

国际能源署预测，2022 年全球可再生能源发电装机容量将增长至少 8％，全球光伏发电量有望达到可再生能源新增发电量的 60％，其次是风力发电和水力发电。到 2023 年全年新增将达到 200GW。

2017—2023 年全球可再生能源净新增装机容量（按技术划分）如图 1-17 所示。

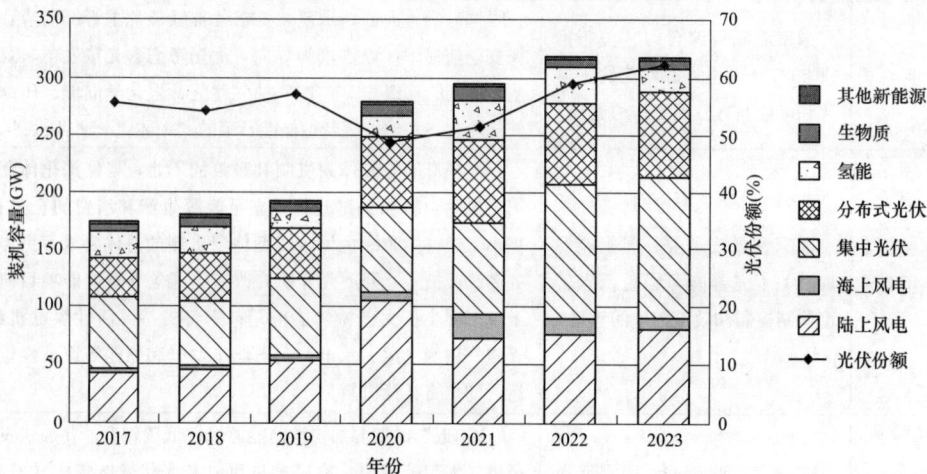

图 1-17　2017—2023 年全球可再生能源净新增装机容量（按技术划分）

全球能源项目投资总额展望如图 1-18 所示。

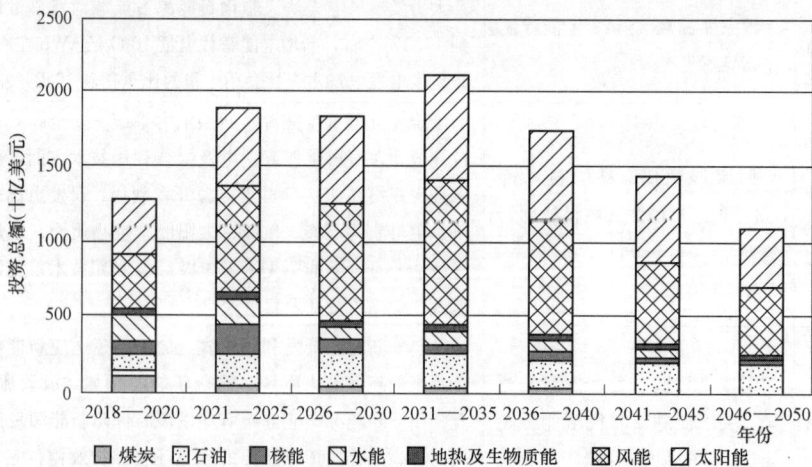

图 1-18　全球能源项目投资总额展望

我国风电光伏规模在未来 30 年具有 10 倍发展空间。到 2035 年，我国火电设备装机量占比将降至 30％左右；风电、光伏将在 2040 年前后成为主力非化石电源；到 2050 年，风电、光伏装机量占比将接近 60％。

2035 年我国各类电源装机容量占比预测见图 1-19。

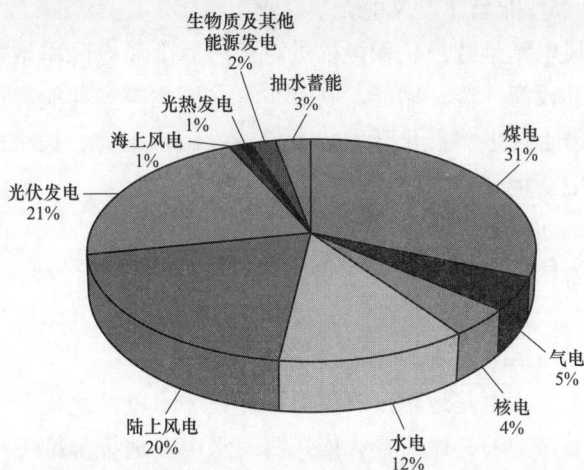

图 1-19　2035 年我国各类电源装机容量占比预测

2050 年我国各类电源装机容量占比预测见图 1-20。

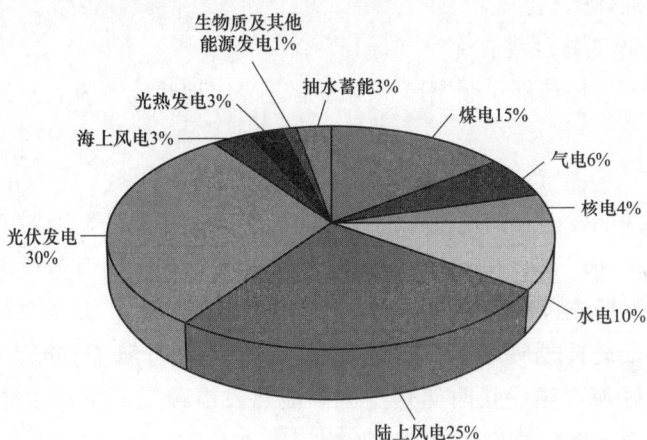

图 1-20　2050 年我国各类电源装机容量占比预测

2022 年 6 月 1 日，国家发展改革委等九部门联合印发《"十四五"可再生能源发展规划》（下称《规划》），对"十四五"可再生能源发展提出了更明确的目标。

《规划》提出，在 2030 年非化石能源消费占比达到 25％左右和风电、太阳能发电总装机容量达到 12 亿 kW 以上的基础上，上述指标均进一步提高。可再生能源加速替代化石能源，在供给革命方面，《规划》要求优化发展方式，大规模开发可再生能源。其主要内容如下：

1. 大力推进风电和光伏发电基地化开发

统筹推进陆上风电和光伏发电基地建设，推进松辽、冀北、黄河下游等以就地消纳为主的大型风电和光伏发电基地建设。推动光伏治沙、可再生能源制氢和多能互补开发，重点建设新疆、黄河上游、河西走廊、黄河几字弯等新能源基地。

加快推进以沙漠、戈壁、荒漠地区为重点的大型风电太阳能发电基地。依托"十四五"期间建成投产和开工建设的重点输电通道，按照新增通道中可再生能源电量占比不低于 50% 的要求，配套建设风电光伏基地。

有序推进海上风电基地建设。积极推进深远海海上风电降本增效，开展深远海海上风电平价示范。建设海洋能、储能、制氢、海水淡化等多种能源资源转换利用一体化设施。加快推动海上风电集群化开发，重点建设山东半岛、长三角、闽南、粤东和北部湾五大海上风电基地。

2. 积极推动风电和光伏发电分布式开发

积极推动风电光伏发电分布式开发，开展城镇屋顶光伏行动、"光伏+"综合利用行动等六项行动。

3. 统筹推进水风光综合基地一体化开发

科学有序推进大型水电基地建设；积极推进大型水电站优化升级，发挥水电调节潜力；做好生态环境保护与移民安置；依托西南水电基地统筹推进水风光综合基地开发建设。

4. 稳步推进生物质能多元化开发

稳步发展生物质发电，积极发展生物质能清洁供暖，加快发展生物天然气，大力发展非粮生物质液体燃料。

5. 积极推进地热能规模化开发

积极推进中深层地热能供暖制冷，全面推进浅层地热能开发，有序推动地热能发电发展。

6. 稳妥推进海洋能示范化开发

稳步发展潮汐能发电，开展潮流能和波浪能示范，探索开发海岛可再生能源。

在消费革命方面，《规划》要求加快建设可再生能源存储调节设施，强化多元化智能化电网基础设施支撑。

同时，有序推进长时储热型太阳能热发电发展。在青海、甘肃、新疆、内蒙古、吉林等资源优质区域，建设长时储热型太阳能热发电项目，推动太阳能热发电与风电、光伏发电基地一体化建设运行。

据前瞻产业研究院分析，为实现 2030 年中国非化石能源占一次能源消费比重达到 25% 左右的目标，在"十四五"期间，我国光伏年均新增光伏装机或将在 70～110GW 之间。为达成 2030 年碳达峰，2060 年前实现碳中和，光伏行业将成为长期处于高速发展的新能源行业之一，预期 2027 年将保持 70～120GW 的新增装机量，2027 年我国光伏发电行业累计装机量可能在 827～938GW 之间。

第二章

新能源发电项目前期工程信息资料

第一节 项目信息及主要技术要求

在项目前期，需要搜集的项目信息和主要技术要求包括：

一、项目信息

（1）项目业主：项目公司、投资方。

（2）项目地点：项目所在国别、区域或具体地点。

（3）项目类别：太阳能光伏发电、太阳能光热发电、风力发电、生物质（垃圾）发电、地热发电、储能等。

（4）建设规模：本期建设规模和今后扩建规模，例如机组数量、单机容量或总容量；升压站电压等级和容量；线路长度等。

（5）建设计划。

1）建设方式：BOT［Build-Operate-Transfer，建设-经营-转让］，EPC［Engineering（设计）、Procurement（采购）、Construction（施工）的组合］，BTG［Boiler（锅炉）、Turbine（汽轮机）、Generator（发电机）］的缩写，是指供应锅炉岛和汽机岛的主辅设备并提供相关的设计、安装和调试指导；

2）承包商工作范围：包括地基处理、设备采购、道路、升压站及外送线路等工程或设施的划分；

3）建设周期；

4）融资方式、建设资金额度等。

（6）运营模式：运行方式、带基本负荷、调峰；项目运营周期、运行寿命。

（7）资源条件：风、光、地热等资源情况。

（8）接入系统条件（要求）：接入电压等级、集中并网或分散并网。

（9）项目资金构成：资金来源、自有资金比例、贷款利率。

二、主要技术要求

（一）光伏电站

（1）建设规模：根据场地和系统要求确定的直流侧光伏组件的总容量，是否有储能要求。

（2）主要技术特性。

1）光资源特征；

2) 场地特征：山地、平地、水面、屋面等；

3) 光伏组件类型：单晶、多晶及其他；

4) 逆变器类型：集中式、组串式；

5) 支架类型：固定式、跟踪式；

6) 接入系统方案。

（二）光热发电站

(1) 电站类型：塔式、槽式、线性菲涅尔式、碟式。

(2) 主要技术特性：光资源特征、储热介子类型、接入系统方案。

(3) 主机选型。

1) 运行参数：高温超高压、亚临界、超临界；

2) 再热、非再热；

3) 汽轮机：纯凝式汽轮机，抽凝式汽轮机；

4) 发电机：空冷、氢冷；

(4) 冷却方式。

1) 空冷：直接空冷、间接空冷；

2) 冷却水一次直流循环，二次循环：机械通风冷却塔、自然通风冷却塔；

(5) 机组性能：机组毛出力、净出力，电厂净效率，电厂设计寿命，运行可靠性，电厂控制水平，其他特殊要求，小岛运行、电网要求等。

（三）风力发电场

(1) 建设规模：根据场地和电力系统要求确定风电场总容量。

(2) 主要技术特性。

1) 风资源特征：基于一年的测风数据；

2) 主机型式：单机容量、基于 IEC 61400《风力发电机标准》安全等级；

3) 场地特征：陆地风电包括山地、丘陵、平地、海上风电；

4) 接入系统方案。

（四）生物质（垃圾）发电厂

(1) 燃料特性。

1) 燃料类型：稻壳、秸秆、林木加工废弃物、燃料植物、城市生活垃圾、固体废弃物、混合燃料等；

2) 燃料日（年）供应（处理）量；

(2) 工艺方式：焚烧、热解、气化等。

(3) 主机选型。

1) 焚烧炉：链条炉、循环流化床；

2) 气化炉：热解气化、气化熔融、等离子气化熔融等；

3) 发电机组：汽轮机、燃气轮机；

(4) 机组性能：机组毛出力、净出力，电厂净效率，电厂设计寿命，运行可靠性，电厂控制水平，其他特殊要求，小岛运行、电网要求等。

(5) 环保指标。

1）烟气排放指标：二噁英、重金属、SO_2、NO_x、DUST（粉尘）、HF、HCl 和 CO 等；

2）废水排放标准；

3）噪声控制标准；

4）灰渣；脱硫副产品等固体废弃物的处理。

（6）冷却方式。

1）冷却水源：海水，淡水；

2）冷却方式：直接空冷、间接空冷，湿冷；

3）机械通风冷却塔，自然通风冷却塔。

（五）地热发电

（1）地热资源类型：蒸汽型、热水型、地压型、干热岩型和岩浆型。

（2）技术路线：蒸汽直接发电、热水闪蒸发电、双循环发电、全流法发电机以及其他发电技术。

（3）环境及地质影响：CO_2 排放、用水及水污染、地面沉降、诱发地震和山体滑坡。

（六）储能

（1）储能类型：机械储能、电磁储能、电化学储能、热储能和化学储能。

（2）建设规模：容量、储能时长。

（3）应用场景：电源侧、电网侧、用户侧。

上述信息资料随项目前期进度和业主对项目方案的关注程度的不同，其能搜集的全面性和详细程度也有所差异，在技术方案讨论或合同谈判阶段逐步澄清。

第二节　项目前期设计基础资料

项目在预可行性研究及可行性研究阶段，需充分搜集基础资料，以便科学决策。各阶段需搜集的基础资料见表 2-1～表 2-8。

一、光伏电站

表 2-1　　　　　　　　　　　　光伏电站预可研阶段基础资料清单

序号	内　　容
1	应对光伏发电工程的开发建设条件进行调查
2	政策、法规性资料
2.1	光伏发电工程规划及其他前期工作成果资料
2.2	能源资源现状及发展规划资料
2.3	自然资源利用现状及规划资料
2.4	交通运输现状及发展规划资料
2.5	社会经济现状及发展规划资料
2.6	环境保护、水土保持、矿产资源、军事、文物保护等资料

续表

序号	内　容
2.7	电力系统现状及发展规划资料
2.8	相关法规、政策、标准等资料
3	气象资料
3.1	气象站地理位置，观测场构成，场地周围环境、周围遮挡情况，以及建站以来站址、辐射观测仪器及其周围环境变动时间和情况等
3.2	最近连续 10 年及以上的多年年平均气温、极端最高气温、极端最低气温、昼最高气温、昼最低气温
3.3	最近连续 10 年及以上的平均降水量和蒸发量
3.4	最近连续 10 年及以上的最大冻土深度和积雪厚度
3.5	最近连续 10 年及以上的平均风速、多年极大风速，及其发生时间、主导风向
3.6	最近连续 10 年及以上的灾害性天气资料，主要包括沙尘、雷暴、暴雨、冰雹、大风等
3.7	最近连续 10 年及以上的逐年各月太阳辐射数据资料，以及与站址现场测站同期至少一个完整年的太阳辐射资料
4	工程资料
4.1	工程现场的测光资料
4.2	站址区域的太阳辐射再分析数据资料
4.3	站址区域的地形图，1∶50000
4.4	附着于建（构）筑物的光伏发电工程，应收集建（构）筑物的相关资料及周边建筑物布置图等
4.5	站址区域的工程地址资料、水文资料，包括区域地质图、工程区工程地质勘察资料等
4.6	主要设备价格、主要建筑材料来源及价格等
4.7	影响工程建设和运行的相关资料
5	参考气象站的选择应符合 GB 50797《光伏发电站设计规范》的有关规定
6	工程现场测光数据宜为不少于 1 年的连续逐 5min 数据。数据内容应包括太阳总辐射、直接辐射、散射辐射、气温

表 2-2　　　　　　　　　　光伏电站可研阶段基础资料清单

序号	内　容
1	应对光伏发电工程的开发建设条件进行调查
2	政策、法规性资料
2.1	光伏发电工程规划及其他前期工作成果资料
2.2	能源资源现状及发展规划资料
2.3	土地、林地利用现状及规划资料
2.4	交通运输现状及发展规划资料
2.5	社会经济现状及发展规划资料
2.6	环境保护、水土保持、矿产资源、军事、文物保护等资料
2.7	电力系统现状及发展规划资料
2.8	相关法规、政策、标准等资料

序号	内　　容
3	气象资料
3.1	气象站地理位置，观测场构成，场地周围环境、周围遮挡情况，以及建站以来站址、辐射观测仪器及其周围环境变动时间和情况等
3.2	最近连续 10 年及以上的多年年平均气温、多年月平均气温、极端最高气温、极端最低气温、昼最高气温、昼最低气温
3.3	最近连续 10 年及以上的平均降水量和蒸发量
3.4	最近连续 10 年及以上的最大冻土深度和积雪厚度
3.5	最近连续 10 年及以上的平均风速、多年极大风速，及其发生时间、主导风向
3.6	最近连续 10 年及以上的灾害性天气资料，主要包括沙尘、雷暴、暴雨、冰雹、大风等
3.7	最近连续 10 年及以上的逐年各月太阳辐射数据资料，以及与站址现场测站同期至少一个完整年的太阳辐射资料
4	工程资料
4.1	工程现场的测光资料
4.2	站址区域的太阳辐射再分析数据资料
4.3	站址区域的地形图，平台地形宜为 1∶1000 或 1∶2000，地形起伏较大的山地、丘陵地区宜为 1∶500
4.4	附着于建（构）筑物的光伏发电工程，应收集建（构）筑物的相关资料及周边建筑物布置图等
4.5	站址区域的工程地址资料、水文资料，包括区域地质图、工程区工程地质勘察资料等
4.6	主要设备价格、主要建筑材料来源及价格等
4.7	影响工程建设和运行的相关资料
5	参考气象站的选择应符合 GB 50797《光伏发电站设计规范》的有关规定
6	工程现场测光数据宜为不少于 1 年的连续逐 5min 数据。数据内容应包括太阳总辐射、直接辐射、散射辐射、气温、风速、风向

二、光热发电站

表 2-3　　　　　　　　　**光热发电站前期阶段基础资料清单**

序号	收资内容
1	光热发电站的形式： (1) 塔式、槽式、线性菲涅尔式、碟式。 (2) 储能介质的类型和储能时间
2	(1) 作为厂址地理位置图所需的厂址区域 1∶50000 或 1∶100000 地形图。（预可研） (2) 作为厂区总平面布置所需的厂址区域 1∶1000 或 1∶2000 地形图（可研）
3	选择长序列参考性太阳辐射数据及其观测方式变化沿革，如光热发电站场址区附近有代表性的长期观测站或其他多年长序列观测数据，收集长期测站基本情况，包括观测记录数据的辐射仪器型号及记录方式、位置、高程、场地周围环境、周围遮蔽情况，以及建站以来站址、辐射观测仪器及其周围环境变动的时间和情况等

序号	收资内容
4	收集光热发电站附近长期测站观测资料或其他参考长系列数据，包括： （1）多年平均气温、极端最高气温、极端最低气温、昼最高气温、昼最低气温、多年月平均气温。 （2）多年平均降水量和蒸发量。 （3）多年最大冻土深度和积雪厚度。 （4）多年平均风速、多年极大风速及其发生时间、主导风向。 （5）多年历年各月太阳辐射数据资料，以及与项目现场测站同期至少一个完整年的太阳辐射资料（含直接辐射、散射辐射、总辐射资料）。 （6）30年灾害性天气资料，如沙尘、雷电、暴雨、冰雹等
5	项目现场太阳辐射观测站至少连续一年的逐分钟太阳能的总辐射、直接辐射、散射辐射、气温等的实测时间序列数据
6	光热发电站附着基础为建筑屋顶等特殊场地，则收集建筑物结构及屋顶布置图、周边建筑布置图等
7	光热发电站站址区工程地质勘察资料
8	光热发电站所在地自然地理、对外交通条件、周边粉尘等污染源分布情况
9	光热发电站所属地区社会经济现状及发展规划、太阳能发电发展规划、电力系统概况及发展规划、电网地理接线图、土地利用规划、自然保护区和可利用的消防设施等资料
10	该光热发电站已取得的接入电力系统方案资料
11	光热发电站所在地自然地理、对外交通条件
12	光热发电站所在地的主要建筑材料价格情况及有关造价的文件、规定
13	项目可享受的优惠政策等

三、风力发电场

表 2-4　　　　　风力发电场预可研阶段基础资料清单

序号	内　容
1	应收集涉及风电场工程场区的风电开发规划资料，以及当地社会经济等宏观发展资料
2	应收集工程所在地区的电力系统资料，包括工程电力送出与消纳方案方面的资料，以及环境保护、土地利用等专项资料
3	应收集工程可以享受的优惠政策资料
4	应收集以下各类专业资料
4.1	风电场场址区域的地形图资料。地形图比例尺宜为 1∶10000～1∶50000。有条件时优先选用现场实测地形图
4.2	风电场场址周边气象站及其他长期观测站的资料，时段不宜短于 30 年。其内容宜包括位置、高程、周围地形地貌、周边建筑物现状及变迁、观测项目及仪器、数据记录方式等测站基础数据；气象特征参数；灾害评估成果；历年各月平均风速、历年最大风速及风向频率统计数据；与风电场场址测风观测同期的测站逐小时风速、风向数据；也可包括气象模式的模拟数据等
4.3	风电场场址区域的测风观测数据及其评估资料，以及测风装置资料，包括测风塔位置、构成、安装报告、仪器设置及检验报告等。测风观测记录时长不应少于 1 年，时间间隔不应大于 1h

序号	内　容
4.4	风电场场址区域的工程地质勘察资料，一般包括区域地质构造、地震活动度等资料
4.5	风电场场址区域的工程水文资料
4.6	工程所在地的对外交通及运输条件资料
4.7	工程可能涉及的主要设备价格、工程所在地的主要建筑材料及其价格，以及相关造价指标资料等

表 2-5　　　　　　　　　　　风力发电场可研阶段基础资料清单

序号	内　容
1	应收集风电场工程规划阶段成果，以及电力发展、电力消纳、输电规划等相关的专题研究成果
2	应收集风电场工程预可行性研究成果和风能资源评估成果
3	应收集风电场工程场址周边气象站基本情况及资料，资料时段不宜少于 30 年，资料应包括风速、风向、温度、气压、湿度、雷暴、沙尘、极端天气情况等月平均统计数据，应收集与风电场测风塔观测时段同期的参证气象站逐小时风速、风向数据等；也可收集其他长期气象观测资料或气象模式再分析资料
4	应收集风电场工程场址范围内的测风资料，包括测风位置、高程、测风时段、测风塔安装报告、周边地形地貌、测风仪器设置及检验报告等，其中至少有 1 座测风塔测风资料时段不少于 1 年
5	应收集风电场工程边界及其外延 10km 范围内 1:50000 地形图、风电场及其外延 1～2km 范围内 1:10000 或 1:5000 地形图。山区风电场工程宜收集场址范围内 1:2000 地形图
6	应收集风电场工程场址内及周边敏感点和限制开发区域资料，主要包括自然保护区、禁建区、压覆矿产区、文物保护区、居民点等的分布情况，并收集土地利用现状及规划资料
7	应收集风电场工程地质和水文资料
8	应收集风电场工程所在地区及受电区域的社会经济现状及发展规划、电力概况及发展规划、电网地理接线图等
9	应收集风电场工程接入电力系统方案资料
10	应收集风电场工程所在地的自然条件、对外交通运输情况
11	应收集风电场工程所在地的主要建筑材料价格情况及有关造价的文件、规定
12	应收集风电场工程可享受的优惠政策等

四、生物质（垃圾）发电厂

表 2-6　　　　　　　生物质（垃圾）发电厂前期阶段基础资料清单

序号	内　容
1	厂址资料
1.1	厂址所在区域、灰场、取水口的总体描述，灰场及取水口区域地形图，厂址自然地形条件及场地标高
1.2	（1）作为厂址地理位置图所需的厂址区域 1:50000 或 1:100000 地形图。（预可研） （2）作为厂区总平面布置所需的厂址区域 1:1000 或 1:2000 地形图（可研）
1.3	（1）地质条件、土壤的物理机械参数。 （2）初步地质勘查报告。 （3）环境影响评价报告

序号	内 容
2	厂外交通
2.1	燃料及石灰石的厂外运输方式（如果采用汽车运输，车辆的载重量及道路荷载情况）
2.2	大重件的厂外运输方式
2.3	拟选厂址周边的交通运输情况，包括公路、铁路、航空、水路
3	总体气象条件
3.1	（1）大气压力：年平均值、最大值、最小值。 （2）大气温度：年平均值、最大值、最小值。 （3）相对湿度：年平均值、最大值、最小值。 （4）风速：年平均值、最大值，最大风速方向、主导风向。 （5）降雨量：平均年降雨量、最大日降雨量、最大月平均降雨量。 （6）年降雪天数：最大降雪厚度、年降冰雹天数、年寒冷天数、年雷暴天数
3.2	（1）多年月最高、平均、最低水位，设计水位。 （2）多年月最大、平均、最小流量。 （3）多年月最大、平均、最小水流含沙量。 （4）多年最高、平均、最低水温
4	水源水质资料
4.1	电厂采用何种冷却水源，河水（湖水）或者地下水
4.2	最高水位或者最高洪水位、平均水位以及最低水位
4.3	全年最小流量以及平均流量
4.4	最高、平均以及最低水温
4.5	如果采用地下水作为冷却水源，提供地下水水量资料
4.6	水质情况
5	燃料分析
5.1	物理成分分析、工业分析和元素分析。如果不能全部提供，至少提供物理成分分析和元素分析
6	电气及通信系统
6.1	（1）从高压至低压的国家电网电压等级。 （2）电厂出线电压等级、回路数以及方向。 （3）业主对电厂主要接线方式的要求
6.2	电厂如何接入电网、电厂接入系统报告
6.3	当地调度中心对电厂通信系统的要求及通信系统现状
7	烟气排放、废水排放、固体废弃物排放、噪声控制标准
8	设计、制造和施工规范及标准
9	施工及安装
9.1	在厂址周边是否有变电站可为施工安装提供电源，该变电站的详细资料
9.2	在厂址周边是否已有通信线路可与施工安装通信系统相连
10	投资及估算
10.1	潜在项目的生活垃圾/生物质收集至项目所在地的每吨单价或来料吨单价
10.2	（1）发电用垃圾的处理是否有补贴，以及补贴吨单价。 （2）发电后的灰渣处理方法，以及处理单价。 （3）用水单价、废水排放单价。 （4）废气排放单价

序号	内 容
10.3	(1) 试运行购电价格（当地工业电价）。 (2) 上网电价。 (3) 厂区征地价格。 (4) 灰场征地价格。 (5) 施工租地价格。 (6) 厂址区域的材料价格，如混凝土、水泥、钢材、沙、石等。 (7) 当地劳动力价格

五、地热发电站

表 2-7 地热发电站前期阶段基础资料清单

序号	内 容
1	厂址资料
1.1	(1) 厂址所在区域、取水口的总体描述。 (2) 取水口区域地形图。 (3) 厂址自然地形条件及场地标高
1.2	(1) 作为厂址地理位置图所需的厂址区域 1∶50000 或 1∶100000 地形图。（预可研） (2) 作为厂区总平面布置所需的厂址区域 1∶1000 或 1∶2000 地形图（可研）
1.3	(1) 地质条件、土壤的物理机械参数。 (2) 初步地质勘查报告。 (3) 环境影响评价报告
2	总体气象条件
2.1	(1) 大气压力：年平均值、最大值、最小值。 (2) 大气温度：年平均值、最大值、最小值。 (3) 相对湿度：年平均值、最大值、最小值。 (4) 风速：年平均值、最大值，最大风速方向，主导风向。 (5) 降雨量：平均年降雨量、最大日降雨量、最大月平均降雨量。 (6) 年降雪天数：最大降雪厚度、年降冰雹天数、年寒冷天数、年雷暴天数
2.2	(1) 多年月最高、平均、最低水位，设计水位。 (2) 多年月最大、平均、最小流量。 (3) 多年月最大、平均、最小水流含沙量。 (4) 多年最高、平均、最低水温
3	水源水质资料
3.1	电厂采用何种冷却水源，河水（湖水）或者地下水
3.2	最高水位或者最高洪水位、平均水位以及最低水位
3.3	全年最小流量以及平均流量
3.4	最高、平均以及最低水温
3.5	如果采用地下水作为冷却水源，提供地下水水量
3.6	水质情况
4	地热信息

序号	内　容
4.1	地热介质：蒸汽、水、汽水混合物
4.2	地热介质热力参数
4.3	地热介质的成分。包括化学成分、气体等用于防腐设计
4.4	地热能的地质条件，包括井的深度、地下水位、压力、温度等
4.5	(1) 倾向的发电技术：常规郎肯循环、有机郎肯循环还是其他技术。 (2) 是否有热用户
5	电气及通信系统
5.1	(1) 从高压至低压的国家电网电压等级。 (2) 电厂出线电压等级、回路数以及方向。 (3) 业主对电厂主要接线方式的要求
5.2	电厂如何接入电网、电厂接入系统报告
5.3	当地调度中心对电厂通信系统的要求及通信系统现状
6	厂址所在区域的废水排放及噪声控制标准
7	设计、制造和施工规范及标准
8	施工及安装
8.1	在厂址周边是否有变电站可为施工安装提供电源、该变电站的详细资料
8.2	在厂址周边是否已有通信线路可与施工安装通信系统相连

六、储能电站

表 2-8　　　　　　　　储能电站前期阶段基础资料清单

序号	内　容
1	厂址资料
1.1	(1) 作为厂址地理位置图所需的厂址区域 1：50000 或 1：100000 地形图。（预可研） (2) 作为厂区总平面布置所需的厂址区域 1：1000 或 1：2000 地形图（可研）
1.2	(1) 地质条件、土壤的物理机械参数。 (2) 初步地质勘查报告。 (3) 环境影响评价报告
2	(1) 储能类型。 (2) 容量、时长。 (3) 电化学储能年充放电次数。 (4) 独立储能电站还是新能源配套储能，如是独立储能电站，收益模式和成本
3	总体气象条件
3.1	(1) 大气压力：平均值、最大值、最小值。 (2) 大气温度：年平均值、最大值、最小值。 (3) 相对湿度：年平均值、最大值、最小值。 (4) 风速：年平均值、最大值，最大风速方向，主导风向。 (5) 降雨量：平均年降雨量、最大日降雨量、最大月平均降雨量。 (6) 年降雪天数：最大降雪厚度、年降冰雹天数、年寒冷天数、年雷暴天数

序号	内　　容
3.2	(1) 多年月最高、平均、最低水位，设计水位。 (2) 多年月最大、平均、最小流量。 (3) 多年月最大、平均、最小水流含沙量。 (4) 多年最高、平均、最低水温
4	电气及通信系统
4.1	(1) 从高压至低压的国家电网电压等级。 (2) 电厂出线电压等级、回路数以及方向。 (3) 业主对电厂主要接线方式的要求
4.2	电厂如何接入电网、电厂接入系统报告
4.3	当地调度中心对电厂通信系统的要求及通信系统现状
5	设计、制造和施工规范及标准
6	施工及安装
6.1	在厂址周边是否有变电站可为施工安装提供电源、该变电站的详细资料
6.2	在厂址周边是否已有通信线路可与施工安装通信系统相连

第三节　项目审批和支持性文件

一、项目前期需准备的支持性文件或政府审批文件

(1) 资金方面：投资许可、融资协议等。

(2) 运营方面：营运许可、购电协议等。

(3) 环境评价：EIA 报告及审批。

(4) 土地使用：征地许可、购地协议、土地使用转化许可等。

(5) 取排水许可。

(6) 生物质（垃圾）和原料：供应协议。

(7) 运输方面：铁路、码头的使用意向，公路通过能力的确认。

(8) 政府审批文件。

1）国土部门关于项目用地的审查意见。

2）国土部分关于项目用地是否压覆矿产的审查意见。

3）城建、规划部门关于项目选址的审查意见。

4）文物部分关于项目场址的审查意见。

5）环保部门关于项目选址的审查意见。

6）电力部分关于接入电网的审查意见。

7）环保部门关于环境保护和水土保持的审查意见。

8）国土部门关于场址地质灾害的审查意见。

9）地区的水利及林地规划部门的审查意见。

上述文件在不同的国家或区域，其形式和要求也存在着差异；但至少涵盖项目立

项审批、上网协议、土地使用、环境评价等主要部分的要求。从审批和许可文件的准备，也可判断业主对项目的筹备情况以及项目进入实施阶段的可能性。

二、项目后期需要承包商协助业主取得的许可

（1）建设方面：施工许可，包括相关设计图纸的审批。

（2）进口方面：进口许可、设备品质认证（CE认证等）。

（3）现场方面：用水、用电、通信许可，废水排放和废弃物存储许可，特种设备操作许可，爆炸物和危险品运输存放许可。

（4）人员进入：工人工作和居住许可。

第三章

新能源发电项目前期各阶段主要工作

第一节　新能源发电项目前期主要工作及流程

　　各类新能源发电项目中，光伏发电项目实行备案制管理。实行备案制管理的项目，项目开发单位应当在开工建设前通过在线平台填报企业投资项目备案登记表和企业投资项目备案承诺书，依法履行投资项目信息告知义务，并遵循诚信和规范原则。备案类项目重点审核是否属于产业政策禁止投资建设或者实行核准管理。常规情况下，分布式光伏发电项目首先是在县、区发展改革委备案，在县、区电网公司申请接入批复，接着即可办理各类开工手续。目前全国各地区政策略有差异，主要是对项目容量指标的限制，备案的权限下放不一致；集中式光伏发电首先是在省级发展改革委备案，再申请项目建设指标和各类批复文件，接着即可办理各类开工手续。

　　其他类型的新能源项目：光热发电、风力发电、生物质发电、地热发电、海洋能发电项目均实行核准制管理。办理项目核准手续，应当按照国家有关要求编制项目申请报告报送核准机关。核准类项目重点审核项目的外部性、公共性等内容，主要包括是否危害经济安全、社会安全、生态安全等国家安全，是否符合相关发展建设规划、技术标准和产业政策，是否合理开发并有效利用资源，是否对重大公共利益产生不利影响。关于项目的市场前景、经济效益、资金来源、产品技术方案等内容，应当依法由项目开发单位自主决策、自担风险。同时，对规划选址、土地利用等方面，应以有关部门出具的审查意见为准，项目核准机关不再对相关内容做实质性审查。

　　项目前期工作内容及流程根据项目的不同和项目开发单位或业主单位经营管理模式的不同而不尽相同，在此将常见的备案制和核准制项目前期工作内容及流程分别介绍如下。备案制项目前期工作流程和核准制项目前期工作流程分别见图3-1、图3-2。

项目开发单位或业主单位工作内容：

信息收集 ⇒ 项目考察 ⇒ 前期选址 ⇒ 项目立项 ⇒ 报发展改革委 ⇒ 项目备案 ⇒ 项目文件批复 ⇒ EPC招标 ⇒ 合同谈判 ⇒ 签约评审 ⇒ 合同生效

咨询单位工作内容：

资料收集，现场踏勘　前期技术洽谈　编制项目建议书　可行性研究报告　接入用地、环境影响评价、　编制投标技术文件　技术问题澄清　技术合同谈判

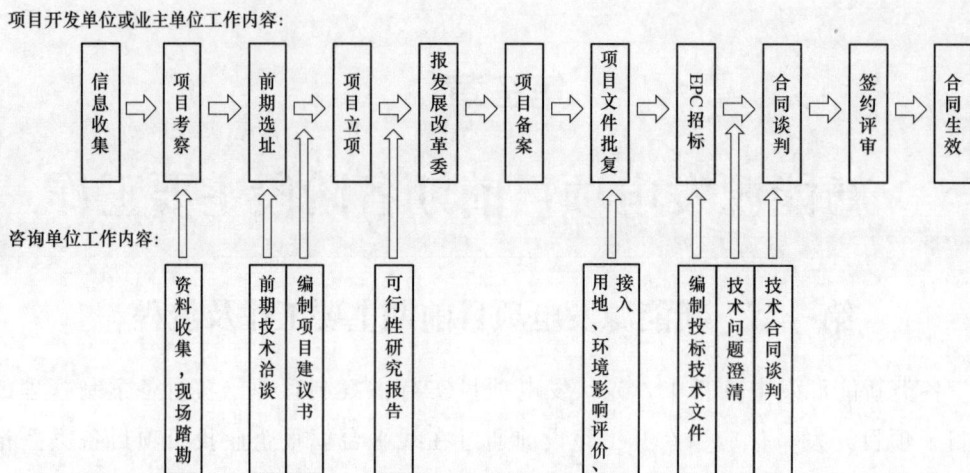

图 3-1　备案制项目前期工作流程

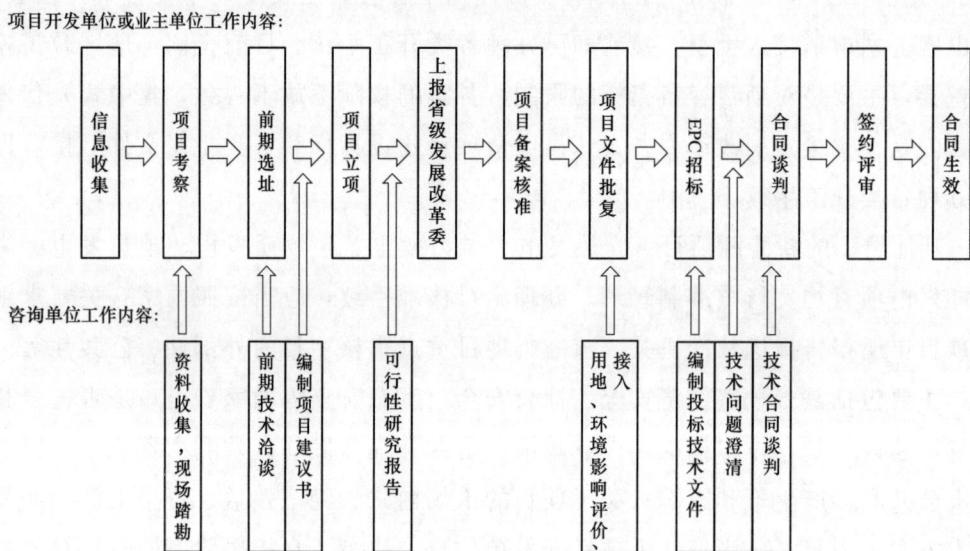

项目开发单位或业主单位工作内容：

信息收集 ⇒ 项目考察 ⇒ 前期选址 ⇒ 项目立项 ⇒ 上报省级发展改革委 ⇒ 项目备案核准 ⇒ 项目文件批复 ⇒ EPC招标 ⇒ 合同谈判 ⇒ 签约评审 ⇒ 合同生效

咨询单位工作内容：

资料收集，现场踏勘　前期技术洽谈　编制项目建议书　可行性研究报告　接入用地、环境影响评价、　编制投标技术文件　技术问题澄清　技术合同谈判

图 3-2　核准制项目前期工作流程

第二节　新能源发电项目前期各阶段技术工作

一、技术方案及项目建议书

技术方案及项目建议书是业主单位或项目开发单位，根据初步收集的项目基础资料，提出某一具体项目的建议文件，是对拟建项目提出的框架性的总体设想。其主要内容包括①项目条件；②项目建设范围；③技术方案；④初步投资估算。

二、可行性研究

可行性研究是业主单位或项目开发单位委托专业咨询机构，在项目投资决策前，通过对拟建项目有关的技术、工程、经济、环境社会等方面的情况和条件进行调查、研究和分析，并对项目建成后可能取得的财务、经济效益及社会环境影响进行预测和评价，从而提出项目是否值得投资的研究结论，为项目投资决策提供可靠的依据。其主要内容包括①项目建设的必要性分析；②市场调查分析；③厂址选择论证；④技术方案设想；⑤项目实施建议；⑥投资估算及财务分析、风险分析；⑦研究结论与建议。

委托具备相关咨询资质的单位编制项目可行性研究报告后，由（地）市发展改革委将申请报告向省级发展改革委申报，取得项目备案核准；同时开展各类合规性手续的办理，获取下列批复文件：项目用地预审和选址意见书批复、接入系统报审查与批复、环境影响评价批复、水土保持方案评估批复、地质灾害评估批复、无压覆文物文件批复、无压覆矿产文件批复、安全预评价与节能评估批复、防洪评价（如需）等。

三、投标技术文件

工程投标是项目建设承包商按照招标文件的要求，在规定的时间内向招标单位填报投标书，争取中标的法律行为。投标文件通常包括商务文件、技术文件、价格文件，一般根据招标文件要求编写，其中技术文件内容根据不同标书要求深浅不一，但通常为确保报价准确，需要做出尽量详细的工程量清单和概算，因此要求工程设计相关内容在条件和时间允许的情况下尽可能翔实、具体。

四、技术合同

技术合同是项目 EPC 合同的重要组成部分，是合同签订双方对项目各项技术要求的约定。其主要内容包括①项目条件；②建设范围；③通用技术要求（性能要求、项目实施、调试、验收、移交、人员培训、质保等规定）；④技术描述；⑤主要设备规范。

第四章

新能源发电项目前期技术文件

第一节　光伏发电项目

一、工程规划报告

光伏发电工程规划应贯彻统筹规划、综合平衡、合理开发的原则，同国民经济发展规划、能源发展规划、可再生能源发展规划和太阳能发展规划衔接，并与环境保护、土地利用、水土保持、林业、军事以及工程安全等工作要求相协调。

光伏发电工程规划报告应明确规划工作的目的、原则、编制依据、规划目标、规划范围、规划年水平、开发现状和必要性分析。

光伏发电工程规划报告的编制目录详见表 4-1。

表 4-1　　　　　　　　　　光伏发电工程规划报告的编制目录

章节	主要内容	备注
1	概述	
2	规划总则	
2.1	规划目的	
2.2	规划原则	
2.3	编制依据	
2.4	规划目标	
2.5	规划范围	
2.6	规划水平年	
3	光伏电站开发现状及必要性分析	
3.1	开发现状	
3.2	必要性分析	
4	太阳能资源	
4.1	太阳能资源评估	
4.2	评估结论	
5	站址选择和建设条件	
5.1	选址原则	
5.2	站址选择	
5.3	建设条件	
6	初步建设方案和发电量估算	

章节	主要内容	备注
6.1	初步建设方案	
6.2	发电量估算	
7	电力系统	
7.1	电力系统概况	
7.2	出力特征和电力消纳	
7.3	接入系统初步方案	
8	环境影响与水土保持	
8.1	环境影响初步评价	
8.2	水土保持初步评价	
9	投资匡算及综合效益	
9.1	投资匡算	
9.2	经济评价	
9.3	社会效益和环境效益初步分析	
10	开发时序原则和开发时序	
10.1	开发时序原则	
10.2	开发时序	
11	规划实施和保障措施	
11.1	实施方案	
11.2	保障措施	
12	结论及建议	
12.1	结论	
12.2	建议	
附录		

二、预可行性研究报告

光伏发电工程预可行性研究报告的编制,应在规划及其他前期工作成果的基础上,初步分析太阳能资源分布状况,排除影响工程建设的限制性因素,提出主要工程技术方案,估算工程投资,初步评价财务效益,并初步提出工程开发的结论和建议。

光伏发电工程预可行性研究报告的编制应遵循安全可靠、技术可行、因地制宜、注重效益的原则,积极论证采用新材料、新工艺、新设备及新技术。

光伏发电工程预可行性研究报告编制目录详见表4-2。

表 4-2　　　　　　　光伏发电工程预可行性研究报告编制目录

章节	主要内容	备注
1	工程概述	
2	工程任务和规模	
2.1	工程建设必要性	

章节	主要内容	备注
2.2	工程任务	
2.3	工程规模	
3	太阳能资源	
3.1	区域太阳能资源概况	
3.2	太阳能资源初步分析	
3.3	太阳能资源初步评价	
4	站址选择	
5	光伏发电系统设计	
5.1	光伏组件选择	
5.2	光伏阵列运行方式选择	
5.3	逆变器选择	
5.4	光伏阵列布置	
5.5	年上网电量估算	
6	电气	
6.1	电气一次	
6.2	电气二次	
7	总平面布置	
8	工程地质和土建	
8.1	工程地质与水文	
8.2	土建	
9	施工组织设计	
10	环境影响初步分析	
11	投资估算	
12	财务效益初步分析	
13	结论及建议	
附图		
附图1	光伏发电工程站址地理位置示意图	
附图2	光伏发电工程站址范围图	
附图3	光伏发电工程总平面布置图	
附图4	光伏发电工程接入电力系统地理接线图	
附图5	光伏发电工程电气主接线图	
附图6	升压站或开关站电气平面布置图	

三、 可行性研究报告

光伏发电工程可行性研究报告的编制，应在规划及其他前期工作成果的基础上，研究太阳能资源规律及特点，确定工程主要技术方案，编制工程设计概算，进行财务评价与社会效果分析，为投资决策提供依据。

光伏发电工程可行性研究报告的编制应遵循安全可靠、技术可行、切合实际、统筹兼顾、注重效益的工作原则，积极论证采用新材料、新工艺、新设备及新技术。

光伏发电工程可行性研究报告编制目录详见表 4-3。

表 4-3　　　　　　　　　　光伏发电工程可行性研究报告编制目录

章节	主要内容	备注
1	综合说明	
2	太阳能资源	
2.1	区域太阳能资源概况	
2.2	太阳辐射数据	
2.3	太阳能资源分析	
2.4	太阳能资源评价	
3	工程建设条件	
3.1	站址条件	
3.2	工程地质	
3.3	附着建（构）筑物	
3.4	气象和水文	
4	工程任务和规模	
5	光伏发电系统	
5.1	主要设备选型	
5.2	光伏阵列运行方式选择	
5.3	光伏阵列设计	
5.4	年上网电量计算	
6	电气	
6.1	接入电力系统方案	
6.2	电气一次	
6.3	电气二次	
6.4	通信	
7	总平面布置	
8	土建工程	
8.1	基本资料和设计依据	
8.2	设计安全标准	
8.3	光伏阵列	
8.4	升压站或开关站	
9	消防	
9.1	消防总体设计方案	
9.2	工程消防设计	
10	施工组织设计	
10.1	施工条件	
10.2	施工总布置	
10.3	施工交通运输	

章节	主要内容	备注
10.4	工程用地	
10.5	主体工程施工	
10.6	施工总进度	
10.7	施工资源供应	
11	环境保护与水土保持	
11.1	环境保护	
11.2	水土保持	
12	劳动安全与工业卫生	
12.1	设计原则及依据	
12.2	主要危险、有害因素分析	
12.3	劳动安全与工业卫生设计	
12.4	安全管理及应急设备、设施设计	
12.5	劳动安全与工业卫生工程量和专项投资概算	
12.6	安全对策措施采纳情况及预期效果评价	
13	节能降耗	
13.1	设计原则及依据	
13.2	能耗种类、数量分析和能耗指标分析	
13.3	主要节能降耗措施	
13.4	减排效益分析	
14	设计概算	
15	财务评价与社会效果分析	
15.1	财务评价	
15.2	风险分析	
15.3	社会效果分析	
15.4	财务评价表	
16	工程招标	
附图		
附图1	光伏发电工程站址地理位置示意图	
附图2	光伏发电工程站址范围图	
附图3	区域地质构造纲要图	
附图4	勘探点平面布置图	
附图5	钻孔柱状图、典型坑槽探柱状图	
附图6	工程地质纵、横剖面图	
附图7	光伏阵列布置图	
附图8	光伏组串接线示意图	
附图9	光伏阵列接线图	
附图10	逆变器室布置图	

章节	主要内容	备注
附图 11	光伏发电工程电气主接线图	
附图 12	升压站或开关站电气设备平面布置图及剖面图	
附图 13	站用电接线图	
附图 14	继电保护配置图	
附图 15	计算机监控系统图	
附图 16	控制电源系统图	
附图 17	光伏发电工程总平面布置图	
附图 18	光伏阵列支架布置图	
附图 19	光伏阵列支架基础图	
附图 20	主要建（构）筑物平面布置图和立面图	
附图 21	升压站或开关站平面布置图	
附图 22	施工总平面布置图	
附图 23	施工总进度图	

第二节　太阳能热发电厂项目

一、预可行性研究报告

太阳能热发电厂预可行性研究报告的编制宜在规划或其他前期工作成果的基础上，初步分析站址的太阳能资源、建设场地、水资源等建设条件，以及影响项目开发的限制性因素，提出工程方案设想，进行初步投资估算和财务分析，并对下阶段工作提出建议。

太阳能热发电厂预可行性研究报告的编制应遵循因地制宜、技术可行、经济合理的工作原则，同时应体现科技创新要求，在技术经济论证可行的前提下鼓励使用新技术、新材料、新工艺及新设备。

太阳能热发电厂预可行性研究报告编制目录详见表 4-4。

表 4-4　　　　　　　　太阳能热发电厂预可行性研究报告编制目录

章节	主要内容	备注
1	概述	
1.1	项目概况	
1.2	编制依据和原则	
1.3	工作过程及组织情况	
1.4	主要结论和建议	
2	太阳能资源	
2.1	区域太阳能资源概况	
2.2	长序列参考数据分析	

续表

章节	主要内容	备注
2.3	太阳能资源分析	
3	建设条件	
3.1	站址条件	
3.2	电力系统	
3.3	热负荷	
3.4	交通运输	
3.5	水文气象	
3.6	水资源	
3.7	辅助燃料	
3.8	工程地质	
3.9	站址比选	
4	主要工艺技术路线拟定	
4.1	聚光集热系统	
4.2	储热系统	
4.3	机组容量	
5	工程方案初步设想	
5.1	总体规划	
5.2	主要工艺系统方案	
5.3	冷却及供水系统	
5.4	化学水系统	
5.5	电气系统	
5.6	其他系统	
5.7	主要性能指标	
6	环境和社会影响分析	
7	初步投资估算及财务分析	
7.1	初步投资估算	
7.2	初步财务分析	
8	风险分析及防范措施	
8.1	风险分析	
8.2	风险评估及防范措施	
9	结论和建议	
附图		
附图1	站址地理位置示意图	
附图2	工程接入系统示意图	
附图3	站址总体规划图（1：50000）	
附图4	主要工艺系统流程图	

二、可行性研究报告

太阳能热发电厂工程可行性研究报告的编制工作，应遵循工程项目基本建设程序，符合国家现行法律法规和产业政策的相关要求，充分结合太阳能发电厂的特点。

本小节编制目录结构适用于新建及扩建的槽式、塔式、线性菲涅尔式以及其他形式的太阳能热发电厂项目的可行性研究报告编制，也适用于太阳能热发电与其他发电方式互补项目中太阳能热发电技术部分的编制。

太阳能热发电厂可行性研究报告编制目录详见表 4-5。

表 4-5　　　　　　　　太阳能热发电厂可行性研究报告编制目录

章节	主要内容	备注
1	概述	
1.1	项目概况及编制依据	
1.2	太阳能资源	
1.3	工程任务和规模	
1.4	电力系统及接入方案	
1.5	工程方案	
1.6	发电量估算	
1.7	环境保护与水土保持	
1.8	职业安全与职业卫生	
1.9	资源利用	
1.10	节能措施	
1.11	人力资源配置	
1.12	施工组织	
1.13	投资估算	
1.14	财务分析	
1.15	风险分析	
1.16	经济和社会效果分析	
2	太阳能资源	
2.1	太阳能资源概述	
2.2	设计依据与参考资料	
2.3	太阳能资源评价	
3	电力系统	
3.1	电力系统概况	
3.2	电力市场需求分析	
3.3	电力电量及调峰平衡分析	
3.4	项目建设的必要性	
3.5	接入系统方案	
4	热负荷	

续表

章节	主要内容	备注
4.1	热负荷现状及存在的问题	
4.2	热负荷分析	
4.3	供热设计参数的确定	
4.4	联合调度运行方式	
4.5	配套供热管网建设	
5	厂址条件	
5.1	厂址概述	
5.2	交通运输	
5.3	水文及气象	
5.4	电厂水源	
5.5	地震、地质及岩土工程	
5.6	辅助燃料	
6	工程设想	
6.1	全厂总体规划及厂区总平面规划布置	
6.2	主要工艺系统配置方案	
6.3	聚光集热系统	
6.4	储热系统	
6.5	蒸汽发生系统	
6.6	汽轮发电机组	
6.7	热力及辅助系统	
6.8	系统运行方式	
6.9	电气系统	
6.10	化学水处理系统	
6.11	仪表与控制系统	
6.12	信息系统	
6.13	辅助燃料系统	
6.14	主厂房区域布置	
6.15	建筑与结构	
6.16	供排水系统及冷却设施	
6.17	消防	
6.18	供暖通风与空气调节	
7	性能计算及分析	
8	环境保护与水土保持	
8.1	项目所在地区环境现状	
8.2	大气污染防治	
8.3	生活污水和工业废水处理	
8.4	固体废弃物处理	

章节	主要内容	备注
8.5	噪声污染防治	
8.6	环境管理及监测	
8.7	水土保持	
9	职业安全和职业卫生	
9.1	厂址周边危险因素和自然灾害	
9.2	生产过程可能产生的危险、有害因素	
9.3	职业安全和职业卫生防护措施	
10	资源利用	
10.1	土地资源利用	
10.2	水资源利用	
10.3	其他资源利用	
11	节能分析	
11.1	项目能源消耗概况	
11.2	节能降耗措施	
11.3	对比分析及结论	
12	人力资源配置	
12.1	人员配置原则	
12.2	人员配置方案	
13	施工组织	
13.1	施工条件	
13.2	施工组织构想	
13.3	施工进度	
14	投资估算、融资方案及财务分析	
14.1	投资估算	
14.2	融资方案	
14.3	财务分析	
15	经济与社会影响分析	
15.1	经济影响分析	
15.2	社会影响分析	
16	风险分析	
16.1	市场风险分析	
16.2	技术风险分析	
16.3	工程风险分析	
16.4	资金风险分析	
16.5	政策风险分析	
16.6	外部协作风险分析	
17	结论与建议	

续表

章节	主要内容	备注
17.1	主要结论、存在的问题和建议	
17.2	主要技术经济指标	
附图		
附图 1	项目所在地区电网地理接线现状图	
附图 2	项目所在地区涉及水平年电网规划地理接线图	
附图 3	厂址总体规划图（1∶50000）	
附图 4	厂区总平面规划布置图（集热场 1∶5000；发电区 1∶1000 或 1∶2000，可与厂区总平面规划布置图合并出图）	
附图 5	厂区竖向规划布置图（集热场 1∶5000；发电区 1∶1000 或 1∶2000，可与厂区总平面规划布置图合并出图）	
附图 6	施工组织设计总布置图	
附图 7	施工总进度图	
附图 8	原则性全厂主要工艺流程图，包括导热油系统、容颜系统、汽水系统等	
附图 9	蒸汽发生器补给水原则性系统图	
附图 10	原则性电气主接线图	
附图 11	厂用电原则性接线图	
附图 12	全厂自动化系统规划图	
附图 13	水工建筑物总布置图	
附图 14	供水系统图	
附图 15	全厂水量平衡图	
附图 16	空冷系统图	
附图 17	直接空冷凝汽器平剖面布置图	
附图 18	间接空冷塔平剖面布置图	
附图 19	取水建筑物平剖面图	
附图 20	主厂房平面布置图	
附图 21	主厂房剖面布置图	
附图 22	其他必要的方案布置图	
附图 23	集热场吸热截至（导热油、水、熔盐）母管规划布置图，包括平面和断面布置图（阶梯布置时）等	

第三节　陆上风电场项目

一、预可行性研究报告

陆上风电场工程预可行性研究报告的编制，应在调查与分析的基础上，查明风能资源分布状况，排查影响风电场开发的限制性因素，提出主要工程技术方案，并初步评估工程投资及经济效益状况等，初步论证项目开发建设的可行性。

陆上风电场工程预可行性研究报告应遵循安全可靠、技术可行、结合实际、注重效益的工作原则，同时应体现科技创新要求，在技术经济论证的前提下鼓励使用新材料、新工艺、新设备及新技术。

陆上风电场工程预可行性研究应与有关风电场工程规划相衔接，成果应便于后续风电场工程可行性研究的使用。

陆上风电场工程预可行性研究报告编制目录详见表 4-6。

表 4-6　　　　　　　　　　　陆上风电场工程预可行性研究报告编制目录

章节	主要内容	备注
1	综合说明	
2	工程任务和规模	
2.1	任务和规模	
2.2	工程建设必要性	
3	场址选择	
3.1	场址选择原则	
3.2	场址选择及分析	
3.3	场址选择成果	
4	风能资源	
4.1	区域风能资源概况	
4.2	参证气象站	
4.3	场址观测数据整理	
4.4	风能资源评估	
4.5	灾害性天气评估	
5	风电机组选型及上网电量估算	
5.1	风电机组选型	
5.2	风电机组布置	
5.3	风电场年上网电量估算	
6	电气工程	
6.1	接入系统方式	
6.2	电气一次	
6.3	电气二次	
7	工程地质与土建工程设计	
7.1	工程地质及水温	
7.2	土建工程设计	
8	施工组织设计	
8.1	施工条件概述	
8.2	交通运输方案	
8.3	施工总布置方案	
8.4	工程占地	

章节	主要内容	备注
8.5	主体工程施工方案	
8.6	施工总进度	
9	环境影响初步分析	
9.1	环境影响	
9.2	水土保持	
9.3	减排效益	
10	投资估算	
10.1	编制说明	
10.2	投资估算表	
11	财务初步评价	
11.1	评价依据及说明	
11.2	资金筹措	
11.3	成本费用	
11.4	投资收益测算	
11.5	敏感性分析	
12	结论及建议	
附图及附表		
附图1	风电场场址范围图	
附图2	风电场地理位置图	
附图3	参证气象站年际风速变化直方图	
附图4	参证气象站月平均风速变化直方图	
附图5	风电机组预装轮毂高度的代表年风速和风功率密度年内变化曲线图	
附图6	风电机组预装轮毂高度的代表年风速和风功率密度日变化曲线图	
附图7	风电机组预装轮毂高度的代表年风速和风能频率分布直方图	
附图8	风电机组预装轮毂高度的代表年风向玫瑰图	
附图9	风电机组预装轮毂高度的代表年风能玫瑰图	
附图10	风电机组预装轮毂高度的代表年各月风向玫瑰图	
附图11	风电机组预装轮毂高度的代表年各月风能玫瑰图	
附图12	风电机组预装轮毂高度的代表年各月风速和风功率密度日变化曲线	
附图13	风电场场址区域风电机组预装轮毂高度的代表年风速平面分布图	
附图14	风电场场址区域风电机组预装轮毂高度的代表年风功率密度平面分布图	
附图15	比选风电机组的功率曲线图	
附图16	风电机组布置图	
附图17	电力系统地理接线图	
附图18	变电站电气主接线图	
附图19	变电站总平面布置图	
附图20	施工总布置图	
附表1	比选风电机组的主要技术参数指标表	
附表2	风电场逐台机组平均上网电量计算表	

二、可行性研究报告

陆上风电场工程可行性研究报告应遵循安全可靠、技术可行、符合实际、注重效益的原则。

陆上风电场工程可行性研究报告中选用的新材料、新工艺、新结构和新设备，应进行技术经济论证。

陆上风电场工程可行性研究报告应比选风电机组、风电机组基础形式、升压配电装置、集电线路、道路、升压站等风电场主体工程的设计方案，论证工程在技术上的可行性。

陆上风电场工程可行性研究报告应分析风电场工程可能存在的限制性因素，评价工程在实施上的可行性。

陆上风电场工程可行性研究报告应分析风电场发电量、造价水平、收益率及财务敏感性，评价工程在财务上的可行性。

陆上风电场工程可行性研究报告编制目录详见表4-7。

表 4-7   陆上风电场工程可行性研究报告编制目录

章节	主要内容	备注
1	综合说明	
2	风能资源	
2.1	区域风能资源	
2.2	参证气象站	
2.3	测风资料的验证和处理	
2.4	风能资源评估	
3	工程地质与水文	
3.1	概述	
3.2	区域地质及地震动参数	
3.3	场址地质条件与评价	
3.4	工程水文	
4	工程任务和规模	
4.1	概述	
4.2	开发任务	
4.3	建设必要性	
4.4	电力消纳分析	
4.5	工程规模	
5	风电机组选型、布置及发电量估算	
5.1	风电机组选型	
5.2	风电机组布置	
5.3	风电场年上网电量估算	
6	电气工程	

章节	主要内容	备注
6.1	概述	
6.2	升压变电站选址	
6.3	电气一次	
6.4	电气二次	
6.5	通信	
6.6	集电线路	
7	消防	
7.1	消防总体规划	
7.2	工程消防设计	
7.3	施工消防设计	
8	土建工程	
8.1	设计安全标准	
8.2	风电场总体布置	
8.3	风电机组基础	
8.4	风电机组升压配电装置基础	
8.5	风电场道路	
8.6	升压变电站	
9	施工组织设计	
9.1	施工条件	
9.2	施工总布置	
9.3	交通运输	
9.4	工程征用地	
9.5	主体工程施工	
9.6	施工总进度	
9.7	施工资源供应	
10	环境保护与水土保持	
10.1	概述	
10.2	环境保护设计	
10.3	水土保持设计	
11	劳动安全与工业卫生	
11.1	编制依据	
11.2	工程概况	
11.3	主要危险、有害因素及周边环境安全分析	
11.4	劳动安全与工业卫生设计	
11.5	劳动安全与工业卫生管理机构设置、相关设施设计及安全管理	
11.6	预评价报告建议措施采纳情况	
11.7	预期效果以及存在的问题	

章节	主要内容	备注
11.8	施工预防与应急救援	
11.9	劳动安全与工业卫生概算	
11.10	主要结论及建议	
12	设计概算	
12.1	概述	
12.2	编制说明	
12.3	概算编制	
13	财务评价与社会效果分析	
13.1	概述	
13.2	财务评价	
13.3	风险分析	
13.4	社会效果分析	
14	节能降耗	
14.1	概述	
14.2	节能设计依据和原则	
14.3	运行期能耗种类、数量分析和能耗指标	
14.4	主要节能降耗措施	
14.5	节能降耗效益分析及结论	
15	工程招标	
附图及附表		
附图1	风电场场址范围图	
附图2	风电场地理位置图（含气象站及测风塔）	
附图3	电力系统地理接线图	
附图4	风电机组及集电线路布置图	
附图5	参证气象站多年月平均风速变化直方图	
附图6	参证气象站多年月平均风速变化直方图	
附图7	风电场测风塔全年的风速和风功率密度日变化曲线图	
附图8	风电场测风塔全年的风速和风功率密度年变化曲线图	
附图9	风电场测风塔全年的风速和风能频率分布直方图	
附图10	风电场测风塔全年的风向玫瑰图	
附图11	风电场测风塔全年的风能玫瑰图	
附图12	风电场测风塔各月的风向玫瑰图	
附图13	风电场测风塔各月的风能玫瑰图	
附图14	风电场测风塔各月的风速和风功率密度日变化曲线	
附图15	风电场区域地质构造纲要图	
附图16	场址区工程地质平面图及纵、横剖面图	
附图17	典型钻孔柱状图、竖井、坑槽柱状图	

章节	主要内容	备注
附图 18	风电场风能资源分布图	
附图 19	极端低温、极端高温、凝冻等不利天气影响的年内分布图	
附图 20	极端低温、极端高温、凝冻等不利天气影响的各月时长统计图	
附图 21	各比选机型功率曲线、推力系数曲线比较图	
附图 22	各比选机型机位布置图	
附图 23	推荐机型推荐机位布置图	
附图 24	电气主接线图	
附图 25	升压变电站电气总平面布置图	
附图 26	各级电压配电装置平、剖面布置图	
附图 27	风电机组升压变压器配电装置接线图	
附图 28	电气主设备继电保护及测量配置图	
附图 29	计算机监控系统结构示意图	
附图 30	直流系统配置图	
附图 31	通信系统图	
附图 32	通信电源系统图	
附图 33	风电场总平面布置图	
附图 34	风电机组基础结构图	
附图 35	风电机组升压配电装置基础图	
附图 36	升压变电站总平面布置图	
附图 37	升压变电站主要建筑的平、剖面布置图	
附图 38	施工总平面布置图	
附图 39	对外交通示意图	
附图 40	施工总进度图	
附图 41	环境敏感对象分布示意图	
附图 42	环境监测与水土保持监测点位布置示意图	
附表 1	比选机型主要技术参数指标表	
附表 2	各比选机型方案技术经济比较表	
附表 3	推荐机型推荐布置单机发电量估算表	
附表 4	施工临时建筑工程量表	
附表 5	工程征用地统计表	
附表 6	主要施工机械设备汇总表	
附表 7	环境保护与水土保持措施工程量表	
附表 8	环境保护与水土保持专项投资概算表	
附表 9	劳动安全与工业卫生专项投资概算表	
附表 10	劳动安全与工业卫生专项工程量汇总表	

第四节 海上风电场项目

一、预可行性研究报告

海上风电场工程预可行性研究应遵循安全可靠、技术可行、符合实际、注重效益的原则,在技术经济论证的前提下宜研究使用新材料、新装备及新技术。

海上风电场工程预可行性研究报告的编制应在海上风电场工程规划的基础上,通过调查与分析,查明开发建设条件,排查影响风电场开发的限制性因素,提出主要工程技术方案,估算工程投资,初步评价经济效益,并初步论证项目开发建设的可行性。

改建、扩建的海上风电场工程预可行性研究报告应分析已建风电场现状。

海上风电场工程预可行性研究报告编制目录详见表 4-8。

表 4-8 　　　　　　海上风电场工程预可行性研究报告编制目录

章节	主要内容	备注
1	综合说明	
2	工程任务和规模	
2.1	区域社会经济和能源电力概况	
2.2	工程建设必要性	
2.3	工程任务	
2.4	工程规模	
3	场址选择	
4	风能资源	
4.1	概述	
4.2	区域气象分析	
4.3	现场风能资源数据分析	
4.4	风能资源评估	
5	海洋水文	
5.1	概述	
5.2	潮汐	
5.3	海流	
5.4	波浪	
5.5	泥沙	
5.6	其他海洋水文要素	
6	工程地质	
7	风电机组选型与布置及发电量估算	
7.1	风电机组选型	
7.2	风电机组布置	
7.3	发电量估算	

章节	主要内容	备注
8	电气	
8.1	电气一次	
8.2	电气二次	
9	土建工程	
9.1	工程等别和工程总布置	
9.2	风电机组基础	
9.3	升压变电站	
9.4	辅助措施和监测	
10	施工组织设计	
10.1	施工条件和交通运输	
10.2	主体工程施工	
10.3	施工总布置和进度计划	
11	环境影响分析	
11.1	环境现状	
11.2	环境影响	
11.3	环境保护措施和专项投资	
12	投资估算	
12.1	编制说明	
12.2	投资估算表	
13	财务初步评价	
13.1	概述	
13.2	财务评价	
附图		
附图1	风电场地理位置示意图	
附图2	风电场场址范围、参证气象站及现场测站位置示意图	
附图3	影响风电场区域的热带气旋移动路径图	
附图4	参证气象站风速年际变化直方图	
附图5	参证气象站与风电场测站同期的风速年变化直方图	
附图6	参证气象站多年风向玫瑰图	
附图7	风电场代表年预装风电机组轮毂高度的风速和风功率密度日变化曲线	
附图8	风电场代表年预装风电机组轮毂高度的风速和风功率密度年变化曲线	
附图9	风电场代表年预装风电机组轮毂高度的风速和风能频率分布直方图	
附图10	风电场代表年预装风电机组轮毂高度的风向玫瑰图	
附图11	风电场代表年预装风电机组轮毂高度的风能玫瑰图	
附图12	风电场代表年预装风电机组轮毂高度的各月风向玫瑰图	
附图13	风电场代表年预装风电机组轮毂高度的各月风能玫瑰图	
附图14	风电场代表年预装风电机组轮毂高度的各月风速和风功率日变化曲线图	

章节	主要内容	备注
附图 15	勘探点平面位置图	
附图 16	工程地质剖面图	
附图 17	风电场工程接入电力系统地理位置接线图	
附图 18	风电场电气主接线图	
附图 19	风电场海上升压变电站送出输电线路布置图	
附图 20	风电场集电线路布置图	
附图 21	风电场工程主要电气设备布置图	
附图 22	风电场工程总平面布置示意图	
附图 23	风电机组基础平面布置图、典型剖面图	
附图 24	升压变电站平面布置图、典型剖面图	
附图 25	陆上集控中心平面布置图	
附图 26	风电场工程施工总布置图	
附图 27	风电场工程施工总进度图	

二、可行性研究报告

海上风电场工程可行性研究应遵循安全可靠、技术可行、结合实际、注重效益的原则，推荐采用的新材料、新装备和新技术应进行技术经济论证。

改建、扩建的海上风电场工程可行性研究报告应分析已建风电场现状。

海上风电场工程可行性研究应编制风电机组基础设计专题研究报告和施工组织设计专题研究报告。

海上风电场工程可行性研究报告编制目录详见表 4-9。

表 4-9   海上风电场工程可行性研究报告编制目录

章节	主要内容	备注
1	综合说明	
2	风能资源	
2.1	概述	
2.2	区域气象分析	
2.3	现场风能资源数据分析	
2.4	风能资源评估	
2.5	成果表和附图	
3	海洋水文	
3.1	概述	
3.2	潮汐	
3.3	海流	
3.4	波浪	
3.5	海冰	

章节	主要内容	备注
3.6	泥沙	
3.7	其他海洋水文要素	
4	工程地质	
4.1	概述	
4.2	区域地质与构造稳定性	
4.3	场地工程地质条件	
4.4	工程地质条件评价	
4.5	成果表和附图	
5	工程任务和规模	
5.1	区域经济概况与能源电力	
5.2	工程建设必要性	
5.3	工程任务	
5.4	电力市场消纳分析	
5.5	工程规模	
6	风电机组选型与布置及发电量估算	
6.1	风电机组选型	
6.2	风电机组布置	
6.3	风电场发电量估算	
6.4	成果表和附图	
7	电气工程	
7.1	概述	
7.2	电气一次	
7.3	电气二次	
7.4	通信	
7.5	成果表和附图	
8	消防	
8.1	消防总体规划	
8.2	工程消防设计	
8.3	施工消防设计	
8.4	成果表	
9	土建工程	
9.1	设计标准	
9.2	设计依据	
9.3	工程总布置	
9.4	风电机组基础	
9.5	陆上升压变电站或集控中心	
9.6	海上升压变电站	

章节	主要内容	备注
9.7	防腐蚀设计	
9.8	防冲刷设计	
9.9	靠船和防撞设计	
9.10	抗冰设计	
9.11	监测设计	
9.12	输电线路土建设计	
9.13	成果表和附图	
10	施工组织设计	
10.1	施工条件	
10.2	施工总布置	
10.3	交通运输	
10.4	工程征用地	
10.5	主体工程施工	
10.6	施工总进度	
10.7	施工资源供应	
11	工程建设用海及用地	
11.1	工程建设用海	
11.2	工程建设用地	
11.3	附图	
12	环境保护与水土保持	
12.1	环境影响评价	
12.2	环境保护设计	
12.3	水土保持设计	
13	劳动安全与工业卫生	
13.1	概述	
13.2	主要危险、有害因素分析	
13.3	工程安全卫生设计	
13.4	安全管理机构设置、相关设施设计及安全管理	
13.5	劳动安全与职业卫生专项投资概算	
13.6	安全预评价报告建议措施采纳情况	
13.7	主要结论和建议	
13.8	成果表	
14	节能降耗	
14.1	编制依据和基础资料	
14.2	运行期能耗种类、数量分析和能耗指标	
14.3	主要节能降耗措施	
14.4	节能降耗效益分析	

章节	主要内容	备注
14.5	结论和建议	
15	设计概算	
15.1	编制说明	
15.2	设计概算表	
15.3	设计概算附表	
16	财务评价与社会效果分析	
16.1	概述	
16.2	财务评价	
16.3	财务评价附表	
16.4	风险分析	
16.5	社会效果评价	
17	工程招标	
17.1	概述	
17.2	招标范围与内容	
17.3	招标计划	

附图及附表

附图 1	风电场场址范围、长期测站、现场测站位置示意图	
附图 2	影响风电场区域的热带气旋移动路径图	
附图 3	参证气象站风速年际变化直方图	
附图 4	参证气象站多年、与风电场现场测站同期的风速年变化直方图	
附图 5	参证气象站多年风向玫瑰图	
附图 6	风电场代表年预装风电机组轮毂高度的风速和风功率密度日变化曲线	
附图 7	风电场代表年预装风电机组轮毂高度的风速和风功率密度年变化曲线	
附图 8	风电场代表年预装风电机组轮毂高度的风速和风能频率分布直方图	
附图 9	风电场代表年预装风电机组轮毂高度的风向玫瑰图	
附图 10	风电场代表年预装风电机组轮毂高度的风能玫瑰图	
附图 11	风电场代表年预装风电机组轮毂高度的各月风向玫瑰图	
附图 12	风电场代表年预装风电机组轮毂高度的各月风能玫瑰图	
附图 13	风电场代表年预装风电机组轮毂高度的各月风速和风功率日变化曲线图	
附图 14	勘探点平面位置图	
附图 15	工程地质剖面图	
附图 16	钻孔柱状图	
附图 17	风电场风能资源分布图	
附图 18	比选机型功率曲线、推力系数比较图	
附图 19	各比选机型方案布置图	
附图 20	风电场推荐机型布置图	
附图 21	风电场工程接入电力系统地理位置接线图	

章节	主要内容	备注
附图 22	风电场电气主接线图	
附图 23	风电场海上升压变电站送出输电线路布置图	
附图 24	风电场集电线路布置图	
附图 25	风电场升压变电站、陆上集控中心站用电接线图	
附图 26	升压变电站电气设备平面布置图及剖面图	
附图 27	风电场计算机监控系统配置图	
附图 28	风电场保护及测控装置配置图	
附图 29	风电场直流电源系统图	
附图 30	风电场视频安防监控系统图	
附图 31	风电场通信系统图	
附图 32	风电场总平面布置图	
附图 33	风电机组基础推荐方案平面、剖面布置图	
附图 34	风电机组基础比较方案平面、剖面布置图	
附图 35	海上升压变电站建（构）筑物平面、剖面布置图	
附图 36	陆上升压变电站、集控中心总平面布置图	
附图 37	主控楼、生活楼、配电室等主要建（构）筑物平面、剖面布置图	
附图 38	室外配电构架、主变压器构架等主要构筑物平面、剖面布置图	
附图 39	室外配电构架、主变压器构架等主要构筑物平面、剖面布置图	
附图 40	风电机组基础、海上升压变电站的监测设施布置图	
附图 41	施工场内外交通运输路线示意图	
附图 42	施工围堰或平台结构布置图	
附图 43	施工总布置图	
附图 44	施工总进度图	
附图 45	工程用海范围图	
附图 46	工程用地范围图	
附表 1	长期测站多年气象要素统计表	
附表 2	现场测站信息及测风设备配置表	
附表 3	测风数据完整性、合理性检验成果表	
附表 4	风能资源评估成果参数统计表	
附表 5	岩土层物理力学性质指标统计表	
附表 6	环境水质分析统计表	
附表 7	原位测试成果统计表	
附表 8	各风电机组特征参数表	
附表 9	风电机组选型方案技术经济比较表	
附表 10	推荐机型轮毂高度技术经济比较表	
附表 11	风电场各风电机组的年发电量计算表	
附表 12	主要设备材料表	

章节	主要内容	备注
附表 13	主要土建工程量表	
附表 14	劳动安全与职业卫生专项工程量汇总表	
附表 15	劳动安全与职业卫生专项工程投资概算表	

第五节　生物质能电站项目

一、可行性研究报告

生物质能电站可行性研究应做到安全可靠、技术先进、经济实用，满足节约能源、用水、用地和保护环境的要求；应积极应用先进技术、先进工艺、先进材料和先进设备。

应根据区域可利用的生物质能情况、电力负荷需求及性质，提出合理可行的建设方案。

生物质能电站项目可行性研究报告编制目录参见表 4-10。

表 4-10　　　　　生物质能电站项目可行性研究报告编制目录

章节	主要内容	备注
1	概述	
1.1	项目背景	
1.2	投资方及项目单位概况	
1.3	项目概况	
1.4	研究范围与分工	
1.5	工作过程及工作组织	
1.6	主要结论、存在的问题和建议	
2	电力系统	
2.1	电力系统概况	
2.2	电力市场需求分析	
2.3	电力电量及调峰平衡分析	
2.4	项目建设的必要性	
2.5	接入系统方案	
2.6	主接线要求	
3	热（冷）负荷分析（如果有）	
3.1	供热（冷）现状及存在的问题	
3.2	热（冷）负荷分析	
3.3	供热（冷）设计参数的确定	
3.4	运行方式	
3.5	配套供热（冷）管网建设	

章节	主要内容	备注
4	原材料（燃料）及其他燃料需求及来源	
4.1	原材料（燃料）来源	
4.2	原材料（燃料）品质	
4.3	原材料（燃料）消耗量	
4.4	其他燃料需求及来源	
5	厂址条件	
5.1	厂址概述	
5.2	交通运输	
5.3	水文气象	
5.4	水源	
5.5	周转（事故）贮灰场	
5.6	地震、地质及岩土工程	
5.7	厂址比较及推荐意见	
6	工程方案设想	
6.1	厂区及收贮站规划	
6.2	主厂房布置	
6.3	燃料输送设备及系统	
6.4	生物质锅炉设备及系统	
6.5	汽轮机设备及系统	
6.6	除灰渣系统	
6.7	水工设施及系统	
6.8	水处理设备及系统	
6.9	电气设备及系统	
6.10	仪表与控制	
6.11	采暖通风与空气调节	
6.12	建筑和结构	
6.13	附属和辅助设施	
7	环境保护与水土保持	
7.1	自然环境和社会环境概况	
7.2	大气污染防治	
7.3	生活污水和工业废水处理	
7.4	固体废弃物处理	
7.5	噪声污染防治	
7.6	环境监测	
7.7	水土保持及措施	
7.8	环境保护与水土保持投资估算	
7.9	小结	

章节	主要内容	备注
8	综合利用	
9	劳动安全与职业卫生	
9.1	工作概况	
9.2	厂址周边危险因素和自然灾害	
9.3	生产过程可能产生的危害因素	
9.4	劳动安全与职业卫生防护措施	
9.5	小结	
10	资源利用	
10.1	项目所在地能源资源利用概况	
10.2	土地资源利用	
10.3	水资源利用	
10.4	其他资源利用	
10.5	小结	
11	节能分析	
11.1	项目能源消耗概况	
11.2	节能降耗措施	
11.3	节能分析及结论	
12	消防	
12.1	设计原则及依据	
12.2	设计范围	
12.3	总平面消防	
12.4	建筑消防	
12.5	消防灭火系统和灭火设施	
12.6	火灾自动报警系统	
12.7	防烟及排烟系统	
12.8	消防电力	
13	抗灾能力评价	
13.1	地质灾害	
13.2	洪水	
13.3	风灾	
13.4	其他	
13.5	小结	
14	运营管理系统	
14.1	运营管理体制	
14.2	生产班制及劳动定员	
14.3	人员来源及培训	
15	项目实施的条件和建设进度及工期	

章节	主要内容	备注
15.1	项目实施条件	
15.2	施工组织构想	
15.3	项目实施轮廓进度	
16	投资估算、融资方案及财务分析	
16.1	投资估算	
16.2	资金来源及融资方案	
16.3	财务分析	
17	经济与社会影响分析	
17.1	经济影响分析	
17.2	社会影响分析	
17.3	小结	
18	风险分析	
18.1	市场风险分析	
18.2	技术风险分析	
18.3	工程风险分析	
18.4	资金风险分析	
18.5	政策风险分析	
18.6	外部协作风险分析	
18.7	风险评估及应对措施和建议	
19	结论与建议	
19.1	主要结论、存在的问题和建议	
19.2	主要技术经济指标	
附图		
附图1	厂址地理位置图	
附图2	厂区及收贮站总体规划图	
附图3	厂区总平面布置图	
附图4	厂区竖向布置图	
附图5	全厂燃烧系统图	
附图6	全厂热力系统图	
附图7	除灰渣系统图	
附图8	物料系统工艺流程图	
附图9	电气主接线图	
附图10	高压厂用电接线图	
附图11	全厂自动化系统图	
附图12	水工建筑物总布置图	
附图13	供水系统图	
附图14	水量平衡图	

章节	主要内容	备注
附图 15	工业废水处理系统图	
附图 16	取水建筑物平剖面图	
附图 17	排水建筑物平剖面图	
附图 18	地下水源开采平面布置图	
附图 19	周转（事故）贮灰场平面布置图	
附图 20	周转（事故）贮灰场围堤横剖面图	
附图 21	主厂房平面布置图	
附图 22	主厂房横剖面图	
附图 23	区消火栓及消防炮灭火系统原理图	
附图 24	年热（冷）负荷曲线图	
附图 25	施工组织设计总布置图	
附图 26	其他必要的方案布置图	

第五章

光 伏 发 电

第一节 概 述

一、光伏发电的原理

1839 年，法国的 Edmond Becquerel 发现了"光伏效应"，即光照能使半导体材料内部的电荷分布状态发生变化而产生电动势和电流。光伏发电就是利用半导体界面的光生伏特效应而将光能直接转变为电能的一种技术，这种技术的关键元件是光伏电池。

光伏电池是基于半导体 P-N 结接受太阳光照产生光伏效应，直接将光能转换成电能的能量转换器。如图 5-1 所示，太阳光照射到光伏电池表面，其吸收具有一定能量的光子，在内部产生处于非平衡状态的电子——空穴对；在 P-N 结内建电场的作用下，电子、空穴分别被驱向 N、P 区，从而在 P-N 结附近形成与内建电场方向相反的光生电场；光生电场抵消 P-N 结内建电场后的多余部分使 P，N 区分别带正、负电，于是产生由 N 区指向 P 区的光生电动势；当外接负载后，则有电流从 P 区流出，经负载从 N 区流入光伏电池。

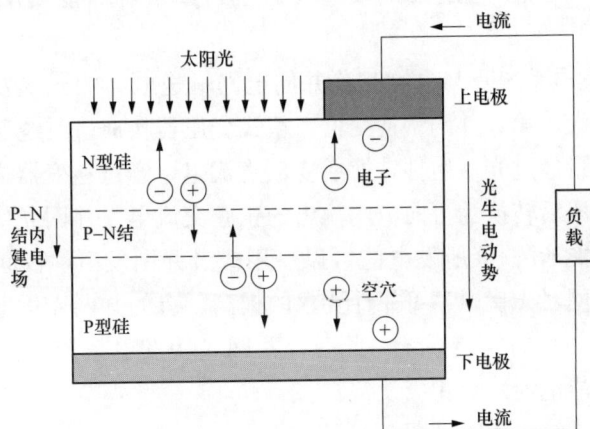

图 5-1　半导体光伏效应

实用中，为了满足负载需要的电压、电流，需将多个容量较小的单体光伏电池串、并成数瓦到数百瓦的光伏模块（其输出电压一般在十几至几十伏特），进行加工制造成为不同输出功率的光伏电池组件。

二、光伏发电的主要类型及特点

（1）光伏电站根据是否与电网连接分为离网光伏发电系统、并网光伏发电系统。

1）离网型光伏发电系统一般由光伏组件、支架、离网型逆变器、充放电控制器、蓄电池组（储能电池）、直流负载和交流负载等构成。电池方阵在有光照的情况下将太阳能转换为电能，通过太阳能充放电控制器给负载供电，同时给蓄电池组充电；在无光照时，通过太阳能充放电控制器由蓄电池组（储能电池）给直流负载供电，同时蓄电池还要通过逆变器将直流电逆变成交流电，给交流负载供电。离网型太阳能发电系统被广泛应用于偏僻山区、无电区、海岛、通信基站等应用场所。离网型光伏发电系统示意图见图 5-2。

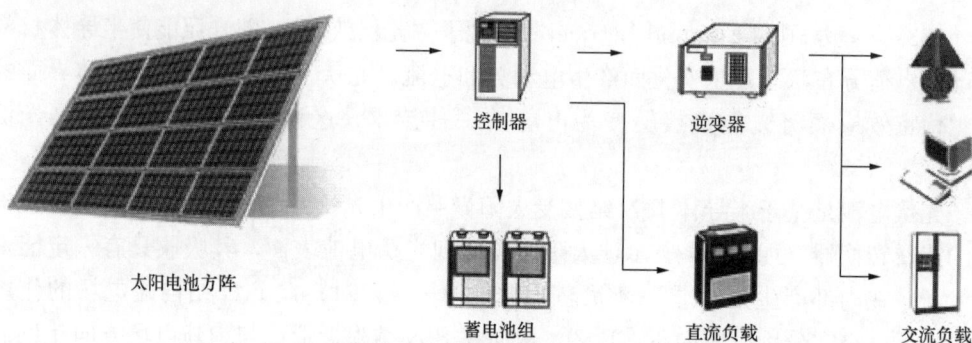

图 5-2　离网型光伏发电系统示意图

离网型光伏发电系统其主要优势体现在所发电力能够就地消纳，无需远距离输送，由于光伏发电本身受阴晴天气及昼夜影响，如果有储能要求，其投资将大大增加。

2）并网光伏发电系统是与电网相连并向电网输送电力的光伏发电系统，一般由光伏组件、支架、汇流箱、并网型逆变器、箱式变压器构成。系统通过光伏组件将接收来的太阳辐射能量经过光伏组件转换后变成直流电，经过逆变器逆变为交流电，再通过箱式变压器升压后转换为可向电网输出的正弦交流电。并网光伏发电系统最初不需配置蓄电池（储能），白天所发电能可以自用或者并网发电，夜间可直接从电网获取电力。但随着电网对光伏电站可靠性要求的提高，有的并网光伏电站还需要配置一定容量（10%～30%）的储能系统，此时，并网光伏发电系统仍需配置充放电控制器、蓄电池组（储能电池）等相应设备。

并网光伏发电系统示意图见图 5-3。

并网光伏发电系统中的大型并网光伏电站一般都是国家级电站，主要特点是将所发电能直接输送到电网，由电网统一调配向用户供电；但这种电站投资大、建设周期长、占地面积大。

（2）光伏电站根据安装容量可以分为小型光伏发电系统、中型光伏发电系统、大型光伏发电系统。

1）小型光伏发电系统：安装容量小于或等于 1MW，一般通过 380V～10kV 电压

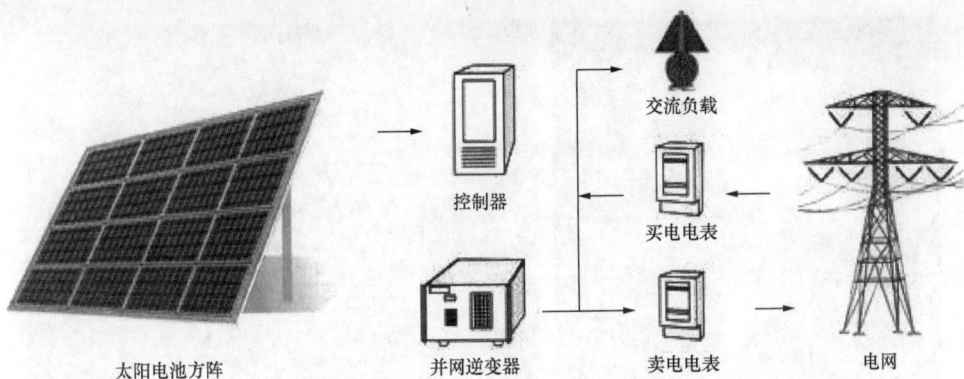

图 5-3　并网光伏发电系统示意图

等级接入电网；

2）中型光伏发电系统：安装容量大于 1MW 和小于或等于 30MW，一般通过 10～35kV 电压等级接入电网；

3）大型光伏发电系统：安装容量大于 30MW，一般通过 35kV 及以上电压等级接入电网。

（3）光伏电站根据发电系统布置的聚集和离散程度，可以分为分布式光伏发电系统、集中式光伏发电系统。

通常分布式光伏发电系统就地发电，就近并入附近电网，不需要长距离输送电能，一般是指并网电压不超过 35kV、功率小于 6MW 的光伏发电系统，最常见的分布式光伏是屋面光伏和建筑光伏，其中建筑光伏又分为 BAPV 和 BIPV。

BAPV（Building Attached Photovoltaic）是附加在建筑物上的太阳能光伏发电系统，也称为"安装型"太阳能光伏建筑。它的主要功能是发电，与建筑物功能不发生冲突，不破坏或削弱原有建筑物的功能。BAPV 光伏发电示意图见图 5-4。

图 5-4　BAPV 光伏发电示意图

BIPV（Building Integrated Photovoltaic）是与建筑物同时设计、同时施工和安装并与建筑物形成完美结合的太阳能光伏发电系统，也称为"构建型"和"建材型"太阳能光伏建筑。光伏太阳能电池是作为建筑物外部结构的一部分，既具有发电功能，又具有建筑构件和建筑材料的功能，甚至还可以提升建筑物的美感，与建筑物形成完美的统一体。BIPV 光伏发电示意图见图 5-5。

图 5-5　BIPV 光伏发电示意图

分布式光伏发电系统具有安装容量较小、接入电压等级较低、发电和并网都靠近用电负荷、对电网影响小等特点，可以应用在大中型工业厂房、公共建筑以及居民屋顶等建筑上。由于投资小、建设快、占地面积小、政策支持力度大等优点，屋面光伏是目前分布式光伏发电的主流。

集中式光伏发电系统一般为中大型光伏电站，占用较大的场地，光伏发电设备采用集中布置，汇集升压后并入电网。光伏电站安装整体容量大，占地面积广阔；很多电站是建设在偏僻的人烟稀少的地方，土建工程量较大；为了光伏电站正常运行与维护，光伏电站需要专业人员驻守维护，相应的附属设施较多。

（4）根据安装场地和应用场景分类，又可以分为沙漠光伏、水面光伏、屋面光伏、山地光伏、林光互补、农光互补、渔光互补等。

第二节　光伏电站主要系统及其功能

光伏电站主要由太阳能光伏组件、光伏支架、防雷汇流箱、逆变器、箱式变压器、光伏电站监控系统组成。三大核心设备分别是光伏组件、光伏支架、逆变器。光伏电站主要系统见图 5-6。

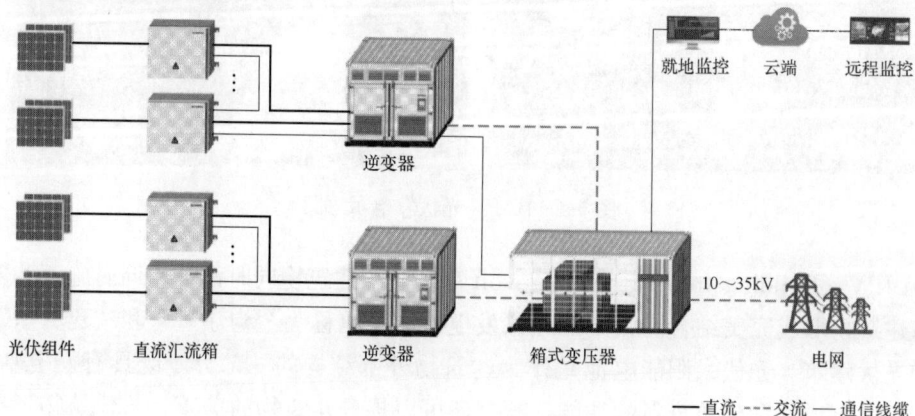

图 5-6　光伏电站主要系统

一、太阳能光伏组件

光伏电池组件是一种把光能变成电能的能量转换设备，通常还被人们习惯性地叫做"光伏组件""电池组件""光伏电池"，或者光伏行业内简称为"组件"。光伏电池组件的基本单元是"电池片"，一定数量的电池片通过封装工艺串联在一起形成光伏组件。实际应用中都是将光伏组件串联或并联起来，组成组件方阵，以便获得更大的发电功率。光伏电池组件工艺环节如图 5-7 所示。

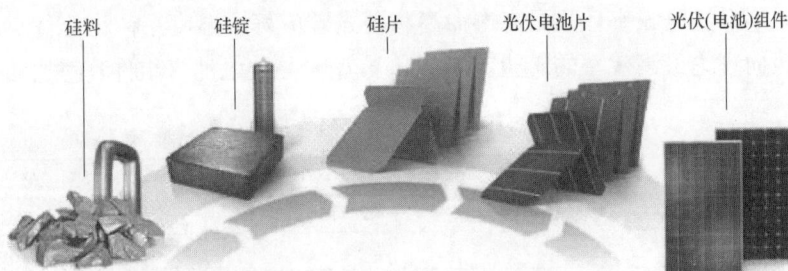

图 5-7 光伏电池组件工艺环节

（一）电池组件种类

目前光伏电站常用的电池组件有以下三种。

（1）单晶硅电池组件：光电转换效率为 18% 左右，最高的达到 24%，是目前所有种类的电池组件中光电转换效率最高的，坚固耐用，使用寿命最高可达 25 年。随着技术的不断成熟，单晶组件的价格已与多晶相差不多，是目前市场上常用的高效率电池组件。

（2）多晶硅电池组件：制作工艺与单晶硅电池组件差不多，其光电转换效率约为 17% 左右。从制作成本上来讲，比单晶硅电池组件要便宜一些，材料制造简便，节约电耗，总的生产成本较低，因此得到大量发展。目前伴随着技术升级，正逐渐被单晶硅电池组件所替代。

（3）非晶硅电池组件：是新型薄膜式电池组件，制作工艺与单晶硅和多晶硅电池的完全不同，制作成本低。它的主要优点是年均衰减率低、在弱光条件也能发电、阴影遮挡功率损失较小、高温性能佳，但是光电转换效率偏低，因此单块组件功率相对较低，同容量占地大。已经能进行产业化大规模生产的薄膜电池组件主要有 3 种：硅基薄膜电池组件、铜铟镓硒薄膜电池组件（CIGS）、碲化镉薄膜电池组件（CdTe）。各种电池组件见图 5-8。

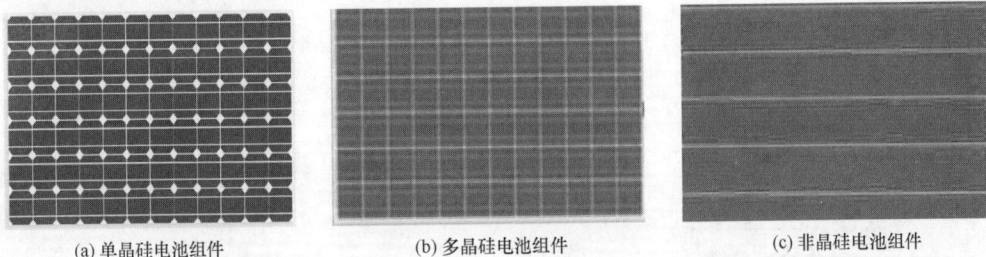

(a) 单晶硅电池组件　　　　　(b) 多晶硅电池组件　　　　　(c) 非晶硅电池组件

图 5-8 各种电池组件

（二）单晶硅电池（组件）技术

根据半导体材料的不同，可以将电池组件分为晶硅电池组件和薄膜电池组件。晶硅电池组件可分为单晶硅电池组件和多晶硅电池组件，其中单晶硅电池组件又分为 P 型电池组件和 N 型电池组件。目前应用最为广泛的单晶 PERC 电池即为 P 型单晶硅电池组件，而 TOPCon、异质结、IBC 等新型电池组件技术主要是指 N 型单晶硅电池组件。

截止到 2023 年上半年光伏行业的主流还是 P 型电池组件。N 型理论上可实现更高转化率，降低光衰减率，且具有寿命高、弱光效应好、温度系数小等优点，是晶硅电池组件迈向理论最高效率的希望。N 型和 N 型单晶硅电池（组件）对比参见表 5-1。

表 5-1　　　　　　　　　　N 型和 N 型单晶硅电池（组件）对比表

项目	P 型硅电池	N 型硅电池
掺杂物分凝系数	B：0.8	P：0.35
硅锭均匀性	高	低
硅片得率	高	低
典型 CZ 单晶少子寿命	$20\sim30\mu s$	$100\sim1000\mu s$
功率衰减	大：在基区（B-O 对）	小：在发射区（B-O 对）
发射区制备	扩磷（容易）	扩硼（难）
背场制备	铝背场（容易）	扩磷（难）
前表面钝化	SiN_x、SiO_2	Al_2O_3
前表面钝化技术	PECVD（容易）	ALD、PECVD（难）
背表面钝化	Al_2O_3	SiN_x、SiO_2
背表面钝化技术	ALD、PECVD（难）	PECVD（容易）
前栅线电极	Ag	Ag
背栅线电极	Al	Ag
同等技术电池效率	低	高
工艺复杂性	低	高
成本	低	高

目前，主流的 P 型电池组件为 PERC 电池组件，而 N 型电池组件则主要分为三种技术路线，分别为 TOPCON 电池组件、HJT 电池组件以及 JBC 电池组件。P-N 型电池技术见图 5-9。

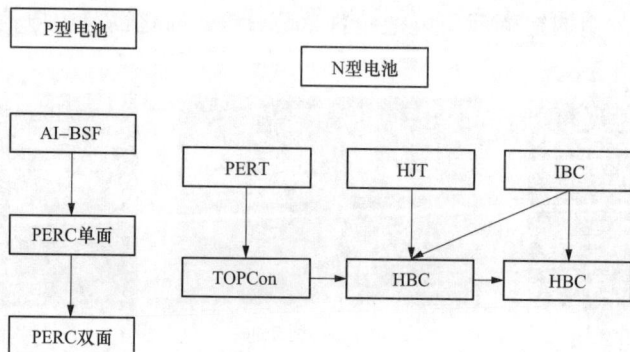

图 5-9　P-N 型电池技术

1. PERC 电池组件

PERC 电池组件全名为钝化发射极及背面接触电池（Passivated Emitter and Rear Cell），通过在电池组件背面形成钝化层，提升转换效率。PERC 电池组件在传统电池工艺基础上只需要增加少量工艺，即可大幅提高电池组件效率。同时部分组件厂商已经将其正反两面均采用镀膜封装工艺，使硅片的正面和反面都可以接受光照，并能产生光生电压和电流，这也就是我们现在常说的双面光伏电池组件。

目前经试验检测双面电池组件比单面电池组件保守估计可提高大约 10％的发电增益。但是组件厂家对背面功率不提供峰值功率的保证值，因此在工程应用中实际发电量还需根据场地真实条件来仿真计算。PERC 电池组件如图 5-10 所示。

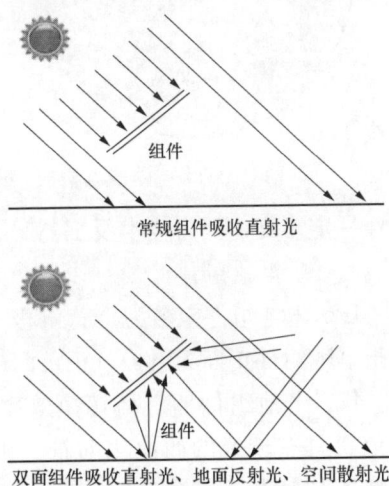

常规组件吸收直射光

双面组件吸收直射光、地面反射光、空间散射光

图 5-10　PERC 电池组件

2. TOPCon 电池组件

TOPCon 电池组件，即隧穿氧化层钝化接触电池（Tunnel Oxide Passivating Contacts），其电池结构为 N 型硅衬底电池，在电池背面制备一层超薄氧化硅，然后再沉积一层掺杂硅薄层，二者共同形成了钝化接触结构，有效降低表面复合和金属接触复合，提升了电池组件的开路电压和短路电流，提高电池组件效率。TOPCon 电池组件理论转化效约为 28.7％，实验室量产效率可达到 24.5％。

TOPCon 电池组件可基于现有 PERC 产线升级改造，国内企业近两年来 PERC 新建产线基本预留 TOPCon 改造空间，以备后续升级，PERC 产能 60％可改造为 TOPCon。目前诸多一线大厂 PERC 产能已经逐渐停止，扩产计划也纷纷转向 N 型技术产线建设，预计 2023－2024 年，多家厂商 TOPCon 产能开始释放，有望享受技术溢价。

目前有布局的企业包括：晶科、天合光能、LG、REC、中来股份等。

3. HJT 电池组件

HJT 电池组件全名为本征薄层的异质结电池（Heterojunction with Intrinsic Thinfilm），也被称为"HIT 电池组件"，它是结合了晶硅电池组件和薄膜电池组件技术的双重优势，在发射极和背面添加一层本征非晶硅层来提高开路电压，从而提高电池片的转换效率。

最早由日本三洋公司于 1990 年成功开发，并申请注册商标，2012 年被松下公司收购，又被称为 HJT 或 SHJ（Silicon Hetero junction Solar Cell），转换效率 2015 年已达到 25.6％，目前研究发现 HJT 电池转换效率极限为 27.5％（单体 HJT 电池）～29％（HJT 电池叠加钙钛矿做叠层电池）。HJT 电池最大的优势在于无光致衰减，它的光致衰减更低，10 年衰减率小于 3％，25 年发电量下降仅为 8％，低温系数、稳定性、双面率更高，不会出现电池组件转换效率因光照而衰退的现象，而且高温性能

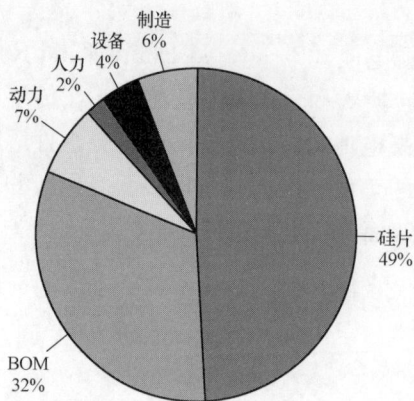

图 5-11　HJT 电池成本构成

好。HJT 电池成本构成见图 5-11。

HJT 电池的工艺流程短，主要包括 4 个环节，远少于 PERC（10 个）和 TOPCON（12～13 个）；此外 HJT 未来叠加 IBC 全背电极接触晶硅电池（Interdigitated Back Contact）和钙钛矿后转换效率或可提升至 30% 以上。HJT 发展至今已有近 50 年时间，伴随着技术的迭代、转换效率的提升，HJT 电池组件已经进入国产商业化阶段。

目前通威股份、隆基股份、爱康科技等厂商 HJT 量产化进展顺利，预计未来量产还存在一定难度，因为技术及工艺问题，成本仍较高。

4. IBC 电池组件

IBC 电池组件全名为全背电极接触晶硅电池组件（Interdigitated Back Contact），是指电池组件正面无电极，正负两极金属栅线呈指状交叉排列于电池组件背面。

IBC 电池组件拥有高转换效率，外观上也更加美观，尤其适用于光伏建筑一体化，具有较好的商业化前景。虽然 IBC 电池组件优势突出，但是 IBC 电池组件制造工艺复杂，多次使用掩膜、光刻等半导体技术，成本几乎为常规电池组件的两倍。

IBC 属于储备技术路线，是目前实现高效晶体硅电池组件的技术方向之一。目前因其技术难度较高，工艺设备与现有生产线几乎无法兼容，因此工艺设备投资高，短期量产存在一定难度。

目前布局的企业包括 sunpower、LG、中来股份、天合光能。

（三）不同类型电池组件功率

自 2021 年起，常规多晶黑硅电池组件功率约为 345W，PERC 多晶黑硅电池组件功率约为 420W；采用 166mm、182mm 尺寸 PERC 单晶电池组件功率已分别达到 455W、545W；采用 210mm 尺寸 55 片、66 片的 PERC 单晶电池的组件功率分别 550W 为和 660W；采用 166mm、182mm 尺寸 TOPCon 单晶电池组件功率分别达到 465W、570W；采用 166mm 尺寸异质结电池组件功率达到 470W；采用 210mm 尺寸叠瓦 TOPCon 单晶组件功率为 645W。

晶硅电池组件功率见表 5-2。

表 5-2　　　　　晶硅电池组件功率（晶硅电池 72 片半片组件平均功率）　　　　　　W

	项目	2021 年	2022 年	2023 年	2025 年	2027 年	2030 年
多晶	BSF 多晶黑硅组件（157mm）	345	345	350	—	—	—
	PERC P 型多晶黑硅组件	420	425	425	430	435	440
	PERC P 型铸锭单晶组件	450	450	455	460	465	470

项目		2021年	2022年	2023年	2025年	2027年	2030年
P型单晶	PERC P型单晶组件	455	460	460	465	470	475
	PERC P型单晶组件（182mm）	545	550	555	560	565	570
	PERC P型单晶组件（210mm）(55片)	550	555	560	565	570	575
	PERC P型单晶组件（210mm）(66片)	660	665	670	675	680	685
N型单晶	TOPCoN单晶组件	465	470	475	485	490	495
	TOPCoN单晶组件（182mm）	570	575	580	590	600	610
	异质结组件	470	475	480	490	500	510
	IBC组件（158.75mm）	355	360	365	375	380	385
MWT封装	MWT单晶组件（72片）	465	470	488	505	513	520
	MWT单晶组件（94.5片）	575	580	590	595	600	605
叠瓦	TOPCoN单晶组件（210mm）	645	650	655	660	665	670

注 1. 本指标均以采用9BB电池片的单玻单面组件为基准，双面组件只记正面功率；

2. P型单晶组件（210mm）以55片和66片为基准，IBC组件以60片为基准，MWT组件以72片和94.5片为基准，叠瓦组件（210mm）以69片为基准，其他组件均以72片为基准；

3. 非特殊注明，均以166mm尺寸电池为基准；

4. 除叠瓦组件（6分片）外，以上其他组件均为半片组件。

二、光伏支架

光伏支架的性能直接影响光伏电站的运营稳定性、发电效率以及投资收益，在光伏电站建设中具有重要地位。

光伏支架是用于安装、支撑和固定光伏组件的特殊功能支架，根据光伏支架主要受力杆件所采用材料的不同，可将其分为铝合金支架、钢支架以及非金属支架，其中非金属支架使用较少，而铝合金支架和钢支架各有特点。

光伏支架比较表见表5-3。

表5-3　　　　　　　　　　　　光伏支架比较表

支架类型	铝合金支架	普通钢支架	柔性支架
防腐能力	一般采用阳极氧化（>15μm）；铝在空气中能形成保护膜，后期使用不需要防腐维护	一般采用热浸镀锌（>65μm）；后期使用需要防腐维护；防腐能力较差	一般采用热浸镀锌（>65μm）；后期使用需要防腐维护；防腐能力较差
机械强度	铝合金型材变形量约为钢材的2.9倍	钢材强度约为铝合金的1.5倍	
材料重量	约2.71g/m²	约7.85g/m²	约为钢支架的2/3
材料价格	铝合金价格约为钢材的3倍		
适用项目	对承重有要求的屋顶电站；抗腐蚀性有要求的工业厂房屋顶电站	强风地区、跨度比较大等对强度有要求的电站	适用于普通山地、荒坡、水池鱼塘以及林地等多种大跨度应用场地，而且不影响农作物种植及养鱼

按照能否跟随太阳转动可分为固定支架和跟踪支架。其中固定支架分为最佳倾角固定支架和固定可调支架；跟踪支架分为水平单轴跟踪支架、斜单轴跟踪支架、双轴跟踪支架。

各种支架方式及特点如下：

1. 最佳倾角固定式支架

组件支架的倾斜角是指光伏组件平面与水平地面之间的夹角。不同的倾斜角下光伏电池方阵平面接受的辐射总量是不一样的，我们将接收到年辐射总量最大的倾斜角称为最佳倾角。

最佳倾角固定式是国内外应用最广泛的一种支架型式，见图 5-12。

图 5-12 最佳倾角固定式支架

2. 固定可调式支架

固定可调式支架见图 5-13。

(a) 推拉杆式可调支架   (b) 圆弧式可调支架

(c) 千斤顶式可调支架   (d) 液压式可调支架

图 5-13 固定可调式支架

固定可调式支架是根据项目所在地的全年太阳辐照量情况，将全年分成若干个时间段。如每月或者每季度等。根据每月或者每季度不同倾角的辐照量数据的最大值对应的倾角来调整光伏组件的安装倾角，以保证每月或者每季度光伏组件接收到的辐照量均为最大值，提高光伏组件的发电量。可以在投资成本略增加情况下提高发电量，但是每次进行支架调整的工作量较大。

3. 水平单轴跟踪支架

水平单轴跟踪系统是光伏组件绕一水平轴东西（或南北）旋转，使得光伏组件受光面在尽可能垂直于太阳光的入射角的跟踪系统，转轴与地面所成的角度为0°，并以此获得较大的发电量，广泛应用于低纬度地区。平单轴跟踪的电池组件垂直线与太阳光始终有一个夹角，夹角数值与本地纬度数和季节有关，并且一日之中也有变化。水平单轴跟踪支架见图5-14。

图5-14　水平单轴跟踪支架

4. 斜单轴跟踪支架

斜单轴跟踪支架是在水平单轴跟踪的基础上发展而来，光伏组件旋转轴与向南方向有一定的倾角，适用于高纬度地区，但是由于倾角过大会使得组件南北间距过大，增加占地及支架成本。所以斜单轴跟踪支架适量提升组件倾角即可，倾角不宜过大。斜单轴跟踪支架见图5-15。

图5-15　斜单轴跟踪支架

5. 双轴跟踪支架

双轴跟踪支架采用两根轴转动（立轴、水平轴）对太阳光线实时跟踪，以保证每一时刻太阳光线都与组件板面垂直，以此来获得最大的发电量。与固定式相比，双轴跟踪支架将增加大于35％的太阳辐射接收量，能够显著提高光伏组件的发电效率。双轴跟踪支架占地面积大，安装容量容易受安装环境影响；安装相对复杂、抗风能力一般，一次性投入相对较高。

双轴跟踪支架使用两种跟踪控制方式，第一种为光控，即使用光传感器，根据天空不同区域光线强弱区别，判断太阳位置，然后驱动电动机转动支架进行追踪。第二种为时控，根据当地经纬坐标和时间，利用天文学计算公式，计算太阳所处天空的坐标，然后驱动电动机转动支架进行追踪。双轴跟踪支架见图5-16。

图 5-16 双轴跟踪支架

6. 柔性光伏支架

柔性光伏支架是一种大跨度多连跨结构，该结构采用两端固定点之间张拉预应力钢丝绳，两端固定点采用刚性结构及外侧斜拉钢绞线的形式提供支撑反力，可实现10～30m的大跨度，适用于山地起伏和植被增加等情况，只需在合适的位置设置基础并张紧预应力钢绞线或钢丝绳即可。柔性光伏支架安装示意见图5-17。

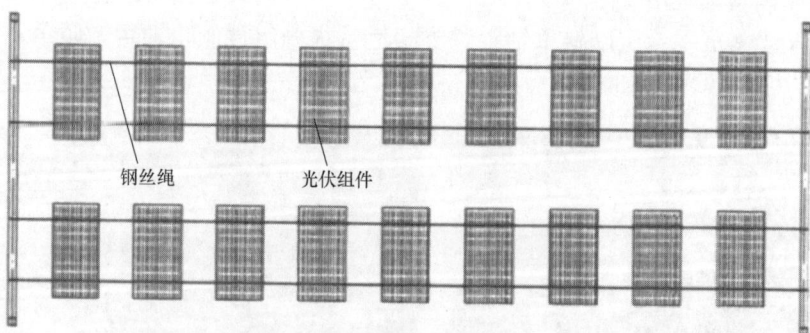

图 5-17 柔性光伏支架安装示意

柔性支架通过悬、拉、挂、撑四大安装方法，可实现上、下、左、右各方向的自由架设，较好地改善跨度较大的光伏发电系统的支撑方式。与传统钢架结构方案相比，柔性光伏支架的用量少、承重小，造价成本低，可以应用于场地局限性较大的滩涂、鱼塘、污水厂、复杂山地、荒坡和水池等复杂地形，柔性光伏支架如图5-18所示。

图 5-18　柔性光伏支架

柔性光伏支架的应用在国内也是近些年刚起步，对于抗风性的要求较高，钢索耐候抗腐有待考验，并且如何保证钢绞线（钢丝绳）25 年甚至 30 年的寿命不疲劳破坏（断裂）也非常关键，因此在一些水平场地较为复杂的中小型光伏电站应用较多。

光伏支架的比较见表 5-4。

表 5-4　　　　　　　　　　　　　光伏支架的比较

类型		支架成本（元/W）	发电量增益（%）	占用面积（%）	可靠性
最佳倾角固定		0.45~0.5	100	100	好
柔性光伏支架		0.7~0.8	100	100	好
平单轴	标准平单轴支架	0.9~1.2	110~115	110~115	较好
	带倾角平单轴支架	1.2~1.6	115~120	110~120	较好
斜单轴跟踪支架		1.2~1.8	120~125	140~180	较差
双轴跟踪支架		2.2~3	130~140	>200	差

注　以上成本包含土建、安装等人工成本费用。

三、逆变器

逆变器又称逆变电源，是一种电源转换装置，是将直流电转换成交流电的关键设备。由于光伏组件输出的是直流电源，而当负载是交流负载时，需要将直流电逆变成交流电。通过全桥电路，一般采用正弦波脉冲宽度调制（Sinusoidal Pulse Width Modulation，SPWM）处理器经过调制、滤波、升压等，得到与负载频率、额定电压等相匹配的正弦交流电供系统终端用户使用，绝大多数的逆变器均采用（Maximum Power Point Tracking，MPPT）最大功率点跟踪技术。

逆变器按运行方式可分为离网型逆变器和并网逆变器。并网型逆变器主要性能特点如下：

（1）功率开关器件采用新型 IPM 模块，大大提高系统效率。

（2）采用 MPPT 自寻优技术实现电池组件最大功率跟踪，最大限度地提高系统的发电量。

（3）液晶显示各种运行参数，人性化界面，可通过按键灵活设置各种运行参数。

（4）设置有多种通信接口可以选择，可方便地实现上位机监控（上位机是指人可以直接发出操控命令的计算机，屏幕上显示各种信号变化，如电压、电流、水位、温度、光伏发电量等）。

（5）具有完善的保护电路，系统可靠性高。

（6）具有较宽的直流电压输入范围。

（7）可实现多台逆变器并联组合运行，简化光伏电站设计，使系统能够平滑扩容。

（8）具有电网保护装置，具有防孤岛保护功能。

目前，绝大多数的光伏电站基本采用并网逆变器，根据并网逆变器的输出功率大小，又可分为组串式逆变器和集中式逆变器。组串式逆变器见图 5-19，组串式逆变器电路框图见图 5-20。

图 5-19　组串式逆变器

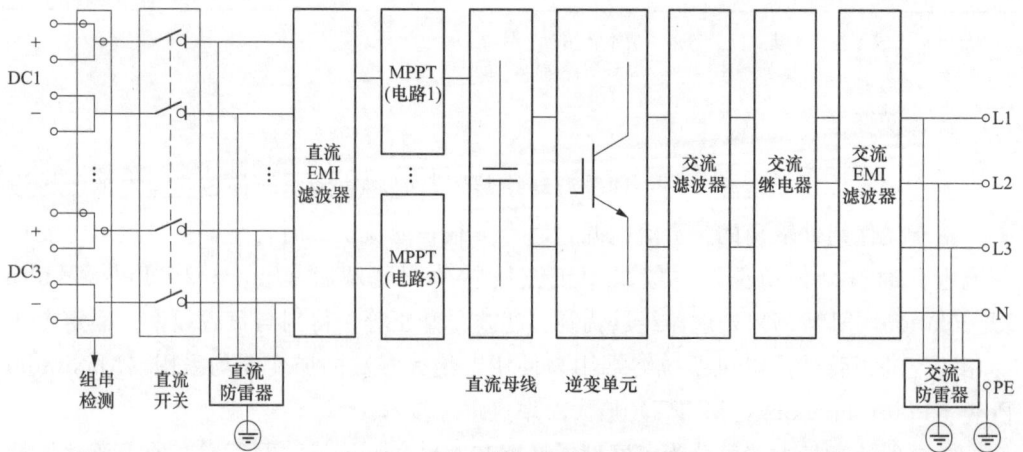

图 5-20　组串式逆变器电路框图

组串式逆变器输出功率从几千瓦到三百多千瓦，具备多路最大功率点跟踪 MPPT 功能，逆变器转换效率高于集中式逆变器。而且根据我国国家电网有限公司规定：

8kW 及以下可接入 220V，8～400kW 接入 380V，400kW～6MW 可接入 10kV，10MW 可接入 35kV。因此，400kW 以下的光伏电站可直接接入 380/220V 低压电网。组串逆变器典型技术参数见表 5-5。

表 5-5 组串逆变器典型技术参数

额定功率（kW）	最大直流输入电压（V）	启动电压（V）	额定直流输入电压（V）	MPPT电压工作范围（V）	MPPT路数	输出电压	过载能力	平均效率（%）
3	600	120	330	90～520V	2	1/N/PE，220V	1.1	96.60
5	600	120	330	90～520V	2	1/N/PE，220V	1.1	97.10
6	600	120	330	90～520V	2	1/N/PE，220V	1.1	97.30
8	1100	180	600	160～1000V	2	3/N/PE，400V	1.1	97.90
10	1100	180	600	160～1000V	2	3/N/PE，400V	1.1	97.90
12	1100	180	600	160～1000V	2	3/N/PE，400V	1.1	97.90
15	1100	180	600	160～1000V	2	3/N/PE，400V	1.1	98.00
17	1100	180	600	160～1000V	2	3/N/PE，400V	1.1	98.00
20	1100	180	600	160～1000V	2	3/N/PE，400V	1.1	98.00
23	1100	180	600	160～1000V	2	3/N/PE，400V	1.1	98.00
25	1100	180	600	160～1000V	2	3/N/PE，400V	1.1	98.00
30	1100	200	600	160～1000V	3	3/N/PE，220/380V，230/400V	1.1	98.00
33	1100	200	600	160～1000V	3	3/N/PE，220/380V，230/400V	1.1	98.00
36	1100	200	600	160～1000V	3	3/N/PE，220/380V，230/400V	1.1	98.00
40	1100	200	600	160～1000V	3	3/N/PE，220/380V，230/400V	1.1	98.00
50	1100	200	600	160～1000V	4	3/N/PE，220/380V，230/400V	1.1	98.30
100	1100	250	585	200～1000V	9	3/N/PE，220/380V，230/400V	1.1	98.30
110	1100	200	640	180～1000V	9	3/N/PE，230/400V	1.1	98.00
136	1100	250	780	200～1000V	12	3/N/PE，540V	1.1	98.50
225	1500	500	1080	500～1500V	12	3/PE，800V	1.1	98.52
320	1500	550	1080	500～1500V	12/14/16	3/PE，800V	1.1	98.52

目前，集中式逆变器主要适用于中、大型光伏电站项目，输出功率从 1～6MW 不等。早些年逆变器厂商是将大功率逆变器（500kW 及以上）和升压箱式变压器作为两个独立装置，既可以单独订购，也可以组合到一起形成逆变升压一体装置，但随着工厂集成化日趋发展成熟，而且集成化的逆变升压一体装置在工程应用中更加节省布置空间、安装便利，因此集中式大功率逆变器逐渐演变为集成逆变器、箱式变压器、汇流排、汇流箱、环网柜、监控通信等电气模块的一体化装置，是能够将光伏组件产生

的直流电汇集转变为交流电后进行升压、并网的装置，简称集中逆变升压装置，如图 5-21 所示。

图 5-21　集中逆变升压装置

集中式逆变器的优缺点见表 5-6。

表 5-6　　　　　　　　　集中式逆变器的优缺点

优点	缺点
(1) 逆变器元器件数量少，便于管理，可靠性高。 (2) 谐波含量少，直流分量少，电能质量高。 (3) 逆变器集成度高，功率密度大，成本低。 (4) 产品保护功能齐全，电站安全性高。 (5) 有功率因数调节功能和低电压穿越功能，电网调节性好	(1) 集中式逆变器 MPPT 电压范围窄，一般为 450～820V，组件配置不灵活。 (2) 逆变器自身耗电以及通风散热耗电，单体容量大，维护相对复杂。 (3) 集中式并网逆变系统中无冗余能力，如有发生故障停机，系统损失发电量较大

集中逆变升压装置典型技术参数见表 5-7。

表 5-7　　　　　　　　集中式逆变升压装置典型技术参数

额定功率（kW）	最大直流输入电压（V）	启动电压（V）	满载 MPPT 电压范围（V）	MPPT 路数	输出电压（kV）	过载能力	平均效率（%）	尺寸（宽×高×深 mm×mm×mm）
1.1	1500	905	895～1500V	1	10～35	1.1	98.55	3700×2400×2200
2.2	1500	905	895～1500V	2	10～35	1.1	98.55	4770×2480×2300
3.125	1500	915	875～1300	2	10～35	1.1	98.55	5360×2600×2511
3.3	1500	905	895～1500V	3	10～35	1.1	98.55	5900×2400×2990
4.4	1500	905	895～1500V	4	10～35	1.1	98.55	6600×2500×2980
6.25	1500	915	875～1300V	4	10～35	1.1	98.70	12 192×2896×2438

四、光伏电站监控系统

光伏电站监控系统采用成熟先进的计算机监控系统，可对光伏电站的光伏组件、汇流箱、逆变器、箱式变压器、太阳跟踪控制系统、环境监测仪、开关站及继电保护等设备进行实时监测和控制，提供设备数据采集、解析、处理、事件产生、存储，并通过各种样式的图表、趋势、报表呈现电站的运行情况，确保客户远程对电站数据的监控需求。光伏电站微机监控系统强大的分析功能、测控功能，完善的故障报警确保了太阳能光伏发电系统的完全可靠和稳定运行。

光伏电站监控系统由站控层和间隔层两部分组成，通过分层分布式网络系统实现连接。间隔层主要由安装在现场的设备数据采集单元（例如综保装置、逆变器、变送器、电能表、摄像头等）、网络交换机、通信介质（例如光纤、屏蔽双绞线、以太网线）组成；站控层设备主要由控制室的服务器、监控上位机、通信管理机、网络接口设备、辅助电源（例如 UPS）、远动接口设备（例如 RTU）等组成。

光伏电站监控系统可连续记录运行数据和故障数据：电站的发电总功率、日总发电量、累计总发电量、累计 CO_2 总减排量、每天发电功率曲线图、所有逆变器的运行状态、所有汇流箱各个组串的运行状态，并集成环境监测功能，主要包括日照强度、风速、风向、室外温度、室内温度和电池组件温度等参量。同时，可根据要求将重要信息远传至相关部门。

光伏电站监控系统示意图见图 5-22。

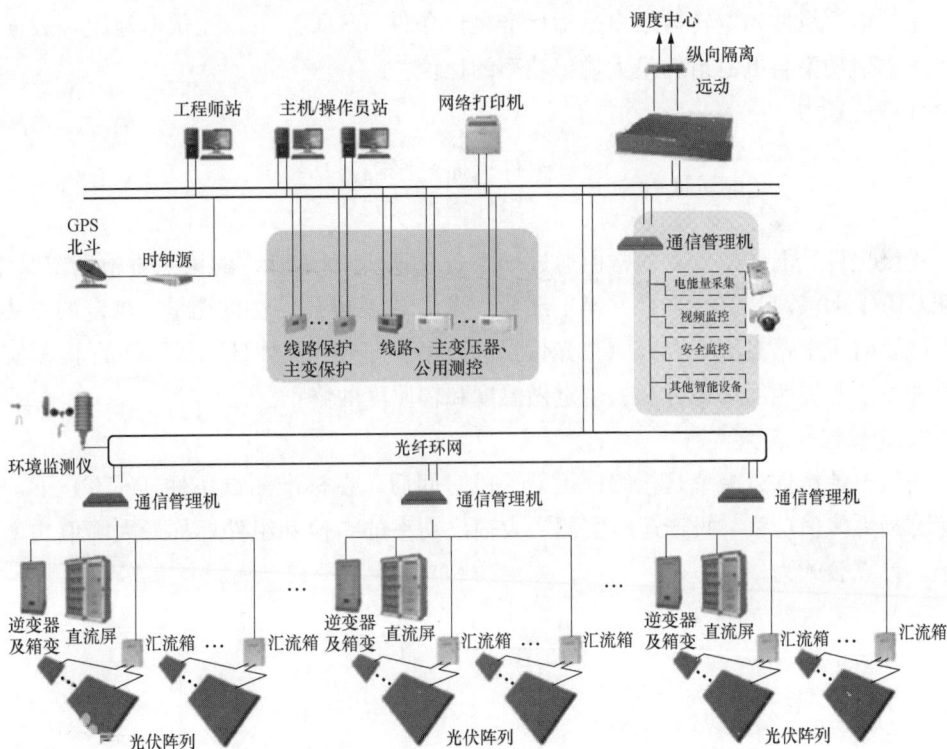

图 5-22　光伏电站监控系统示意图

第三节　光伏电站主要技术经济指标

影响光伏电站性能优劣的主要因素，在排除不利天气、空气污染、电网故障等外在因素后，主要会受光伏组件、逆变器等关键设备选型的影响，体现在光伏电站的系统效率和系统能效参数方面。下面主要针对光伏组件、逆变器和光伏电站主要技术经济指标进行说明。

一、光伏电池组件技术指标

光伏电池组件的主要技术经济指标有峰值功率、光电转换效率、光伏组件衰减率。

1. 峰值功率

光伏电池组件的峰值功率是指单块光伏组件在标准测试条件（辐照度为 $1000\text{W}/\text{m}^2$，电池温度 25℃，大气质量 AM=1.5，简称 STC）下，光伏电池组件输出的功率，一般有 0~3% 的正公差。

由此可见，在同等尺寸（面积）前提下，选择光伏电池组件的峰值功率越大，光伏电站的技术经济性越好，因为在提高发电容量的同时，可以节约土地、支架和桩基的费用。

2. 光电转换效率

光伏电池组件光电转换效率是指标准测试条件（STC）下，光伏电池组件表面的太阳光辐射功率与电池组件最大输出功率的比值。

计算公式为

$$光电转换效率\ K=\frac{组件表面光照辐射功率}{组件输出最大功率}\times100\%$$

光伏组件光电转换效率通常由通过国家资质认定（CMA）的第三方检测实验室，按照 GB/T 6495.1《光伏器件　第 1 部分：光伏电流-电压特性的测量》规定的方法测试，必要时可根据 GB/T 6495.4《光伏器件　第 4 部分：晶体硅光伏器件的 I-V 实测特性的温度和辐照度修正方法》规定做温度和辐照度的修正。

3. 光伏组件衰减率

光伏电池组件衰减率是指组件运行一段时间后，在标准测试条件（STC）下，组件标称最大峰值功率与投产运行实测最大输出功率的差值和组件标称最大峰值功率的比值。计算公式为

$$S=\frac{P_{\max}-P_{\text{out}}}{P_{\max}}\times100\%$$

式中　S——光伏组件衰减率，%；

$P_{\max}$——光伏电池组件标称最大峰值功率，W；

$P_{\max}$——光伏电池组件投产运行实测最大输出功率，W。

实地比对方法是自组件投产运行之日起，根据项目装机容量抽取足够数量的光伏电池组件样品，由通过国家资质认定（CMA）的第三方检测实验室，按照 GB/T 6495.1 规定的方法，测试其初始最大输出功率后，与同批次生产的其他光伏电池组件安装在同一环境下正常运行发电，自运行之日起一年后再次测量其最大输出功率。将

前后两次最大输出功率进行对比，依据衰减率计算公式，判定得出光伏电池组件发电性能的衰减率。

通常 P 型光伏电池组件厂商都能够保证 10 年光伏组件衰减率不超过 10%，25 年光伏组件衰减率不超过 20%，折算为每年光伏电池的线性衰减率在 0.45%～0.8% 之间。

二、逆变器

逆变器最主要的技术经济指标为转换效率。

逆变器转换效率的定义为：输出功率与输入功率之比，以百分数表示。逆变器在工作时其本身也要消耗一部分电力，因此，它的输出功率要小于它的输入功率，比如一台逆变器输入了 100kW 的直流电，输出了 98kW 的交流电，那么，它的效率就是 98%，还有 2kW 在 DC/AC 转换过程中损耗了。

三、光伏电站

光伏电站的主要技术经济指标为系统效率、等效年利用小时数、系统能效。

1. 系统效率

系统效率 η 是光伏电站某段时间内输出的总发电量与光伏组件倾斜面吸收的总辐射量的比值。其计算公式为

$$\eta = \frac{E_{OUT,t}}{A \times G} \times 100\%$$

$$E_{OUT,t} = E_{TUN,t} + E_{CON,t} - E_{L,t}$$

式中　$E_{OUT,t}$——t 时段光伏电站输出的总发电量，kWh；

　　　A——光伏电站光伏组件总面积，m^2；

　　　G——t 时段光伏方阵倾斜面单位面积总辐照量，kWh/m^2；

　　$E_{TUN,t}$——t 时段光伏电站发出的出口侧关口表发电量，kWh；

　　$E_{CON,t}$——t 时段光伏电站发出的除站内用电外就地消纳的电量，kWh；

　　　$E_{L,t}$——t 时段光伏电站为维持运行消耗的取自电网的电量，kWh。

系统效率的高低直接体现了光伏电站将现场的太阳辐射能转换为电能的能力，系统效率越高，太阳能转化为电能的效率就越高。

2. 等效年利用小时数

等效年利用小时数：是指以年为单位，一年的时间里光伏电站全年上网发电量与装机功率的比值，源自与常规电力项目的等效年利用小时数的概念。

等效年利用小时数越高，表明一年当中光伏电站达到额定发电功率的时间越长，一方面说明光伏电站综合利用太阳能发电的能力越强，另一方面说明当年的光照条件较好。

各省（市、区）2021 年固定式光伏发电首年利用小时数见表 5-8。

表 5-8 各省（市、区）2021 年固定式光伏发电首年利用小时数

序号	省（市、区）	首年利用小时数（h）	序号	省（市、区）	首年利用小时数（h）
1	北京	1340.14	17	湖北	963.85
2	天津	1308.46	18	湖南	885.08
3	河北	1359.73	19	广东	1042.63
4	山西	1318.81	20	广西	973.84
5	内蒙古	1605.23	21	海南	1223.04
6	辽宁	1339.85	22	重庆	799.16
7	吉林	1333.95	23	四川	1205.35
8	黑龙江	1346.43	24	贵州	836.51
9	上海	1074.01	25	云南	1300.29
10	江苏	1137.68	26	西藏	1753.88
11	浙江	1051.33	27	陕西	1170.98
12	安徽	1062.12	28	甘肃	1536.42
13	福建	1075.93	29	青海	1684.38
14	江西	994.65	30	宁夏	1481.79
15	山东	1235.71	31	新疆	1541.74
16	河南	1095.28			

3. 系统能效

系统能效是指光伏电站某段时间内等效利用小时数与光伏组件倾斜面峰值日照小时数的比值。系统能效 PR 计算公式为

$$PR = \frac{E_{OUT,t}}{C_I} \div \frac{G}{G_O}$$

式中　PR——系统能效；

$E_{OUT,t}$——t 时段光伏电站输出的总发电量，kWh；

C_I——光伏电站安装容量，kW；

G——t 时段光伏方阵倾斜面单位面积总辐照量，kWh/m²；

G_O——标准条件下的辐照度 $G_O=1$，kW/m²。

系统能效越高，表明光伏电站的综合质量越高。

第四节　光伏电站主要产品厂商及投资企业

一、光伏电站主要产品厂商

1. 2021 中国光伏组件企业 20 强（见表 5-9）

表 5-9 2021 中国光伏组件企业 20 强

序号	公司名称	全球出货量（MW）
1	隆基绿能科技股份有限公司	26 602
2	晶科能源有限公司	18 771
3	天合光能股份有限公司	15 915

序号	公司名称	全球出货量（MW）
4	晶澳太阳能科技股份有限公司	15 880
5	阿特斯阳光电力集团	11 300
6	东方日升新能源股份有限公司	7534
7	浙江正泰新能源开发有限公司	6600
8	无锡尚德太阳能电力有限公司	4000
9	唐山海泰新能科技股份有限公司	3800
10	协鑫集成科技股份有限公司	3000
11	锦州阳光能源有限公司	2870
12	常州亿晶光电科技有限公司	2668
13	晋能清洁能源科技有限公司	1900
14	英利绿色能源控股有限公司	1633
15	红太阳新能源科技有限公司	1516
16	苏州腾晖光伏技术有限公司	1332
17	上海航天汽车机电股份有限公司	1240
18	中节能太阳能科技（镇江）有限公司	1032
19	横店集团东磁股份有限公司	1010
20	苏州爱康光电科技有限公司	815

2. 2021 中国光伏支架企业 20 强（见表 5-10）

表 5-10   2021 中国光伏支架企业 20 强

序号	公司名称	全球出货量（MW）
1	江苏国强镀锌实业有限公司	8631
2	江苏中信博新能源科技股份有限公司	8232
3	天津仁汇新能源科技有限公司	2870
4	天津鑫瑞恒信新能源科技发展有限公司	2635
5	金海新源电气集团	2500
6	天津恒兴太阳能科技有限公司	2409
7	清源科技（厦门）股份有限公司	2037
8	天合光能股份有限公司	2000
9	杭州华鼎新能源有限公司	1925
10	苏州爱康金属科技有限公司	1724
11	深圳市安泰科能源环保有限公司	1500
12	天津市共益钢铁有限公司	900
13	江苏振江新能源装备股份有限公司	879
14	上海晨科太阳能科技有限公司	841
15	索沃（厦门）新能源有限公司	830
16	江阴市泰坦光伏材料有限公司	800
17	杭州帷盛科技有限公司	732
18	上海维旺光电科技有限公司	642
19	中航百慕新材料技术工程股份有限公司	619
20	江苏华康电力钢结构有限公司	580

3. 2021 中国光伏逆变器企业 20 强（见表 5-11）

表 5-11　　　　　　　2021 中国光伏逆变器企业 20 强

序号	公司名称	全球出货量（MW）
1	阳光电源股份有限公司	35 000
2	华为技术有限公司	28 000
3	广东省古瑞瓦特新能源有限公司	9830
4	锦浪科技股份有限公司	8878
5	江苏固德威电源科技股份有限公司	8122
6	上能电气股份有限公司	6000
7	上海正泰电源系统有限公司	5318
8	深圳市首航新能源股份有限公司	3980
9	深圳市禾望电气股份有限公司	2019
10	深圳科士达科技股份有限公司	1725
11	特变电工股份有限公司	1519
12	爱士惟新能源技术（江苏）有限公司	1479
13	厦门科华恒盛股份有限公司	1132
14	广州三晶电气股份有限公司	993
15	许继集团有限公司	679
16	浙江艾罗网络能源技术有限公司	541
17	艾伏新能源科技（上海）股份有限公司	360
18	杭州禾迈电力电子技术有限公司	341
19	深圳市盛能杰科技有限公司	217
20	易事特电源股份有限公司	122

4. 2021 全球光伏企业 20 强（综合类）（见表 5-12）

表 5-12　　　　　　2021 全球光伏企业 20 强（综合类）

序号	公司名称	所属国家	营业收入美元（百万）
1	隆基绿能科技股份有限公司	中国	8365
2	协鑫（集团）控股有限公司	中国	5523
3	晶科能源有限公司	中国	5380
4	天合光能股份有限公司	中国	4455
5	晶澳太阳能科技股份有限公司	中国	3961
6	阿特斯阳光电力有限公司	中国	3476
7	通威股份有限公司	中国	3448
8	Hanwha Q CELLS	韩国	3218
9	FIRST SOLAR，INC.	美国	2711
10	天津中环半导体股份有限公司	中国	2660

序号	公司名称	所属国家	营业收入美元（百万）
11	东方日升新能源股份有限公司	中国	2462
12	阳光电源股份有限公司	中国	2456
13	浙江正泰新能源开发有限公司	中国	2166
14	信息产业电子第十一设计研究院科技工程股份有限公司	中国	2090
15	特变电工股份有限公司	中国	1867
16	尚德新能源投资控股有限公司	中国	1686
17	上海爱旭新能源股份有限公司	中国	1480
18	中电科电子装备集团有限公司	中国	1299
19	杭州福斯特应用材料股份有限公司	中国	1248
20	SunPower Corp.	中国	1124

5. 2021中国光伏企业20强（综合类）（见表5-13）

表5-13　　　　　　　2021中国光伏企业20强（综合类）

序号	公司名称	营业收入人民币（百万元）
1	隆基绿能科技股份有限公司	54 583
2	协鑫（集团）控股有限公司	36 036
3	晶科能源有限公司	35 103
4	天合光能股份有限公司	29 067
5	晶澳太阳能科技股份有限公司	25 847
6	阿特斯阳光电力有限公司	22 680
7	通威股份有限公司	22 502
8	天津中环半导体股份有限公司	17 360
9	东方日升新能源股份有限公司	16 063
10	阳光电源股份有限公司	16 024
11	浙江正泰新能源开发有限公司	14 132
12	信息产业电子第十一设计研究院科技工程股份有限公司	13 643
13	特变电工股份有限公司	12 185
14	尚德新能源投资控股有限公司	11 000
15	上海爱旭新能源股份有限公司	9658
16	中电科电子装备集团有限公司	8482
17	杭州福斯特应用材料股份有限公司	8144
18	中节能太阳能股份有限公司	5305
19	福莱特玻璃集团股份有限公司	5225
20	苏州腾晖光伏技术有限公司	5170

81

6. 2021 中国光伏电站投资企业 20 强（见表 5-14）

表 5-14   2021 中国光伏电站投资企业 20 强

序号	公司名称	全球并网装机量（MW）
1	国家电力投资集团公司	10 280
2	中国能源建设股份有限公司	6523
3	中国大唐集团有限公司	3774
4	中国电力建设集团有限公司	2728
5	浙江正泰新能源开发有限公司	2103
6	中国三峡新能源（集团）股份有限公司	2100
7	中国华能集团有限公司	1625
8	北京京能清洁能源电力股份有限公司	840
9	国家能源投资集团有限责任公司	738
10	中国广核新能源控股有限公司	730
11	东方日升新能源股份有限公司	592
12	通威新能源有限公司	567
13	中国华电集团有限公司	560
14	隆基绿能科技股份有限公司	537
15	中节能太阳能股份有限公司	410
16	国投电力控股股份有限公司	314
17	特变电工股份有限公司	300
18	华润电力控股有限公司	279
19	天津中环半导体股份有限公司	240
20	广州发展集团股份有限公司	103

二、2021 中国光伏电站主要投资企业

2021 中国光伏电站 EPC 总包企业 20 强见表 5-15。

表 5-15   2021 中国光伏电站 EPC 总包企业 20 强

序号	公司名称	全球并网装机量（MW）
1	中国电力建设集团有限公司	5532
2	中国能源建设股份有限公司	4728
3	阳光电源股份有限公司	2810
4	国家电力投资集团公司	1973
5	中国能源工程集团有限公司	1432
6	信息产业电子第十一设计研究院科技工程股份有限公司	1200
7	中国核工业集团有限公司	1052
8	上海电气集团股份有限公司	986
9	中国华电集团有限公司	843

序号	公司名称	全球井网装机量（MW）
10	协鑫能源工程有限公司	796
11	特变电工新疆新能源有限公司	792
12	东方日升新能源股份有限公司	790
13	浙江正泰新能源开发有限公司	785
14	天合光能股份有限公司	710
15	山东省工业设备安装集团有限公司	704
16	江西展宇光伏科技有限公司	700
17	西安西电新能源有限公司	631
18	中国建材集团有限公司	623
19	力诺电力集团股份有限公司	613
20	中建中环工程有限公司	432

第六章

光 热 发 电

第一节 概 述

一、光热发电原理

太阳能光热发电是利用不同类型的聚光装置，将太阳的直接辐射能转化为热能，然后通过常规的热机或其他发电技术将其转换为电能。光热发电站包括太阳能集热、储热、热功转换发电等模块。太阳能光热发电流程示意见图 6-1。

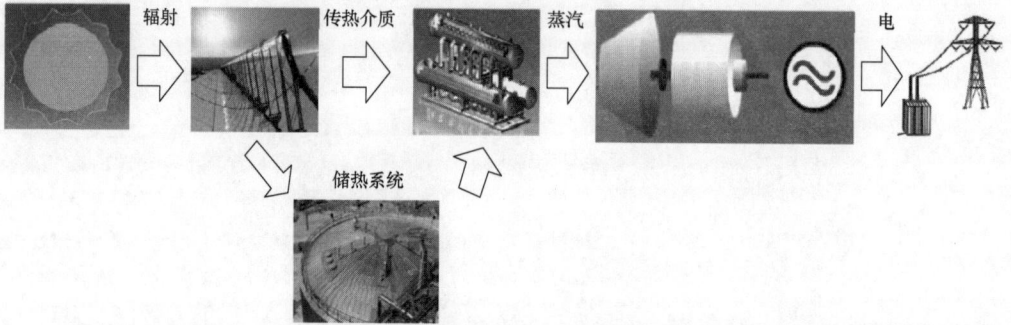

图 6-1 太阳能光热发电流程示意图

由于太阳能光热发电配置了储热装置，储热装置可以平滑发电出力，提高电网的灵活性、弥补风电、光伏发电的波动特性，提高电网消纳波动电源的能力。太阳能光热发电可以与光伏、风电组合，减少弃光弃风率，降低上网电价。

二、太阳辐射及太阳能资源评估

（一）太阳辐射

大气对太阳辐射的吸收作用使到达地面的太阳辐射能总量降低，而大气的散射作用和反射作用使太阳能总辐射被分为太阳直接辐射和太阳散射辐射。

水平面总辐射即水平面从上方 2π 立体角范围内所接收到的直接辐射和散射辐射之和，法向直接辐射即是指与太阳光线垂直的平面上接收到的直接辐射。

总辐照度（global horizontal irradiance，GHI）、散射辐照度（diffuse horizontal irradiance，DIF）与法向直接辐照度（direct normal irradiance，DNI）的基本关系为

$$GHI = DIF + DNI \times \cos(\theta_z) \tag{6-1}$$

式中　GHI——某时刻的瞬时（水平面）总辐照度，W/m^2；

DIF——某时刻的瞬时（水平面）散射辐照度，W/m^2；

DNI——某时刻的瞬时法向直接辐照度，W/m^2；

θ_z——天顶角与太阳高度角互为余角，(°)。

太阳总辐射、散射辐射和法向直接辐射观测示意图见图 6-2。

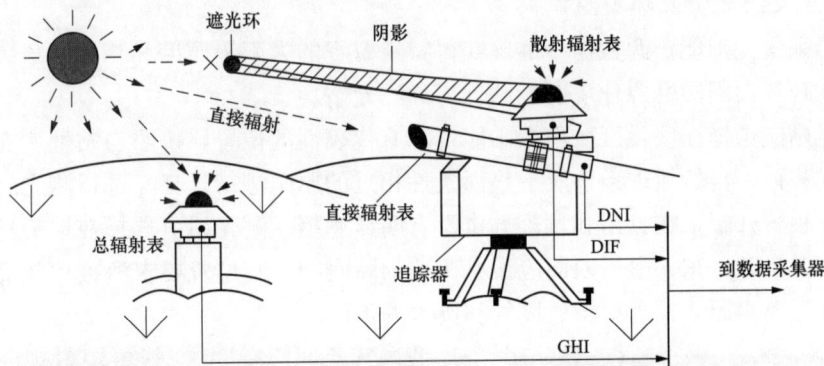

图 6-2　太阳总辐射、散射辐射和法向直接辐射观测示意图

太阳辐射能示意见图 6-3。

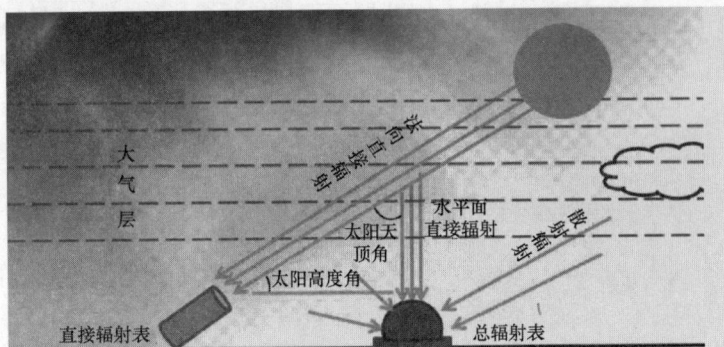

图 6-3　太阳辐射能示意图

（二）全球太阳能资源情况

根据国际太阳能热利用区域分类，全世界太阳能辐射强度和日照时间最佳的区域包括北非，中东地区，美国西南部和墨西哥，南欧，澳大利亚，南非，南美洲东、西海岸和中国西部地区等。根据德国航空航天技术中心（DLR）推荐，不同地区太阳能热发电技术和经济潜能数据及其技术潜能基于太阳年辐照量测量值大于 $6480MJ/m^2$，经济潜能基于太阳年辐照量测量值大于 $7200MJ/m^2$。

我国太阳能辐射资源的分布不均衡。全国法向直接辐照量较丰富区域，主要集中在西藏大部分地区、青海海西、甘肃酒泉、新疆哈密东部地区、内蒙古西部地区等，这些地区的年法向直接辐射辐照量大于 $6480MJ/m^2$。四川盆地及其周围山区及整个长江中下游一带、青藏高原东南侧及横断山脉的迎风坡地区、塔里木盆地和浙闽丘陵地区均是直接辐射的低值区。华南沿海和海南因为纬度较低其直接辐射有所增加。

（三）影响太阳能资源的自然因子

影响太阳能资源的自然因子分为三类，即天文因子、大气因子和地表因子。人类活动引起的大气成分和地表状况的改变，对太阳能资源也会产生附加影响。

空气越洁净、大气层越薄、气候越干燥、太阳直接辐射就越大，空气微粒浓度增大会削弱地面能接收的太阳直接辐射量。

（四）太阳能资源环境监测站

为了采集太阳能资源数据，准确获得特定位置的太阳辐照度和相关气象参数，有必要设立现场太阳能资源环境监测站（简称测光站）。

测光站应选择在项目区域内太阳能资源有代表性的位置，按照与站址所在地气候特征基本相似、自然地理条件及下垫面条件相近的原则进行选择。选择测光站位置要求其周围视野开阔，在日出和日落方位没有明显遮挡。测光站应选择在地势比较平坦地区。在北半球，东、南、西面应没有遮挡的障碍物，其位置要求海拔比较高，位于上风向，远离水源地，远离排放废气和废水的工厂。

图 6-4 太阳能资源现场观测站

我国气象部门有 98 个气象辐射观测站，一级站 17 个，二级站 33 个，三级站 48 个，其中只有一级站可进行太阳直接辐射观测。国内可以被用来做光热发电站的辐射参证站的站点很少，因此在国内建光热发电站时，站址区域应设置太阳能资源现场观测站，且观测站的数量和安装位置还应结合电站总装机容量及运行控制要求统筹规划。太阳能资源现场观测站见图 6-4。

（五）太阳能资源评估

1. 典型气象年太阳能资源数据

太阳能资源分析可采用气候平均法、频率最大法或典型气象年（Typical Meteorology Year，TMY）法，目前光热发电站项目太阳能资源评估通常采用典型气象年法。TMY 法数据应基于最近 10 年以上长时间序列数据。

TMY 法综合考虑影响大气环境状况的太阳辐射、气温、相对湿度、风速、气压和露点温度等，计算各气象要素的多年各月长期累积分布函数和逐年逐月累积分布函数。再根据当地气候和太阳能资源特点，赋予各气象要素合理的权重系数，挑选与所选时刻（月）的长期累积分布函数最接近的典型时刻（月），组成一年完整时间序列数据，作为光热发电站太阳能资源代表年的时间序列数据。典型气象年太阳能资源数据生成图见图 6-5。

依据典型气象年太阳能数据对项目所在区域的太阳能资源进行评价，并结合地理条件和气象要素进行综合分析，使得光热发电站站址选择在太阳能资源丰富、资源稳定的区域。

2. 太阳能资源评估等级

太阳能资源的丰富程度一般通过太阳能资源等级进行分类，目前，我国对太阳能资源等级进行分类的现行标准有 GB/T 33677《太阳能资源等级 直接辐射》和 DL/T 5158《电力工程气象勘测技术规程》，这两个标准对太阳能资源等级的分类定义分别见表 6-1 和表 6-2。

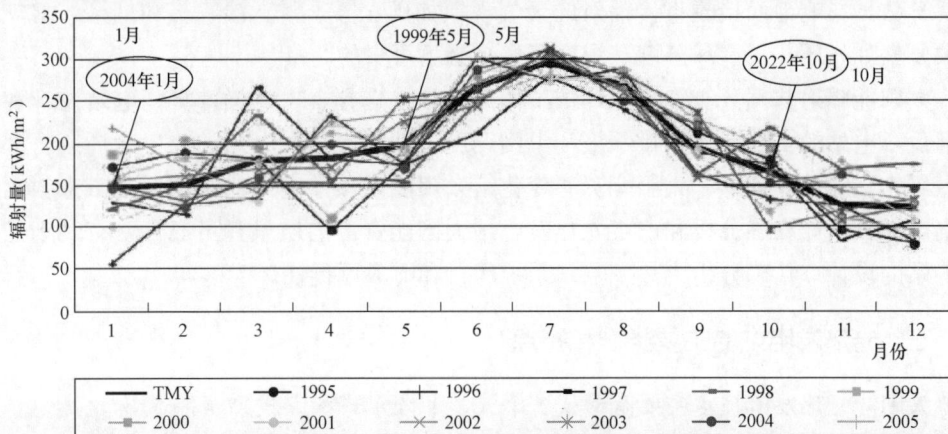

图 6-5　典型气象年太阳能资源数据生成图

表 6-1　　　　　　　　　太阳能资源等级分类表（GB/T 33677）

等级名称	分级阈值（kWh/m²）	分级阈值（MJ/m²）	等级符号
一类资源区	$H_{DN} \geqslant 1700$	$H_{DN} \geqslant 6120$	A
二类资源区	$1400 \leqslant H_{DN} < 1700$	$5040 \leqslant H_{DN} < 6120$	B
三类资源区	$1000 \leqslant H_{DN} < 1400$	$3600 \leqslant H_{DN} < 5040$	C
四类资源区	$H_{DN} < 1000$	$H_{DN} < 3600$	D

说明：H_{DN} 表示年法向直接辐照量，采用多年平均值，一般取 30 年平均。

表 6-2　　　　　　　　　太阳能资源等级分类表（DL/T 5158）

等级	法向直接辐射年总量 DNI[kWh/(m²·a)]	丰富程度	应用于并网太阳能发电
1	$DNI \geqslant 2455.6$	很丰富	很好
2	$2105.6 \leqslant DNI < 2455.6$	丰富	好
3	$1755.6 \leqslant DNI < 2105.6$	较丰富	较好
4	$1402.8 \leqslant DNI < 1755.6$	一般	一般
5	$DNI < 1402.8$	贫乏	不适宜

　　DL/T 5158 对太阳能资源等级分类要比 GB/T 33677 分类更细，因此，光热发电站项目宜依据表 6-2 分类等级评估太阳能资源。

　　根据目前光热设备制造能力、技术成熟程度和价格水平，在年法向直接辐射量大于 1800kWh/m² 的地区建设光热发电站才有开发价值。

　　3. 太阳能资源评估的重要性

　　光热发电站的太阳能资源评估工作复杂而困难，涉及评估要素多而且相互关联，太阳能资源要素在不同区域特性也不尽相同，资源的品质存在差异，这些因素都会直接或间接影响到光热发电站电源质量和发电小时数。因此光热发电站进行太阳能资源评估时，除了太阳法向直接辐射外，还需要了解当地的气象特征，如云的特征、大气气溶胶、水蒸气等，对聚热系统存在威胁的大风风速和风向频率，冰雹直径和速度、雷暴日数，影响地面接收直接辐射的天气现象如雨、雾、雪、沙、霾和烟幕，常规的气象要素如气压、干湿球温度、湿度等也是必不可少的。

太阳能辐射数据分析和资源评估工作涉及站址选择、发电量计算、电站设计和财务评价、电站的实时资源测量预报和电网调度，即在光热发电站的全生命周期，都需要做好太阳能资源评估。太阳能资源变化给太阳能光热发电站的预期运维带来很大的不确定性，因此准确分析和确定光热发电站太阳能资源的质量和可靠性，有利于光热发电站的设计，精确分析光热发电站系统运行和财务可行性。

三、光热发电站的主要类型和特点

太阳能光热发电技术主要有槽式、塔式、菲涅尔式和碟式共四种。

以聚光方式来分类，太阳能光热发电可分为点聚焦和线聚焦。点聚焦的聚光比高，包括塔式和碟式；线聚焦的聚光比相对较低，包括槽式和菲涅尔式。

1. 槽式太阳能光热发电

图 6-6　槽式太阳能光热发电站总平面布局

槽式太阳能光热发电是指采用抛物线形反射镜面将太阳光聚焦到位于焦线的吸热管上，使管内的传热工质加热到一定温度，再通过换热器来加热水使之产生蒸汽驱动汽轮发电机组发电。聚光集热单元、储热单元、换热单元和汽轮发电机组等组成槽式光热发电站。槽式太阳能光热发电站总平面布局见图 6-6。

依据传热介质不同可分为槽式导热油电站、槽式硅油电站和槽式熔盐电站、水蒸气槽式电站。

槽式太阳能光热发电的技术特点有：

（1）聚光集热采用线聚光方式，结构相对简单，易于实现标准化批量生产和安装。但线聚光的聚光比小，系统工作温度受限，即电站效率提高受限。

（2）抛物面长槽型反射镜和真空吸热管属于特殊产品部件，生产工艺要求高。

（3）集热和储热介质均采用导热油的发电技术成熟，但是导热油对土壤和农作物有危害，且导热油更换周期短。

（4）电站选址对环境和工程施工条件要求高，即对土地平整度、场地坡度等都有严格的要求，通常坡度不能超过1%。

（5）聚焦分散使得辐射损失随温度的升高而增加，热损耗大。

2. 塔式太阳能光热发电

塔式太阳能光热发电是通过多台跟踪太阳运动的定日镜将太阳辐射能反射到吸热塔顶的吸热器，由此转换为传热工质的热能，再通过换热和热力循环转换成电能。塔式太阳能光热发电系统主要由定日镜场、吸热塔和吸热器、储热单元、换热单元和汽轮发电机组等组成，如图 6-7 所示。

按照传热工质种类来分，可分为水/蒸汽塔式光热发电、熔盐塔式光热发电和空气塔式光热发电等。

塔式太阳能光热发电的技术特点有：

（1）通过点聚光方式实现高聚光比，提高了发电效率。

（2）工质工作温度高，因此光热转换效率、热电转换效率高，塔式光热发电的热工质最高工作温度一般超过了 500℃。

（3）电站选址对环境和工程施工条件要求低，对土地平整度、场地坡度等都没有非常严格的要求。

3. 菲涅尔式光热发电

菲涅尔式光热发电是指采用靠近地面放置的多个几乎是平面的镜面结构，先将太阳光反射到上方的二次聚光器上，再由其汇聚到一根长管状的热吸收管，将热吸收管内水加热产生高温蒸汽后驱动涡轮发电机。菲涅尔式光热发电见图 6-8。

图 6-7 塔式太阳能光热发电布局图

图 6-8 菲涅尔式光热发电

菲涅尔式光热发电的技术特点有：

（1）利用二次反射技术，提高了几何聚光比，容易获得较高的传热流体出口温度。

（2）中心热吸热管保持不动，不随主反射镜跟踪太阳运动，避免了高温高压管路的密封和连接问题，以及由此带来的成本增加。

（3）主反射镜为平直镜面，可采用紧凑型的布置方式，提高土地利用率；反射镜近地安装，大大降低了风阻，具有优良的抗风性能，选址更为方便、灵活。

（4）采用平直镜面具有易于清洗、耗水少、维护成本低的优点。

（5）线性聚光的效率不高，二次聚光进一步降低了效率，且早上和傍晚聚光余弦损失大。

4. 碟式光热发电

碟式光热发电是指利用旋转抛物面反射镜，将入射太阳光聚集在焦点上，放置在焦点处的太阳能接收器收集较高温度的热能，加热工质后驱动如斯特林发电机组发电。碟式光热发电系统包括聚光器、接收器、热机、支架、跟踪控制系统等主要设备。碟式光热发电见图 6-9。

图 6-9　碟式光热发电

碟式光热发电的技术特点有：

（1）高效率聚光和高聚光比，聚光比可达数千，光热转换效率高。

（2）能流高但分布不均匀，对吸热元件挑战大。

（3）直接连接斯特林机可获得不低于 30% 的太阳能——电效率。

（4）采用空冷系统，运行过程中不需消耗水。

（5）单机容量难以做大，只适合于分布式利用。

（6）储热问题难以解决，碟式—斯特林发电系统大规模应用的成本压力很大。

第二节　槽式光热发电站

一、集热场

1. 集热场构成

集热场是槽式光热发电站的核心之一，一个集热器单元包括槽式反射镜、支架、真空集热管、驱动与跟踪机构，每个单元通常由若干面反射镜和若干只真空集热管拼接成一体。

槽式反射镜和真空集热管见图 6-10。

图 6-10　槽式反射镜和真空集热管

多个集热器单元串联连接成集热器阵列，多个集热器阵列再串联连接成集热器回路，集热器回路则采用并联或串联方式连接，并通过模块化布局形成集热场。槽式镜场实物图见图 6-11。

图 6-11 槽式镜场实物图

每个集热器阵列为独立单元，由一个中心驱动塔门驱动所有集热器单元。反射镜绕单轴旋转跟踪太阳。

2. 槽式反射镜

槽式反射镜通常采用热弯成型工艺或者钢化成型工艺，最初生产的槽式反射镜采用热弯成型工艺，目前槽式反射镜多采用钢化成型工艺。

槽式反射镜由超白低铁玻璃、反射层、保护层、支撑托盘和胶黏组成。

槽式反射镜的型号主要有 Euro Trough 槽（简称 ET 槽）、Sener Trough 槽（简称 Sener 槽）、E2 槽、Ultimate Trough 槽（简称 UT 槽）和 Sky trough 槽。各类槽式反射镜的尺寸见表 6-3。

表 6-3　　　　　　　　　　　各类槽式反射镜的尺寸表　　　　　　　　　　　　　m

名称	ET 槽	Sener 槽	E2 槽	UT 槽	Sky trough 槽
代表制造商	欧洲公司	Sener 公司	Abengoa 公司	Flabeg、SBP 公司	Skyfuel 公司
开口宽度	5.8	6.87	8.2	7.51	7.6
长度	12	13	14/16	24.5	13
焦距	1.714	2	—	—	—

3. 真空集热管

真空集热管由内层不锈钢管、外层玻璃管和两端的金属波纹管组成。内管涂覆选择性吸收层，以最大化地吸收聚集在其表面的直接辐射能，并使内管的红外辐射最小。真空集热管结构图见图 6-12。

4. 集热器支架

集热器支架主要有三种型式，分别是扭矩框式、扭矩管式和空间框架式。

通常 ET 槽装配扭矩框式支架，Sener 槽装配扭矩管式支架，Sky Trough 槽和 E2

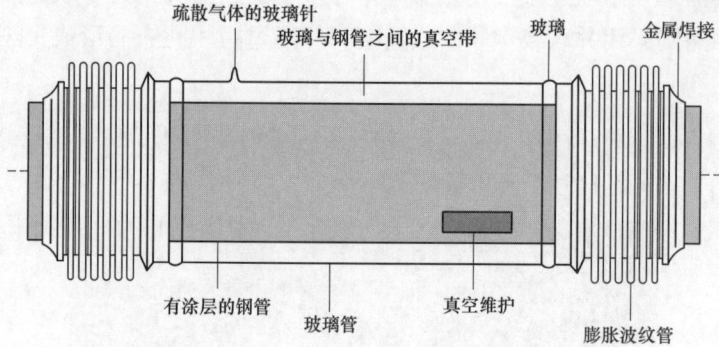

图 6-12　真空集热管结构图

槽装配空间框架式支架。

5. 集热器选型设计

槽式反射镜的反射比应满足集热器性能要求。集热管的透射比、吸收比、发射比、热损、有效工作长度系数、真空度应满足集热管性能要求。而集热管的膜层应能承受集热器聚焦下的热流密度和温度，并满足温升速率的要求。

集热场净采光面积应与汽轮发电机组的额定容量和储热系统容量相匹配。

6. 辅助设施

集热场辅助设施包括清洗装置、吸热介质连接管道和阀门、保温结构、与工艺系统配套的位置传感器、温度/压力传感器等。

清洗装置分为水洗和干式清洗两种。

二、传热系统和设备

传热介质通常采用导热油、熔盐或硅油，也可采用水。

传热系统循环泵按 $2\times100\%$ 或 $3\times50\%$ 容量配置，其中至少有 1 台泵作为备用泵，循环泵设置调速装置。

导热油为传热介质时，设置膨胀罐和氮气覆盖系统。膨胀罐工作压力能保证循环泵停运时系统内任意点不发生汽化。

设置导热油净化系统的目的是将导热油运行中产生的高沸物和低沸物脱除并回收导热油。

传热系统需要注入导热油时，由具有自吸能力的注油泵将新导热油注入。泵可选用 1 台或者 2 台。

在厂址环境的历史极端最低温度低于传热介质凝固点时，设置传热介质防凝系统，以保证传热系统在任何环境条件下均不发生凝堵。防凝系统由防凝泵、防凝加热装置、管路和阀门的伴热防凝设施等组成，防凝加热装置和防凝泵均应设备用。

三、储热系统和设备

1. 储热方式

储热系统是克服太阳能时空不连续和不稳定性，保证发电单元相对稳定输出的关键单元。

储热系统对输出电力的平抑作用见图 6-13。

按热能储存方式不同，储热分为显热储热、潜热储热和化学反应储热三种方式。显热储热系统简单、技术最成熟，目前光热发电站广泛采用显热储热。

显热储热根据储热介质的物理特性又分为液体显热储热、固体显热储热和固液双介质显热储热。双介质储热成本较低，但系统压降损失大；性价比高的固体显热储热介质只有混凝土适用于光热发电站，

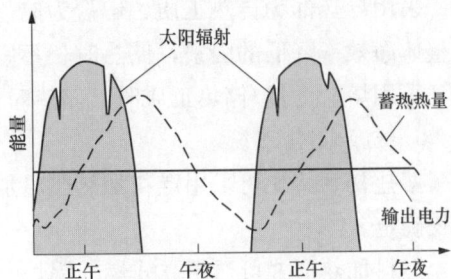

图 6-13 储热系统对输出电力的平抑作用

但是混凝土材料的长期稳定性有待验证。液体显热储热介质应用较多的是熔盐，通常是质量比为 60%（NaNO_3）+40%（KNO_3）的二元盐，工作温度范围为 290~565℃。熔盐热稳定性和化学稳定性好，传热系数是其他有机工质的 2 倍，而且其工作压力低、储热成本较低，因此熔盐是光热发电站储热介质的首选。

2. 储热系统

当传储热介质不是同一种介质时，需要设置导热油—熔盐换热器（简称油-盐换热器），这种储热系统称为间接储热系统。高温导热油加热冷熔盐后，将热熔盐输送至热盐罐储存。在导热油工作温度降低到一定数值时，由热熔盐泵将热盐罐内的热熔盐输送到油-盐换热器，加热导热油。

当传储热介质为同一种介质时，无需设置油-盐换热器，这种储热系统称为直接储热系统。

冷/热双储罐储热系统为典型设计，系统优点是冷、热流体分开存储，减少因冷热熔盐混合带来能量的品位损失；缺点是双罐提高了储热成本。由于冷/热熔盐的密度不同，冷盐罐和热盐罐的有效容积并不相同。冷/热盐罐有效容积应能安全容纳储热系统全部熔盐量，并有一定的安全裕量。

冷/热盐罐采用拱顶储罐。

冷/热盐罐通常均配置 3×50% 容量的变频调速熔盐泵，其中 1 台备用。熔盐泵采用立式多级液下泵，布置在储罐顶部。

熔盐罐内的熔盐，由于具有较高的热容，因此其发生凝固的风险要远小于吸热器和其他熔盐管路，但是在系统长时间停止运行时仍应采用电加热循环方式加热罐内熔盐，以防止凝固。此外，储盐罐的罐顶、罐壁和罐底部均设绝热保温层，相关的换热器、管线和阀门等配置电伴热保温。

在机组事故停机或长时间停机检修期间，设备和管道中的熔盐需要疏放排空。因此，对于布置高度高于熔盐储罐的设备和管道，分别设置疏盐管道用于排空熔盐。对于不能直接排空熔盐的设备和管道，设置 1 台疏盐罐用于接纳这部分疏放熔盐。疏盐罐设置两台疏盐泵，将熔盐回送至冷盐罐。

3. 储热时长

储热时长表示为纯放热工况下机组满负荷发电的小时数。储热时长根据集热场净

采光面积、集热场布置优化等确定，使得度电成本最低。当电站需要全天候不停机运行时，储热时长则需要根据当地年太阳能资源分布情况确定。

采用导热油为传热工质、熔盐为储热工质的电站，考虑储热系统成本和释放热量时整体净效率降低的因素，储热时长不宜超过 9h。

采用熔盐为传/储热工质时，储热时长可以达到 15h。

4. 初始化盐系统

熔盐初始熔化可采用燃料加热或电加热形式，系统容量根据熔盐总量和允许初熔时长确定。

燃料加热形式可选用立式燃气锅炉。电加热形式选用熔盐加热器。

四、蒸汽发生系统和设备

蒸汽发生系统是通过各组换热器将导热油或熔盐的热能传递给发电系统的水-蒸汽系统。

蒸汽发生系统包括预热器、带汽包的蒸发器、过热器和再热器，系统可采用 $1 \times 100\%$ 容量单列配置或 $2 \times 50\%$ 容量双列配置。$1 \times 100\%$ 容量单列配置系统和控制简单，但任一台设备故障时需停机检修。$2 \times 50\%$ 容量双列配置系统和控制复杂，存在导热油或熔盐、水流量分配控制问题，过热器/再热器出口蒸汽温度同步控制问题，但是优势在于任一台设备故障时，机组可维持 50% 负荷运行。

采用导热油或熔盐作为传热介质时，蒸汽发生系统按 $2 \times 50\%$ 容量双列配置；采用水蒸气作为传热介质时，则按 $1 \times 100\%$ 容量单列配置。

蒸汽发生系统最大连续蒸发量应与汽轮机调节阀全开的进汽量相匹配。

来自发电系统的给水先经预热器加热，再进入蒸发器。蒸发器产生的饱和蒸汽在过热器中被加热为过热蒸汽，再经管道输送至汽轮机主汽门后至高压缸。从高压缸排出的低温再热蒸汽进入再热器，被加热后输送至汽轮机再热汽门，再至中压缸。

蒸发器产生的蒸汽量由系统提供的导热油量变化来调节。

当采用熔盐储热时，蒸发器可采用直流、釜式、汽包式。蒸汽发生系统布局见图 6-14。

图 6-14　蒸汽发生系统布局图

五、汽轮机及辅助系统

与常规火电机组不同，光热发电站站址处夏季太阳能资源较好且每天延续时间较长，即使夏季背压高，汽轮机仍能发出最大连续功率，因此，将汽轮机 TMCR 工况功率作为额定功率，能获得更多的年发电量，提高设备利用率和运行经济性。

汽轮机通常选用高温超高压、双缸、一次再热型式，汽轮机排汽冷却方式则根据厂址所在地水源供应情况，选用空冷或湿冷。根据机组参数高低和容量大小，汽轮机设置六级至八级回热系统。

鉴于光热发电站汽轮机组需具有快速启动和频繁启停、频繁变工况和低负荷运行的能力，汽轮机采用特殊汽缸结构和反动式通流模块；高压缸采用高转速，高、低压缸之间配置齿轮箱和 SSS 离合器便于高压缸脱开运行等。

汽轮机热力系统设计与燃煤电站热力系统相同。

六、机组运行模式

以传热介质为导热油，储热介质为熔盐的槽式光热发电站为例，机组主要运行模式分为：

（1）集热场运行，储热系统充热，发电单元发电。导热油循环泵组和低温熔盐泵组均投入运行，汽轮发电机组正常运行发电。

（2）集热场运行，储热系统放热，发电单元发电。导热油循环泵组和高温熔盐泵组均投入运行，汽轮发电机组正常运行发电。

（3）集热场运行，储热系统不运行，发电单元发电。导热油循环泵组运行，汽轮发电机组正常运行发电。

（4）集热场运行，储热系统充热，发电单元不发电。导热油循环泵组和低温熔盐泵组均投入运行。

（5）集热场不运行，储热系统放热，发电单元发电。导热油循环泵组和高温熔盐泵组均投入运行，汽轮发电机组运行发电。

（6）全厂停运。导热油循环泵组、低温熔盐泵组和高温熔盐泵组均不运行，防凝系统运行。

第三节 塔式光热发电站

一、聚光集热系统

（一）定日镜和吸热塔

定日镜是塔式光热发电站的关键设备，其功能是将太阳光反射到中央吸热塔顶的吸热器，以聚集太阳辐射能。定日镜制造成本和安装成本约占总投资的 45% 以上，因此，定日镜聚光性能直接影响着电站的发电效率和经济收益。

定日镜由反射镜、支架、方位/水平传动部件、电动机、单镜控制模块和控制箱等组成。定日镜采用双轴自动跟踪太阳光，属于点聚焦方式，聚光比为 300～1000。为了减小聚焦距离太长带来散焦损失，通常定日镜采用表面有微小弧度（16′）的平凹面玻璃镜，单镜面积为 10～50m² 的中型定日镜的成本最低。定日镜实物图组合见

图 6-15。

图 6-15　定日镜实物图组合

　　镜场的定日镜需要实时追踪太阳位置，实时测量法向直接辐射数据，对设备精度要求很高。为此塔式光热发电站推荐配备全自动双轴追踪系统、次基准级总辐射表和散射辐射表、一级直接辐射表，再根据环境和项目需要，配备风速、风向、温度相对湿度、气压等环境要素监测仪器。

　　定日镜镜场控制应满足数万台定日镜协同控制，包括精确对焦、冗余通信、自动校正、自动精度检查、状态查询、系统供电、故障诊断和自定义镜场能量控制等功能。定日镜校正控制系统见图 6-16。

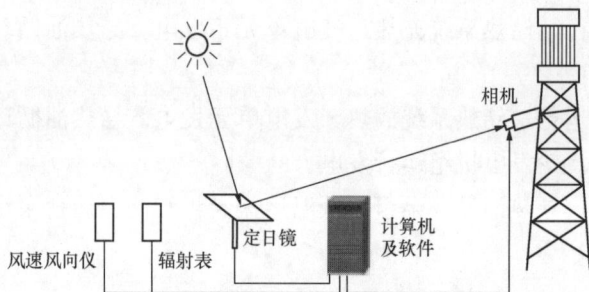

图 6-16　定日镜校正控制系统

　　定日镜布置方式有直线阵列式和辐射网格圆形、Campo 类圆形和仿生型，其中直线阵列式和辐射网格圆形布置方式应用最多。直线阵列式可以最大化利用土地，但是阴影和遮挡损失相对较大；辐射网格圆形布局有效减少了遮挡损失，但是增加了镜场占地面积。

　　吸热塔的位置与定日镜余弦效率紧密相关，当电站厂址位于北半球时，因为太阳大部分时间在镜场的南侧，吸热塔以北的镜场余弦效率远高于南边镜场，所以吸热塔位置处于镜场南部，即镜场北侧的定日镜数量高于南侧镜场。同理，厂址位于南半球时，镜场南侧的定日镜数量高于北侧镜场。

　　增加吸热塔高度能同时提升余弦效率及遮挡和阴影效率，但是吸热塔高度越高，吸热塔、熔盐泵和吸热管路的投资越高，因此，吸热塔高度需综合考虑定日镜场效率和投资成本来确定。

（二）吸热器

1. 吸热器型式

吸热器属于换热设备，其功能是把反射聚焦的太阳能转化为吸热工质的热能，是实现光热转化的关键设备。

根据吸热介质状态不同，吸热器可分为气体吸热器、液体吸热器和固体吸热器，各种吸热器的应用情况如下：

（1）气体吸热器。包括空气吸热器。

（2）液体吸热器。包括水吸热器、熔盐吸热器和液态金属吸热器。

（3）固体吸热器。包括固体颗粒吸热器和石墨吸热器。

根据吸热器结构不同，吸热器可分为管式吸热器和容积式吸热器。

在塔式光热发电站中应用较多的依次是熔盐吸热器、水/蒸汽吸热器和空气吸热器。熔盐吸热器和水吸热器通常采用管式吸热器，空气吸热器通常采用容积式吸热器。管式吸热器根据布置方式不同，又将其分为外置式吸热器和腔式吸热器。

外置式管式吸热器（见图 6-17）和腔式管式吸热器（见图 6-18）在塔式光热发电站中均有应用，这两种吸热器的优缺点对比见表 6-4。

图 6-17　外置式管式吸热器　　　图 6-18　腔式管式吸热器

表 6-4　　　　　　　　　　　外置式吸热器与腔式吸热器对比表

名称	外置式吸热器	腔式吸热器
优点	结构较简单，造价低；可接受 360°范围镜场反射的太阳光，有利于镜场布置和大规模利用	辐射、反射、对流热损失较小
缺点	吸热管暴露在环境中，热损失较大，尤其是高风速环境	单一采光口使镜场布置受到一定限制，只能单侧布局；结构较复杂

水/蒸汽吸热器根据蒸汽状态分为饱和蒸汽吸热器、过热蒸汽吸热器和过热/再热汽吸热器。饱和蒸汽吸热器商业化应用较早，技术风险小。2007 年西班牙装机容量为11MW 的 PS10 电站投运，是首次选用饱和蒸汽吸热器的电站。有部分电站如美国 Ivanpah 和以色列 Ashalim 1 选用了过热汽吸热器。设置再热吸热器时，汽轮机高压

缸排汽需连接至塔顶经加热后再回至汽轮机，蒸汽压损大，且蒸汽对流换热系数低，因此需要综合比较后确定是否设置再热吸热器。

空气吸热器可产生 800～1000℃ 高温空气，峰值热流密度达 $1MW/m^2$，适合与高效率的布雷顿循环组合。具有启动快、无相变、易于运行和维护的优点。缺点是空气热容小，不适用于大容量的光热发电站。

2. 熔盐吸热器

目前，塔式光热发电站吸热器多选用熔盐吸热器。吸热工质在管内流动，管外壁涂以耐高温选择性涂层，聚焦入射的太阳能以辐射方式使管外壁面温度升高，再通过管壁以导热和对流方式将热量传递给管内吸热工质。

熔盐吸热器由若干个管屏及附属部件组成，吸热管屏之间通过连接管相连。每个吸热管屏由上下集箱和集箱之间数十根吸热管束组成，其中吸热管束包含受光段和非受光段，受光段吸热管直接接受镜场反射能量，非受光段吸热管位于吸热器上下防护层内部，内部设置烘箱电伴热装置进行加热。

吸热器附属设备主要包括入口缓冲罐、出口缓冲罐、压缩空气系统、管道及阀门、电伴热和保温、仪器仪表等。

（1）熔盐吸热器的优点。

1）系统无压运行，安全性提高。

2）熔盐在循环中无相变，工作期间最大热流密度达 $1MW/m^2$，热流密度提高使吸热器外形尺寸紧凑，降低制造成本，减少吸热器外表面的对流和辐射损失，热效率提高约 3%。

3）传储热介质为同一工质，极大地简化系统。

（2）防止熔盐冷凝引起氯化物腐蚀开裂采取的措施。熔盐在高温时有分解和腐蚀问题，较低温度又有凝固问题，因此，需要采取相应的措施加以抑制。此外，熔盐吸热器在寿命期内需经受约 30 000 次 2.8℃/s 的温度变化，需防止熔盐冷凝引起氯化物腐蚀开裂，为此采取的主要措施有：

1）吸热器传热管和输送管道选择高镍合金材料。

2）热力系统投运前，根据环境温度、风速、太阳辐射值等参数，计算吸热器需要的预热能量，对吸热器及相关管路进行充分预热。

3）吸热器管背面及上下集箱的保温层内都设有辅助的电加热装置，在系统启动时给吸热器提供预热，避免熔盐凝固现象发生。

4）熔盐系统管路设计时都至少要保持一定的倾斜角或其他管道布置措施，以确保熔盐系统在熔盐泵停止工作时顺利流回到熔盐罐中，避免熔盐在管路中因滞留而导致凝堵。

5）在吸热器的进口处设有一定容量的入口缓冲罐，罐顶部与一定压力的压缩空气系统相连，在熔盐泵故障时，可以在短时间内给吸热器提供一定的熔盐流量，避免吸热器超温，同时加速 4 熔盐回流至储热罐，防止熔盐凝结。

熔盐吸热器内部结构图见图 6-19。

3. 吸热器系统流程

来自储热系统的冷熔盐通过冷熔盐泵输送至入口缓冲罐，高压空气储罐内的高压空气将入口罐熔盐压入吸热器，熔盐在吸热器本体内沿着吸热管流动，被镜场反射的太阳辐射能加热，热熔盐流入出口缓冲罐后，通过下降管流入储热系统的热熔盐罐。

压缩空气系统为吸热器在任何工况下包括事故工况下提供熔盐吸入压力。

（三）定日镜场优化设计

定日镜场效率主要受定日镜尺寸、镜场采光面积、定日镜间行列间距影响。在DNI值、镜面清洁度、镜面反射率和能量需求确定的条件下，定日镜数量可以估算确定。

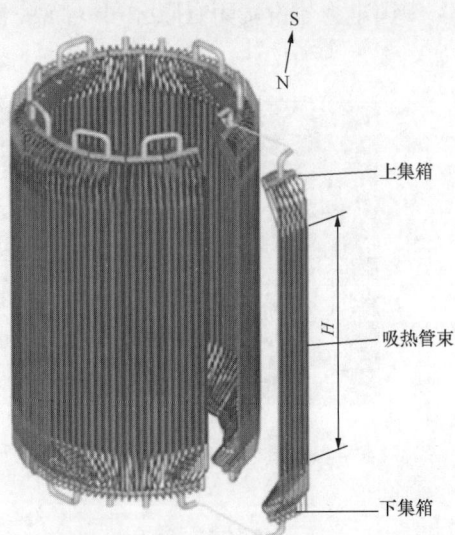

图 6-19　熔盐吸热器内部结构图

镜场布局需综合考虑镜场效率、定日镜数量、吸热塔高度、定日镜间行列间距和土地面积等因素，确定最优设计方案。随着技术的进步，镜场布局设计可以通过计算机软件自动进行，实现土地利用率与镜场效率最佳平衡，镜场投资成本最小时吸热器获得最大的太阳辐射能。

（四）清洗装置

电站通常采用水清洗方式，清洗后的水通过清洗车回收后再利用。

二、储热系统和设备

塔式光热发电站早期采用水作为传热介质，水蒸气储热成本高，不适于大容量储热。

随着熔盐储热技术日趋成熟，近些年塔式光热发电站多采用熔盐作传热介质，储热介质也采用熔盐，这种配置系统简单且节省投资。

塔式光热发电站的储热系统和设备设置与槽式光热发电站基本相同，详见本章第二节三。

三、换热系统和设备

塔式光热发电站的换热系统和设备设置与槽式光热发电站基本相同，详见本章第二节四。

预热器、蒸发器、过热器和再热器均采用U形管壳式换热器，卧式布置。但是管侧和壳侧的介质确有不同。预热器管侧介质为水，壳侧为熔盐；蒸发器管侧为熔盐，壳侧为饱和水；过热器和再热器管侧为水蒸气，壳侧为熔盐。

由于汽轮发电机组在低负荷运行时给水温度降低较多，为了避免熔盐凝固现象发生，可设置低负荷预热器。

四、汽轮机设备

塔式光热发电站的汽轮机设备特点与槽式光热发电站相同，详见本章第二节五。

中国电力建设集团有限公司（简称中电建）青海共和50MW塔式光热发电站鸟瞰图如图6-20所示。

图6-20 中电建青海共和50MW塔式光热发电站鸟瞰图

五、二次反射塔式发电

相比于传统塔式光热发电技术将吸热器置于100m以上高空，二次反射塔式技术将吸热器置于地面，塔顶布置二次反射装置，太阳光经定日镜和二次反射装置反射后聚焦到地面吸热器。该技术光线传播距离增加，但输热管道高度大幅下降。二次反射系统的镜场年均光学效率略有降低，吸热器效率和管道效率显著增加。吸热器置于地面避免了吸热器设计制造难度和运营期间的安全风险，大幅减少了厂用电。

阿联酋Masdar建成容量100kW示范项目，属于全球首个运用二次反射塔式发电技术的项目。

中国江苏鑫晨公司于2015年建成300kW二次反射塔式发电示范项目，采用熔盐腔式吸热器，吸热面无管路设计，大幅提升了集热性能和光照适应性，对光斑均匀性要求低。自然对流热损失极小，吸热器吸热效率约为91%，而常规表面式吸热器的效率约为85%。

甘肃玉门鑫能50MW塔式光热发电站采用二次反射技术，设计15个集热模块，镜场总采光面积为60万m²，配置9h熔盐储热。该项目的集热模块已于2021年12月底调试完成。甘肃玉门鑫能二次反射塔施工现场如图6-21所示。

图6-21 甘肃玉门鑫能二次反射塔施工现场

六、机组运行模式

以传储热介质均为熔盐的塔式光热发电站为例，机组主要运行模式如下。

（1）聚光集热系统运行，储热系统运行，发电单元运行。低温熔盐泵输送冷熔盐至集热系统，被加热后的热熔盐送至热熔盐罐，高温熔盐泵将高温熔盐输送至蒸汽发生系统，将给水加热成蒸汽；低温熔盐返回冷熔盐罐。

（2）聚光集热系统运行，储热系统充热，发电单元不运行。低温熔盐泵将低温熔盐输送至吸热器，熔盐由变频泵控制流量，在吸热器出口达到设计温度，并存储在高温熔盐储罐内。

（3）聚光集热系统不运行，储热系统放热，发电单元运行。高温熔盐泵将热盐罐的高温熔盐输送至蒸汽发生系统，将给水加热成蒸汽，用于汽轮机发电。

（4）其他模式。如熔盐管路与设备伴热模式等。

第四节　菲涅尔式光热发电站

一、集热场

菲涅尔式光热发电采用平面玻璃或者微弧玻璃镜作反射镜，多面反射镜线性排列组成单列，再组成多列。近地放置使反射镜支撑结构简单且稳定；因为模块间相互遮挡少，反射镜安装密度大，占用土地面积相对较小。

吸热管采用真空集热管或者镀膜裸管，反射镜焦距较长。固定式吸热管使配套管道系统简单，传热介质选择更加灵活。这些使得聚光场投资成本大大下降，且平直镜面易于清洗，降低了维护成本。

集热单元跟踪装置通常采用单列驱动，在特定条件下也可采用多列驱动。集热单元太阳辐射路径图见图 6-22。

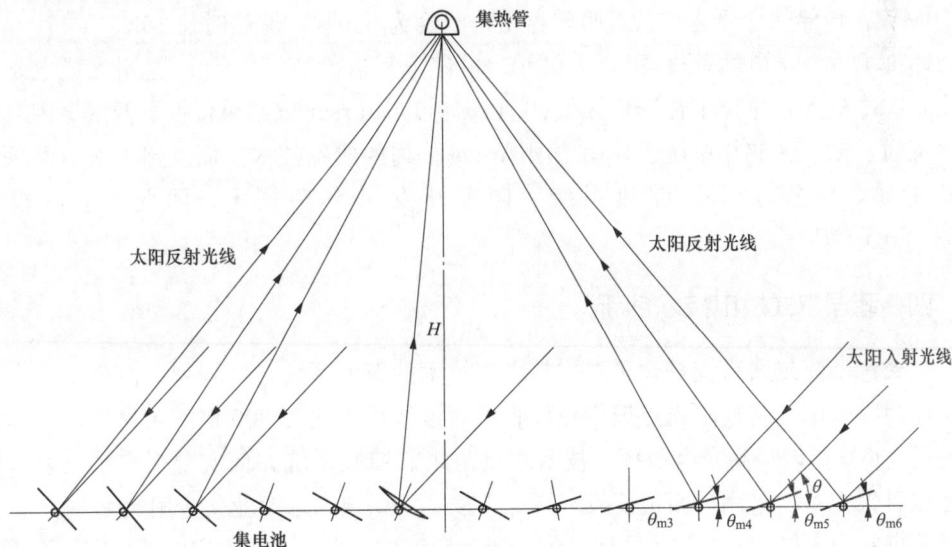

图 6-22　集热单元太阳辐射路径图

为了保证太阳辐射经反射后最大限度地照射到吸热管，其一是优化反射镜曲面精度和支撑结构的精度，以及反射镜阵列安装的直线度和平行度。其二，跟踪装置的跟踪误差应不超过 $0.1°$，加上所有跟踪装置的集中控制、通信和调度系统技术来实现。

相比于塔式发电站将太阳光全部集中反射到吸热器，一旦吸热器故障即需停机的缺点，菲涅尔式的优势在于将集热场分为多个集热回路，任一个回路故障时只需切除该回路，机组只需降负荷运行。

高温集热采用列宽 1.8～2.3m、每列 8～15 面反射镜，吸热管采用真空集热管，集热介质采用水或导热油、熔盐，出口温度在 390℃以上，为效率 50%～52%，用于光热发电站等。

中温集热采用列宽 0.8～1m、每列 10～16 面反射镜，吸热管采用镀膜排管，集热介质采用水或导热油，出口温度为 180～230℃，效率为 60%～65%，可用于制冷、纺织、食品和海水淡化。

二、其他系统

菲涅尔式光热发电站可采用储热系统，提高电站发电量甚至能够全天候地发电。储热系统设置详见本章第二节。

菲涅尔式光热发电站的蒸汽发生系统和发电单元的设置与槽式光热发电站的设置相同，详见本章第二节。

三、菲涅尔式光热发电站实例

菲涅尔式光热发电站已投运机组较少，首台机组是 2008 年投运的美国 Areva Kimberlina 电站，装机容量为 5MW，传热工质是水/蒸汽。目前，容量最大的是 2014 年 11 月投运的印度 Dhursar 电站，装机容量为 100MW，传热工质是水/蒸汽，无储热系统，吸热管出口温度为 450℃。2019 年 12 月中国兰州大成电站投运，装机容量为 50MW，传储热介质为熔盐，吸热器出口温度为 550℃，储热时长 15h。

印度 Dhursar 电站总投资 20.7 亿元，单位千瓦造价 20 700 元。兰州大成电站总投资 16.88 亿元，单位千瓦造价 33 760 元。印度 Dhursar 电站单位投资低的原因有采用水工质、未配置储热系统、采用法国 Areva 公司的成熟技术。而兰州大成电站采用熔盐工质，配置了 15h 储热系统，自主开发了专有技术，因此，单位投资达 33 760 元/kW。

四、菲涅尔式发电技术创新

点聚焦菲涅尔式系统是介于碟式与塔式技术的新型系统，一列列平面镜安装在旋转平面跟踪太阳，将太阳光点聚焦到接收器。该系统可达到 300 倍的聚光比，工作温度超过 500℃，以提高光电效率。技术难点是跟踪控制系统如何实现众多小反射镜精准定位。聚光系统采用平面镜使投资降低，该技术路线尚未商业化应用。

北京兆阳光热技术有限公司研发的创新型菲涅尔式光热技术采用水工质直接产生过热蒸汽发电；反射镜为高精度复合曲面镜，镜场呈东西轴倾斜布置，以应对太阳能资源较差的厂址条件，聚光比达到 200，显著降低镜场成本；耐热混凝土储热系统工作温度达 550℃；高频次无水清扫装置耗电低，可提高镜面反射率 5%～12%。该技术已在华强兆阳一号 15MW 光热发电站运用，2018 年 6 月通过了电站试运行测试，见图 6-23。

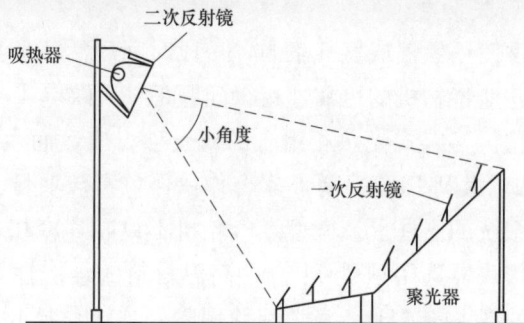

图 6-23　华强兆阳一号 15MW 光垫电站聚光集热系统示意图

第五节　碟式光热发电站

一、系统流程和设备

碟式光热发电的聚光比达 1000～3000，工作温度在 600～1200℃范围，其优势是系统效率高，安装方便，采用斯特林机可获得 30％以上的光电效率；缺点是能流分布不均匀，致使吸热器设计有挑战，不能配置储热系统，单机容量难以做大，适合于分布式能源系统或者偏远地区电站。

碟式光热发电属于点聚焦，聚光器和吸热器均在运动。单台碟式聚光吸热装置功率为 10～25kW，聚光镜直径为 10～15m，单台功率为 25kW，是经济规模容量。碟式装置可以单台使用，也可以把数台装置并联组成小型光热发电站。

传热介质多采用空气或氦气等惰性气体。

二、碟式光热发电站实例

美国 Maricopa 示范项目 2010 年 1 月投产，单碟功率为 25kW，共安装 60 台，提供居民用电。

2015 年瑞典 Ripass oEnergy 公司在纳米比亚沙漠建造的碟式斯特林发电系统，单碟年发电量为 75～85MWh，光电效率为 34％。这是首个商业化运行的碟式斯特林电站。

国内首座碟式光热发电示范电站位于陕西省铜川市，共安装 50 台碟式斯特林机，单台容量为 20kW，总投资 1.1 亿元。

三、碟式发电技术创新

1. 多碟共焦塔式发电

西藏多碟共焦塔式聚光集热器在山南市扎囊县某企业建成。两个多碟共焦塔式聚光集热器，由 830 片微曲面六边形碟式反射镜片组成，太阳光实时聚焦到集热装置吸热腔底部，通过集热支架内置的保温循环管道，将太阳能热能传输储存于储能水箱内，供用户使用。项目日均耗电量小于 50kWh，运营成本低，实现了零排放。

2. 微型燃气轮机碟式发电

斯特林发动机通常使用氢气或氦气工质，一段时间后活塞环会产生泄漏，必须经常填充新的气体。因此斯特林机的可靠性运行问题是一大缺点。

为此将微型燃气轮机与碟式光热相组合的研发项目应运而生，CITY 大学、瑞典 KTH 皇家理工学院和意大利 Innova 等 8 家合作伙伴负责该项目。微型燃气轮机安装在带有双轴太阳追踪系统的支柱上。微型燃气轮机不设叶片冷却，透平进口温度可达 1100℃，但是太阳能接收器选用耐受 1100℃ 高温材料的经济性不佳，所以透平进口空气温度定为 800～900℃。KTH 皇家学院使用陶瓷泡沫作接收器材料。CITY 大学开发了高效的透平和压气机，微型燃气轮机由 1 级透平和 1 级离心压缩机组成，示范项目功率为 6kW。

3. 大型聚光碟

Sunrise CSP 公司设计的"Big Dish"大型聚光碟产品，采用双轴跟踪系统，光学精度高，可实现最高效率的光→热转化。Sunrise CSP 的碟式系统采用模块化设计，单机功率可达 400kW。其采用的碟式和吸热器技术可为工业应用（如发电和高温工艺加热）生产过热蒸汽。

第六节　光热发电站主要技术性能指标

一、主要技术性能指标定义

电站厂址区的年法向直接辐射量（年 DNI）直接决定着项目的经济性和可行性，而电站的加权平均平准化电力成本（LCOE）通常是太阳倍数、集热场净采光面积大小、储热容量时长这三项参数相互匹配和总体优化设计的成果。不同的太阳倍数（SM）在不同的储热时长条件下的平准化电力成本变化曲线见图 6-24。

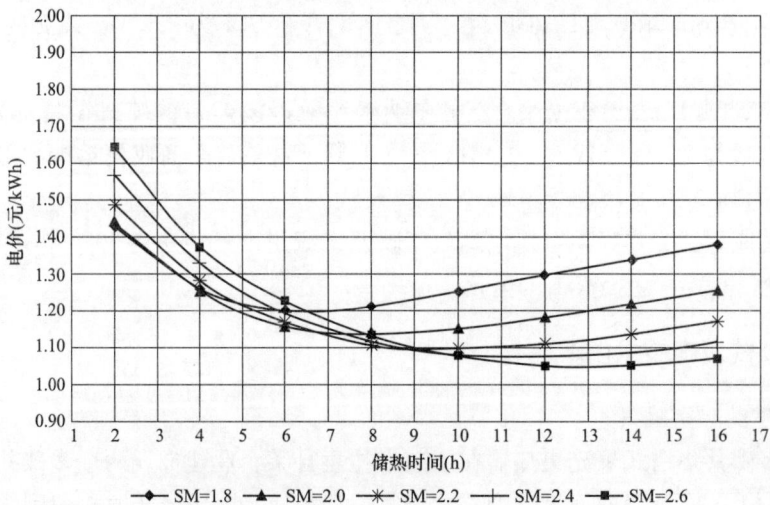

图 6-24　不同的太阳倍数在不同的储热时长条件下的平准化电力成本变化曲线

年 DNI 值大于 1800kWh/m² 的地区才有开发价值，通常年 DNI 值提高 100，加权平均平准化电力成本（LCOE）约减少 4.5%。全球光热发电 LCOE 已由 2018 年 185 美元/MWh(1.25 元/kWh)下降至 90 美元/MWh(0.61 元/kWh)，而中国首批光热示范项目中已商业运行电站的上网电价为 1.15 元/kWh。

表征光热发电站的主要技术经济指标有集热场净采光面积、太阳倍数、储热时长、年发电量和年均光电效率。

1. 集热场净采光面积

集热场净采光面积是指单元机组对应的镜场总采光面积，集热场净采光面积应与汽轮发电机组的额定容量和储热系统容量相匹配。

2. 太阳倍数

太阳倍数是指机组运行在额定负荷条件下，集热场在设计点吸收热量与集热场向发电单元提供热量的比值，向发电单元提供的热量包含蒸汽发生系统的热损失。太阳倍数反映集热系统容量与发电系统容量之间的差别，是光热发电站设计的重要考量因子。

为确保发电单元在全年能经济运行，太阳倍数一般不小于 1.1。

3. 储热时长

储热时长是指纯放热工况下汽轮发电机组满负荷运行的小时数，表征储热系统的供热能力。

4. 年发电量

不同于火力发电厂采用机组发电功率作为性能指标之一，光热发电站采用年发电量作为技术指标之一，而且其年发电量的计算方法也有别于火力发电厂。年发电量估算是基于典型太阳年数据、集热镜场布置和净采光面积、反射镜/定日镜外形和性能、吸热系统性能、储热系统容量、蒸汽发生器设备容量、汽轮机容量进行的估算。发电量估算计入了镜场效率、吸热系统效率、传热流体管道和储热设备效率、蒸汽发生器和汽水管道效率和汽轮发电机组效率、各系统设备的可用率。

年发电量估算应用相关软件模拟计算得出。

5. 年均光电效率

从能量转换方式来分析，太阳直接辐射能转换为传热介质的热能，热能再转换为电能，因此光电效率是光热效率与热电效率的乘积。

光热效率是指传热介质获得的热能与入射到集热场净采光面积的太阳直接辐射能之比，包含镜组光学效率、镜组可用率、镜面清洁度、镜面反射率、吸热器截断率、吸热器年均效率。光热效率是影响电站总体性能和发电量水平的核心指标之一。

热电效率是指某一时段内发电量与吸热器输出热量之比。

由于太阳直接辐射能的小时、日、月变化大，所以光热发电站采用年均光电效率表征光-电转换效率，更能体现电站的效率和性能优劣。

年均光电效率是指年发电量与集热场接收的年直接辐射量比值，由集热场效率、吸热系统效率、发电系统效率与各系统设备的可用率组成。

二、槽式光热发电站技术性能指标

槽式光热发电站的集热场净采光面积由单片槽式反射镜面积、集热器单元的镜面个数、集热器阵列的单元个数、集热器回路数确定,该面积包含集热管在采光平面上的不重叠的垂直投影部分。

已运行或在建槽式光热发电站的技术性能数据见表 6-5 和表 6-6。

表 6-5　　　　　　50MW 级典型槽式光热发电站的技术性能数据表

名称	西班牙 Andasol 1	西班牙 Africana	中广核 德令哈	中海阳 玉门	龙腾玉门	金钒 阿克塞	协鑫西藏
设计年 DNI（kWh/m²）	2136	1950	2078	1877	1887.9	2056.5	2100
传/储热介质	导热油/熔盐				硅油/熔盐	熔盐/熔盐	导热油/熔盐
单机容量（MW）	50	50	50	50	50	50	50
集热器回路数	156	168	190	192	200	152	186
集热场净采光面积（万 m²）	51.012	55	62	62.8	62.784	68.874	60.82
储热时长（h）	7.5	7.5	9	9	10	15	9
年均光电效率（%）	14.5	15.85	15.33	15.27	14.34	14.55	14
年发电量（亿 kWh）	1.58	1.7	1.975	1.8	1.7	2.06	1.78
等效利用小时数（h）	3160	3400	3950	3600	3400	4120	3560
占地面积（ha）	200	—	246	290	250	270	242

表 6-6　　　　　　100MW 级及以上典型槽式光热发电站技术性能数据表

名称	美国 Solana	摩洛哥 NOOR Ⅱ	南非 Kaxu 1	内蒙古 巴拉贡	内蒙古 乌拉特中旗	大唐伊吾
设计年 DNI（kWh/m²）	2519	2635	2816	1919	2170	2015.3
传/储热介质	导热油/熔盐			导热油	导热油/熔盐	导热油/熔盐
单机容量（MW）	2×140	200	100	85	100	100
集热器回路数	2×404	425	250	156	375	398
集热场净采光面积（万 m²）	2×110	177.99	104.7	51.01	122.6	130.15
储热时长（h）	6	7.3	4.5	0	10	8.5
年光电效率（%）	17.03	16.73	14.25	—	14.73	14.26
年发电量（亿 kWh）	9.44	7.848	4.2	—	3.92	3.74
等效利用小时数（h）	3371	3924	4200	—	3920	3740
占地面积（ha）	780	680	450	195	487	456

国内带储热槽式光热发电站的投资价格已从 38 000 元/kW 降至 27 000 元/kW,随着产业规模化进一步扩大,投资价格有望进一步下降。

槽式光热发电站的投资构成中,镜场投资占比为 40%～50%,储热系统投资占比为 20%～35%,发电区投资占比为 15%～20%。

三、塔式光热发电站技术性能指标

已运行或在建的典型塔式光热发电站技术性能数据分别见表 6-7 和表 6-8。

表 6-7　　　　　　　　50MW 及以下典型塔式光热发电站技术性能数据表

名称	西班牙 PS10	西班牙 Gemasolar	南非 Khi Solar 1	中控 德令哈	中电建 青海共和	鲁能海 西格尔木	中电哈密
设计年 DNI（kWh/m²）	2012	2172	2800	2058	2041	1945	2015.3
传/储热介质	饱和汽/蒸汽	熔盐/熔盐	水蒸气	熔盐/熔盐			
单机容量（MW）	11	19.9	50	50	50	50	50
镜场面积（万 m²）	7.49	31.8	57.68	54.27	52	60.72	67
储热时长（h）	1	15	2	7	6	12	13
年均光电效率（%）	15.53	15.93	11.77	15.04	14.70	14.14	15.5
年发电量（亿 kWh）	0.234	1.1	1.9	1.68	1.56	1.67	1.9835
等效利用小时数（h）	2127	5527	3800	3360	3120	3340	3967
占地面积（ha）	55	195		247	212		275.53

表 6-8　　　　　　　100MW 及以上典型塔式光热发电站技术性能数据表

名称	美国 Ivanpah	美国 Crescent Dunes	摩洛哥 Noor Ⅲ	以色列 Ashalim 1	智利 Cerro Dominador	首航敦煌
设计年 DNI（kWh/m²）	2717	2685	2635	—	3000	2078
传/储热介质	过热汽	熔盐/熔盐		过热汽	熔盐/熔盐	
单机容量（MW）	133+133+126	110	150	121	110	100
镜场面积（万 m²）	共 262.5	107.14	131.72	105	148.4	140
储热时长（h）	0	10	7.5		17.5	11
年均光电效率（%）	14.40	16.86	15.27	—	14.82	14.13
年发电量（亿 kWh）	10.27	4.85	5.3		6.6	4.11
等效利用小时数（h）	2620	4409	3533		6000	4110
占地面积（ha）	1416	647	583	315	700	554

四、菲涅尔式光热发电站技术性能指标

已运行的菲涅尔式光热发电站技术性能数据见表 6-9。

表 6-9　　　　　　　菲涅尔式光热发电站技术性能数据表

名称	美国 Areva Kimberlina	西班牙 Puerto Errado 1	西班牙 Puerto Errado 2	印度 Dhursar	法国 Ello	兰州大成
设计年 DNI（kWh/m²）	2717	2685	2635	—	3000	1978
传/储热介质	—	熔盐/熔盐	水蒸气/水	水蒸气	水蒸气	熔盐/熔盐
单机容量（MW）	5	1.4	30	100	9	50
镜场面积（万 m²）	—	—	30.2	—	15.3	127

名称	美国 Areva Kimberlina	西班牙 Puerto Errado 1	西班牙 Puerto Errado 2	印度 Dhursar	法国 Ello	兰州大成
储热时长（h）	0	0	0.5	0	4	15
年均光电效率（%）				~13		9.28
年发电量（亿 kWh）	—	—	—	2.8		2.33
等效利用小时数（h）	2620	4409	＞3000	—	6000	4110
占地面积（ha）			65	340	36	318.6

第七节　光热发电行业发展状况

一、光热发电站行业发展情况

（一）光热发电站装机规模

1. 光热发电站装机容量

自 20 世纪 80 年代开始，许多国家相继建设了容量不一的各种类型光热发电站。2008 年第一台大容量带储热的槽式光热发电站投入商业运行之后，十年期间的年均增长率达 23%，2019 年底全球光热发电站装机容量约为 6432MW。继西班牙和美国引领发展后，南非、中东、北非和中国发展迅速。例如，法国 Engie 集团开发的南非 Kathu 100MW 槽式光热发电站，由西班牙 Sener 和 Acciona 组成的联合体是该项目的交钥匙承包商。Kathu 电站建于南非北开普省，采用了 Sener Trough 2 大开口槽式集热器，净采光面积为 104.7 万 m²。项目从 2016 年 6 月启动建设，2019 年 1 月实现商业化运行，建设周期为 32 个月。

2020 年新增光热装机容量为 150MW，分别是内蒙古乌拉特中旗 100MW 槽式光热发电站和鲁能海西州格尔木 50MW 塔式光热发电站。2021 年新增光热装机容量为 110MW，仅一个光热发电站投运，即位于智利的 Cerro Dominador 110MW 塔式光热发电站。截至 2021 年底，光热发电站总装机容量约为 6692MW。

2. 各类光热发电站装机情况

从光热发电技术类型来分，槽式光热发电技术稳步发展且日益成熟，主导着光热发电行业。塔式光热发电技术因其效率较高有后来居上之势，尤其是我国的光热发电站以塔式发电技术居多。菲涅尔式光热发电技术具有系统简单和成本相对低廉的特点，因其效率最低未得到规模化发展。碟式光热发电技术因系统效率高和成本高昂，且装机容量小，该技术已商业化应用但未规模化发展。

20 世纪 80 年代中期槽式光热发电技术就已经发展起来了，第一台大容量槽式光热发电站是西班牙 Andasol 1 电站，2008 年 11 月投入商业运行，装机容量为 50MW，采用导热油传热和熔盐储热。目前槽式光热发电站装机容量占比约为 71.16%。

自从 1984 年美国 Solar 1 10MW 塔式水蒸气电站并网发电至今，其装机容量占比呈上升趋势，塔式光热发电装机容量占比约为 20.50%。

以槽式、塔式、线性菲涅尔式光热发电来统计装机容量，这三种类型装机容量占总装机容量的比例见图6-25。

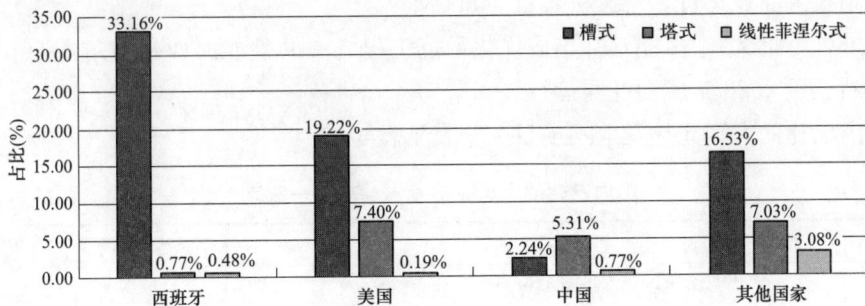

图 6-25　光热发电技术路线占比（2021 年）

3. 光热发电站发展规模

迪拜水电局 DEWA 开发的 Mohammad Bin Rashid Al Maktoum 太阳能园区第四期太阳能发电项目，上海电气集团公司是 EPC 总承包方，建设规模是 700MW（光热）＋250MW（光伏发电）。光热项目采用全球领先的塔式和槽式光热发电技术，1 台 100MW 塔式熔盐储热发电机组和 3 台 200MW 槽式熔盐储热发电机组，塔式机组配置 15h 储热系统，每台槽式机组配置 13.5h 储热系统。2021 年 11 月 8 日，光伏电站项目 1 号区首次并网成功，并网容量为 70MW。

智利、沙特、纳米比亚、博茨瓦纳、伊朗等新兴市场正在积极规划或筹建新的商业化光热项目。

2022 年，迪拜 700MW（光热）＋250MW（光伏电站）中的光热机组将陆续投运，可以为全球光热装机量带来显著增长。已启动建设的国内风光热互补新能源大基地项目和南非 Redstone 100MW 塔式光热发电项目则有望在 2023 年贡献新增装机。

光热大国——西班牙计划于 2022 年启动包含 200MW 光热发电在内的一批新能源项目的招标工作。

中国企业一直积极参与国际光热发电市场并不断获得国际认可。

国际能源署预测，到 2030 年全球光热装机容量将超过 22.4GW，到 2050 年光热发电将满足全球 11.3％的电力需求。

（二）我国光热行业现状

1. 装机容量

自 2016 年国家能源局公布首批太阳能热发电示范项目以来，我国太阳能热发电行业发展不断提速，累计装机容量为 556.3684MW。产业链主要相关企业有近 300 家，其中聚光器、吸热器、传储热材料器件和各种换热器的企业相对较多，总数超过 170 家。"十四五"期间，在碳达峰、碳中和背景下，光热发电行业有望迎来爆发式发展，装机规模将达到 3000MW。

首批光热发电示范项目共计 20 个，合计装机 1349MW。从光热发电技术来分，其中 9 个为熔盐塔式项目，7 个为导热油或熔盐槽式项目，4 个为熔盐或其他工质的菲涅尔式项目。从项目地理位置来分，其中 9 个位于甘肃省敦煌/玉门等地，4 个位于青海德令哈、共和、格尔木，4 个位于河北张家口张北，2 个位于内蒙古乌拉特中旗，1 个位于新疆哈密。截至目前，已有 5 个塔式发电站、2 个槽式发电站和 1 个菲涅尔式发电站投入商业运行，总装机容量为 500MW。

此外，首批 23 个多能互补集成优化示范工程之一的鲁能海西州格尔木 50MW 塔式发电站已于 2020 年成功并网运行。

国内已建的大型光热发电站项目一览表见表 6-10。

表 6-10   国内已建的大型光热发电站项目一览表

序号	项目名称	投运时间	备注
1	中广核德令哈 50MW 槽式光热发电站	2018 年 10 月	
2	首航节能敦煌 100MW 熔盐塔式光热发电站	2018 年 12 月	
3	中控德令哈 50MW 熔盐塔式光热发电站	2018 年 12 月	
4	中电建青海共和 50MW 熔盐塔式光热发电站	2019 年 9 月	
5	中电新疆哈密 50MW 塔式光热发电站	2019 年 12 月	
6	兰州大成敦煌 50MW 菲涅尔式光热发电站	2019 年 12 月	
7	内蒙古乌拉特中旗 100MW 槽式光热发电站	2020 年 1 月	
8	鲁能海西州格尔木 50MW 塔式发电站	2020 年 8 月	
9	甘肃玉门鑫能 50MW 塔式光热发电站	2022 年 1 月	尚未达满负荷

2018 年以来，陆续投运的光热发电站通过不断优化，一些电站成功实现满负荷运行，各项指标均已达到设计值，调峰深度和速度均明显优于常规火力发电。光热行业的发展成就标志着光热发电技术进入商业化示范阶段，验证了我国光热技术及国产化设备的先进性及可靠性。这一批大型光热项目的建设，使我国光热产业链逐步完善，为今后的降本增效打下了基础。

2. 行业国产化进程

浙江中控太阳能技术有限公司（改名为浙江可胜技术股份有限公司）建设的 10MW 水工质塔式发电站于 2013 年 7 月投运，在此基础上增加了熔盐系统试验和建设，随后又建成 50MW 熔盐工质塔式发电站，该电站于 2018 年 12 月进入商业运行。水工质塔式电站的并网发电，标志着我国自主研发的光热发电技术向商业化运行迈出了坚实的步伐。这两个项目的设计和施工、核心设备均由国内公司/厂商负责完成。

国内第一个大型商业化和国家首批示范的光热发电项目-中广核德令哈 50MW 光热发电站于 2014 年 7 月开始建设。北京首航艾奇威节能技术股份有限公司（现为北京首航高科能源技术股份有限公司）和山东电建二公司组成的联合体负责集热岛 EPC，山东三维石化工程股份有限公司负责储热岛 EPC，中国电力工程顾问集团西北电力设计院有限公司负责常规岛 EPC。西班牙 Aries 工程与系统公司作为该项目的业主工程师提供技术服务。2018 年 10 月项目成功进入商业运行。该项目除了部分核心设备为进口，国产化率较高。

依托中广核德令哈项目，中广核获批建设了国家能源光热研发中心。中广核德令哈项目的建成以及国家能源光热研发中心的建设，对国内槽式光热发电系统的设计、产品技术和标准规范等方面起到了重要的示范作用，对我国太阳能光热产业发展具有重要的推动作用。

北京首航高科能源技术股份有限公司先期建设了首航节能敦煌 10MW 塔式光热发电站，由该公司独立设计、研发和建设，具有完全自主知识产权，项目于 2016 年底并网发电。在此基础上，公司随之建设了首航节能敦煌 100MW 熔盐塔式光热发电站，电站国产化率达 90% 以上。

槽式集热器工厂组装图见图 6-26。

(a) 悬臂组装

(b) 集热器钢结构组装

(c) 反射镜安装

(d) 扭矩箱组装

图 6-26　槽式集热器工厂组装图

在我国首批建成项目中，有些项目也采用了国外的成熟技术。例如，西班牙 Abengoa 公司为鲁能海西州（多能互补）50MW 熔盐塔式光热发电项目提供技术和工程咨询服务；玉门龙腾 50MW 硅油槽式光热发电站；西班牙 Abengoa 公司和双良龙腾光热技术公司同为工程和技术咨询方，并且提供了其新型 E2 槽式集热器的技术支持。

经过近 10 年的发展，光热发电技术取得了显著的成果，积累了宝贵的经验，为此光热发电有四项被列为 2021 年度能源领域首台（套）重大技术装备（项目）名单，分别是：

（1）浙江中控太阳能技术有限公司——《大规模塔式太阳能热发电聚光镜场成套装备》。

（2）首航高科技能源技术股份有限公司——《100MW 熔盐塔式光热发电站吸热器》。

（3）中国电力工程顾问集团西北电力设计院有限公司——《大开口槽式集热器》。

（4）杭州锅炉集团有限公司——《适用于光热与储热系统的大功率熔盐吸热器与熔盐蒸汽发生系统》。

虽然光热发电产业链已培育完整，但是上网电价政策亟待完善。目前，光热发电项目的上网电价按照当地燃煤发电的基准电价执行，这将导致投资无法实现经济回报。国家发展改革委、国家能源局联合发布的《关于完善能源绿色低碳转型体制机制和政策措施的意见》已提出，完善支持太阳能热发电和储能等调节性电源运行的价格补偿机制。

3. 行业标准和规范

在国家标准和行业标准制定和实施方面，依据国内光热发电站设计、建造和运维的经验，集各行业的人力和物力资源，行业标准和规范的编制和发布实施工作已进行了数年。相关部门已颁布了 GB/T 51396《槽式太阳能光热发电站设计标准》、GB/T 51307《塔式太阳能光热发电站设计标准》、DL/T 5621《槽式太阳能热发电厂集热系统设计规范》、GB/T 40858《太阳能光热发电站集热管通用要求与测试方法》、GB/T 41992《太阳能热发电站运行指标评价导则》、NB/T 10898《槽式太阳能光热发电站真空集热管监造导则》、GB/T 41308《太阳能热发电站储热系统性能评价导则》等。还有很多标准和规范尚在审查和编制中，不久的将来，光热行业的设计、材料、制造、检验、验收、性能试验等标准和规范将覆盖行业全范围。

在光热行业国际标准工作方面，我国已牵头开展了四项国际光热标准编制工作。

（三）技术发展路线

1. 槽式光热发电技术

槽式光热发电技术已经主导市场许多年，技术成熟，为了提高其竞争力，可以从以下五个技术层面开发研究。

（1）提升反射镜光学效率和改善反射镜笨重的结构设计，例如，开发大开口槽式反射镜和大口径集热管，提升集热单元光热效率。

（2）设计先进的集热器阵列，结构形式由轴式单元向桁架式单元发展，集热器阵列的单列长度由 100m 增长为 150m，一套驱动机构就可以带动更长的集热器阵列。

（3）充分考虑方位角和高度角的影响，采用极轴跟踪技术，使集热器阵列由原来的南北向水平放置改为南北向的倾斜轴（倾斜角度与纬度有关），从而更有效地接收太阳辐射能。

（4）研发高性能的高温真空集热管。

（5）加强可靠性研究，综合考虑温度、压力、密封等相关因素，改进高温真空集热管在集热器阵列两端与固定布置的导热油管路之间存在的密封连接问题。

2. 塔式光热发电技术

塔式光热发电技术因其转换效率高在近几年发展很快。另外，塔式光热发电技术仍具有较大的技术改进与创新的潜力，其未来成本下降空间比槽式光热发电技术更大，但是由于其系统比较复杂，技术进步与成本下降还需要较长时间。塔式光热发电技术发展可以从以下两个方向开发研究：

（1）定日镜的优化和创新。通常镜子面积越大，集热效率就会越高，但要做到毫弧度级别的精度就越困难。摩洛哥 NOOR Ⅲ 塔式光热发电站采用的单台定日镜面积达 178m^2，由 Sener 公司设计，是目前已商业化应用的最大尺寸的定日镜。

（2）多塔光热发电技术。CAPTure 模块化多塔联合循环电站在西班牙太阳能测试平台进入了测试阶段。CAPTure 电站是基于先进的模块化多塔解耦太阳能联合循环概念，塔顶吸热器为开放式空气容器，加压空气经过加热后形成高温热空气，进入布雷顿循环的燃气机组发电。该发电技术可以显著提高电站效率、可靠性和可调度性，降低电站投资成本。

菲涅尔式和碟式光热发电技术更适合于小规模场景的应用，尤其是工业蒸汽的生产、集中供热以及制氢行业。这两种技术可以以模块单元式的方式应用，即采用分阶段安装、运行多个小规模单元的独立系统，以降低投资风险。

二、光伏电站主要设备制造商

1. 反射镜主流产品

光热发电站的核心设备之一是反射镜，槽式发电技术采用槽式反射镜，塔式发电技术采用具有微小弧度的平凹面镜（属于平面反射镜）。

反射镜生产工艺可采用热弯成型、钢化成型和夹层型式。光热发电站用反射镜类型见表 6-11。

表 6-11　　　　　　　　　　光热发电站用反射镜类型一览表

制造商	产品系列	生产工艺	应用工程
德国 Flaberg	槽式反射镜为主，兼平面反射镜	热弯成型	西班牙 Andasol 1 西班牙 Africana
比利时 Rioglass	槽式反射镜为主，兼平面反射镜	钢化成型	西班牙 Solnova 1 迪拜 2×300MW 槽式
西班牙 Sener	槽式反射镜和平面反射镜	钢化成型	摩洛哥 Noor Ⅱ
法国 Saint-gobain	以平面反射镜为主	热弯成型	—
美国 Skyfuel	槽式反射镜	钢化成型	美国 SEGS Ⅱ期
美国 Guardian	平面反射镜	夹层型式	

其中，美国 Skyfuel 公司生产的槽式反射镜是通过其自主知识产权的 Reflec Tech 高反射率纯银聚合物薄膜复合在金属基底板上构成，不是传统的玻璃面板。

2. 槽式光热发电站集热器

1998 年欧洲一些公司联合开发 ET 槽，西班牙 Abengoa 公司和 Sener 公司则分别开发了 E2 槽和 Sener 槽。为电站提供槽式反射镜的第一家制造商是德国 Flaberg 公司，而西班牙 Abengoa 控股的比利时 Rioglass 公司凭借 30 余年行业经验、160 万只集热管和 1000 万面反射镜的供货业绩，成为行业龙头。

已运用于国内槽式光热发电站的槽式反射镜和集热管的制造商一览表见表 6-12。

表 6-12　　　　　　　　　　　槽式反射镜和集热管的制造商一览表

设备	制造商	产品规格	应用工程	单机容量
槽式反射镜	浙江大明玻璃有限公司	RP1、RP2、RP3、RP4 反射率≥94%	—	—
	台玻悦达太阳能镜板有限公司	RP3，开口宽度为 5.774m，焦距为 1.71m。反射率≥94%	—	—
	成都博昱新能源有限公司	EF槽，TRP-B型，开口宽度为 5.77m，长为 12m，峰值光学效率≥78%，配扭矩盒式支架	协鑫西藏	50
	内蒙古瑞环太阳能有限公司	RP2、RP3、RP4	中广核德令哈 内蒙古乌拉特中旗	50 100
集热管	武汉圣普太阳能科技有限公司	0.5～7.512m	—	—
	常州龙腾光热科技股份有限公司	Di70mm，长 4.06m	内蒙古乌拉特中旗	100
		Di90mm，长 5.36m	甘肃龙腾玉门	50
	内蒙古瑞环太阳能有限公司	Di70mm、Di80mm、Di90mm、Di100mm	中广核德令哈	50
	山东汇银新能源科技有限公司	采用以色列 Solel 技术，Di 为 40～120mm，长度达 5m	—	—

注　内蒙古瑞环太阳能有限公司由比利时 Rioglass 公司控股。

3. 塔式光热发电站定日镜

2013 年 7 月德令哈 10MW 水工质塔式光热发电站投运，2016 年 8 月该项目增加的一塔熔盐传热系统也投运，这是我国首座运行的塔式光热发电站。电站的技术和核心设备均由浙江中控太阳能技术有限公司设计和供货，2021 年 7 月公司名称（浙江中控太阳能技术有限公司）更名为浙江可胜技术股份有限公司（简称浙江可胜公司）。在该项目建设和运营积累经验的基础上，陆续有多台塔式光热发电站投运，由此带动了国内生产制造业的发展。

西班牙和智利等国家已运行的塔式光热发电站中，定日镜制造商主要有西班牙 Abengoa 公司生产的 Solucar120 等系列产品。摩洛哥 Noor Ⅲ 期定日镜是 Sener 公司的新型产品，采光面积为 178m²，这是目前投运电站中单镜采光面积最大的定日镜。

另外，两个已投运的代表性熔盐塔式发电站——美国新月沙丘电站采用的定日镜规格为 115m²，西班牙 Gemasolar 电站采用的定日镜规格为 120m²。国内的首航节能 10MW 熔盐塔式发电站的定日镜尺寸为 115m²。而 Brightsource 和浙江可胜公司均采用小型尺寸 20m² 定日镜产品。

塔式电站定日镜国内制造商一览表见表 6-13。

制造商	定日镜规格（m²）	应用工程	单机容量（MW）
西班牙 Abengoa	Solucar120、120	西班牙 PS10/ PS20	11 和 20
	140	智利 Atacama 1	110
西班牙 Sener	120	西班牙 Gemasolar	19.9
	178	摩洛哥 Noor Ⅲ	150
美国 Guardian	15	美国 Ivanpah	133 和 126
美国 Bright source	20	以色列 Ashalim 1	121
浙江可胜技术股份有限公司	20，反射率≥94%，跟踪准确度小于 2.0mrad	中控德令哈一期	10
浙江大明玻璃有限公司	20	中控德令哈二期，中电建青海共和	50
Abengoa/浙江大明玻璃有限公司	138	鲁能海西州格尔木	50
台玻悦达太阳能镜板有限公司	115.7	首航节能敦煌	100
东方电气集团东方锅炉股份有限公司	48.5，反射率≥93.5%	中电新疆哈密	50

此外，北京首航高科能源技术股份有限公司、江苏鑫晨光热技术有限公司、内蒙古瑞环太阳能有限公司、上海电气亮源光热工程有限公司等也具备制造供货能力。

4. 集热场主要附属设备

集热场主要附属设备有集热器支架、集热器/定日镜跟踪系统、镜场控制系统。国内具备制造和供应这部分设备能力的制造商见表 6-14。

表 6-14 集热场主要附属设备国内制造商一览表

制造商名称	集热器/场			定日镜/镜场			应用工程
	支架	跟踪系统	控制系统	支架	跟踪系统	控制系统	
旭孚（北京）新能源科技有限公司	×	是	×	×	是	是	—
成都博昱新能源有限公司	是	×	是	是	×	是	—
横河电机（中国）有限公司	×	×	是	×	×	×	—
浙江可胜技术股份有限公司	×	×	×	×	×	是	—
首航高科能源技术股份有限公司	×	×	×	是	是	×	首航节能敦煌
东方锅炉股份有限公司	×	×	×	是	×	是	中电新疆哈密
浙江自力机械有限公司	是	×	×	是	×	×	中控德令哈，中电建青海共和
江苏鑫晨光热技术有限公司	×	×	×	是	是	是	甘肃玉门鑫能
北京金日创科技股份有限公司	×	是	是	×	×	×	—
四川川润液压润滑设备有限公司	×	是	×	×	是	×	—
南京晨光集团有限责任公司	×	是	×	×	是	×	—

注 表中标记"×"是指该制造商不具备对应产品的制造供货能力。

旭孚（北京）新能源科技有限公司入选了西班牙 Abengoa 和阿联酋 Masdar 液压跟踪系统供应商名单的唯一中国供应商，参与了迪拜塔式光热发电站的跟踪系统投标。

5. 吸热器和熔盐设备

塔式光热发电站通常采用外置管式吸热器或者腔式管式吸热器。由于这两种吸热器各有利弊，所以电站均有应用，但是外置管式吸热器因为结构简单、投资较低而得到较广泛应用。

早期西班牙 Gemasolar 19.9MW 塔式光热发电站采用西班牙 Sener 公司生产的外置管式吸热器，额定热功率为 110MWW。美国 Ivanpah 392MW 塔式光热发电站采用水工质，吸热器采用 Riley Power 公司生产的外置管式吸热器，单台额定热功率为 305MW。南非 Khi Solar 1 塔式光热发电站装机容量为 50MW，采用水工质，吸热器则采用了外置腔式吸热器。

国内已建成的大容量塔式光热发电站均采用了外置管式吸热器，除了吸热器管外壁涂层材料受制于国外技术外，其他设备和部件均已实现国产化。

吸热器、入口缓冲罐和出口缓冲罐可以单独采购，也可以合并采购。压缩空气系统通常是单独采购。

吸热器和熔盐设备国内制造商一览表见表 6-15。

表 6-15　　　　　　　　　　吸热器和熔盐设备国内制造商一览表

设备名称	制造商	应用工程
吸热器	杭州锅炉集团股份有限公司	中控德令哈 50MW 塔式光热发电站 中电建青海共和 50MW 塔式光热发电站
	东方锅炉股份有限公司	中电新疆哈密 50MW 塔式光热发电站
	首航高科能源技术股份有限公司	首航节能敦煌 100MW 塔式光热发电站
	苏州 Cockerill Maintenance & Ingenierie（简称 CMI）	鲁能海西州格尔木 50MW 塔式光热发电站
	哈尔滨锅炉厂有限责任公司	—
	江苏鑫晨光热技术有限公司	甘肃玉门鑫能 50MW 塔式光热发电站
冷熔盐泵、热熔盐泵	福斯流体控制（苏州）有限公司	中电新疆哈密 50MW 塔式光热发电站
	苏州苏尔寿泵业有限公司	—
	中国电建上海能源装备有限公司	—
冷盐罐、热盐罐、冷盐缓冲罐、热盐缓冲罐	蓝星（北京）化工机械有限公司	中电新疆哈密 50MW 塔式光热发电站 中控德令哈 50MW 塔式光热发电站
	中国电建集团核电工程有限公司	中电建青海共和 50MW 塔式光热发电站
	山东鲁阳节能材料股份有限公司	中广核德令哈 50MW 槽式光热发电站
	无锡化工装备股份有限公司	内蒙古乌拉特中旗 100MW 槽式光热发电站
	东方锅炉股份有限公司	—

吸热器控制系统、储热系统控制系统和全厂 DCS，有应用业绩的国内制造商有浙

江可胜技术股份有限公司、西安奥菲斯电力自动化有限公司、北京国电智深控制技术有限公司、杭州和利时自动化有限公司等。

导热油供货商有苏州首诺导热油有限公司、朗盛化学（中国）有限公司等。

熔盐供货商有青海盐湖工业股份有限公司、新疆硝石钾肥有限公司等。

熔盐或导热油加热/保温所用的电伴热装置，重庆川仪自动化股份有限公司、久盛电气股份有限公司等均有制造供货能力。

用于高温熔盐介质或恶劣工况的熔盐或导热油阀门的国产化尚需时日。对于非高温、常规工况下使用的熔盐或导热油阀门，上海一核阀门股份有限公司、重庆川仪自动化股份有限公司、哈电集团哈尔滨电站阀门有限公司、中国电建上海能源装备有限公司等均有工程应用业绩。

6. 蒸汽发生系统的设备

蒸汽发生系统主要设备为导热油/水介质或熔盐/水介质换热器，包括预热器、蒸发器、过热器和再热器。国内各制造商已具备设备制造关键技术，主要制造商有：

（1）杭州锅炉集团股份有限公司。

（2）东方电气集团东方锅炉股份有限公司。

（3）上海电气锅炉股份有限公司。

（4）哈尔滨锅炉股份有限公司。

（5）船舶重工七〇三所等。

7. 发电系统

发电系统设备主要有汽轮机、发电机、凝汽器、凝结水泵和给水泵等设备，这些设备制造商可选用火电机组各类设备的制造商。

8. 小结

基于国内已投运了 9 台大容量光热机组，在国内已形成了一批具备设计、制造供货、安装、调试和运行的行业产业链。一部分企业还具备向国外光热发电站项目提供设备、EPC 总承包、施工和安装等服务的能力。

从 2019 年开始，中国公司参与了全球几乎一半已完工或在建光热项目，而 2015 年之前大多数光热发电企业则来自美国和西班牙。例如，上海电气集团股份有限公司负责迪拜 950MW 光热光伏混合发电项目的 EPC 总承包建设，山东电力建设第三工程有限公司负责南非 Redstone 塔式光热发电项目的 EPC 总承包建设；浙江可胜、首航高科等中国技术公司也积极参与了海外项目开发或竞标，中国公司参与度的提升意味着中国公司不断获得国际层面的认可。

第七章

风 力 发 电

第一节 概 述

一、风力发电站基本原理

风的形成是空气流动的结果，由于地球表面各纬度接受太阳辐射不同导致的气温差，形成地球南北间的大气气压梯度，在地球自转的作用下形成了空气与地面水平方向上的流动，空气流动形成的风是太阳辐射能量的一种转化型式，通过空气流动，地球接收太阳的辐射能量部分转化为空气动能。

人类利用风能有非常悠久的历史，在电力生产和消费出现之前，风帆和风车是人类风能利用的主要型式，当时也曾经是人类生产生活的重要动力装置。

随着现代科技的进步，特别是现代发电技术、电力电子技术以及新型材料科技的应用，利用风能生产电能逐步变成风能开发和利用的主要型式，20世纪90年代开始，风力发电得到了快速发展，全球风力发电装机容量以20%的年增长速度递增，风力发电成为全球增长最快的一种发电方式。

风力发电机组通过风机叶片捕捉空气流动的动能，将空气流动的动能转化为叶轮转动的机械能，并带动风力发电机产生电能。

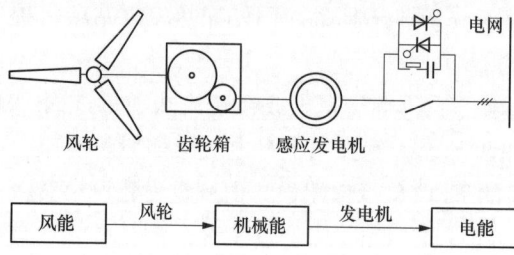

图 7-1　风力发电机组主要部件连接及能量转化示意图

风力发电机组主要部件包括风机叶片、齿轮箱、发电机，风机叶片将捕捉到的空气动能转化成转动的机械能并传输到齿轮箱，通过齿轮箱升速后将机械能传递到发电机转子，通过发电机将机械能转换成电能并输送到系统，风力发电机组主要部件连接及能量转化示意见图7-1。

二、风力发电场主要分类和特点

按风力发电场建设场地类型，风力发电场分为岸上风力发电场和海上风力发电场。

岸上风力发电场的风力发电机组安装在陆地，采用箱式结构的升压变压器，升高至中压后再通过集电线路连接至风场变电站，通过高压输电系统送入电网，风电场主要系统和设备包括风力发电机组和电气集电系统以及风场升压变电站。岸上风力发电场组成见图7-2。

图 7-2　岸上风力发电场组成

海上风力发电场的基本组成上与岸上风力发电场基本一致，主要差异是海上风力发电场除了在海上设有一个海上风力发电场变电站外，还在岸上设置了一个岸上集控中心，风力发电场生产的电力，通过海上风力发电场变电站升压后采用高压电缆输送到岸上集控中心，然后输送到电网，海上风力发电场的所有监控均在岸上集控中心实现。海上风力发电场组成见图 7-3。

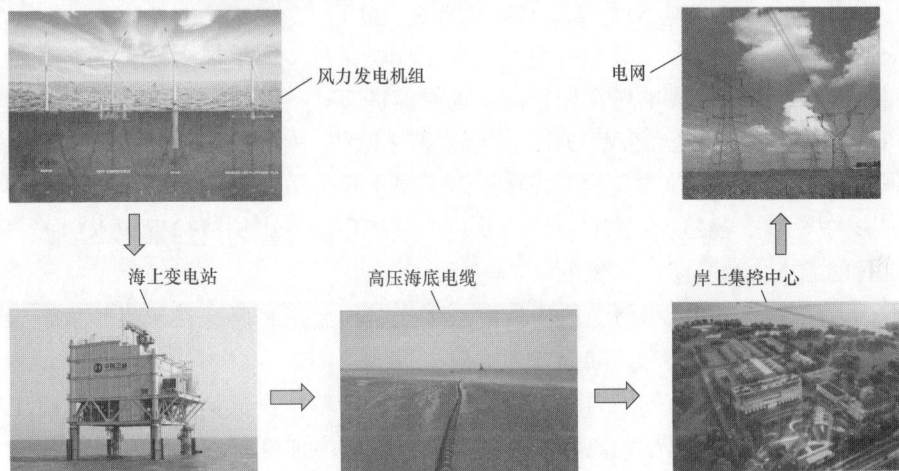

图 7-3　海上风力发电场组成

尽管岸上风力发电和海上风力发电在系统组成上的差异不大，但由于建设场地的差异、运行环境条件的差异导致两种风力发电在设计、建设和运行以及对环境的影响方面差异巨大，两种风力发电场优势和劣势都非常明显。

1. 海上风力发电具有更好的环境效益

岸上风力发电在建设和运行期间占用土地资源。

在我国，除了西北地区可以利用荒漠地带外，其他地区在建设期间和建成后都要占用耕地、林地和草场，山地风力发电场对植被还有破坏，建成后的陆上风力发电场在运行期间产生的噪声对鸟类的生存环境以及农牧区生产和生活均会产生不利的影响。除了具有更多的场地资源外，海上风力发电也具有更好的环保效益。

2. 海上风电具有更丰富的风力资源

同一地区离岸上 10km 左右的海面平均风速比陆地要高 20% 左右，风功率密度比岸上要高 70%。

海面平坦风速稳定，减少了机组及塔筒的疲劳载荷，提高风力发电机组的使用寿命，增加了项目生命周期的发电量。

另外，随着岸上风电的持续开发，适合开发的风力发电场也越来越少，同样存在资源枯竭的问题，海上风力发电具有更加广阔的开发空间。

3. 海上风力发电可以选用单机容量更大的风力发电机组

为了有效降低工程投资，减少风力发电的运行和维护成本，提高风力发电场的经济效益，风力发电机组大型化选择是风力发电技术发展的必然趋势。

岸上风力发电场特别是山地风力发电场由于受运输条件的限制，限制了高效大型风力发电机组在工程项目中的应用，目前运行的风力发电机组容量以 3MW 等级为主，但海上风力发电设备的所有部件都可以通过船舶运输，不存在运输的问题，目前海上风力发电机组的单机容量以 6MW 等级为主，未来海上风力发电的机型将逐步发展到以 10MW 等级的风力发电机组为主。

4. 海上风力发电总体投资远高于岸上风电

为适应盐雾腐蚀、台风等恶劣的海上气象环境条件，海上风力发电场所有的设备的费用远高于岸上风力发电场，如目前市场主流的 5MW 等级左右的海上风力发电机组，招标价格达到 4600 元/kW 以上，约为岸上风力发电主机设备单位报价的两倍。

施工方面，除了基础本身的工程量远高于岸上风电以外，海上施工环境受海上气候环境影响极大，导致适合施工的窗口期短，施工周期长，构成建设成本的人、材及施工机具的成本也远高于岸上风电。

目前，缺乏先进的大型海上风力发电安装设备，施工经验也在积累阶段，导致各施工环节的费用在比例上远超陆上风力发电。

根据统计，目前实施的国内海上风力发电工程的单位投资是岸上风力发电工程投资两倍左右，而且随着离岸距离和深度的增加，投资增加更高。

5. 海上风力发电运行维护困难，运行维护成本高，设备相对可用率低

一方面，受海上盐雾、恶劣天气等多重不利环境影响，风力发电设备故障的概率大大增加；另一方面，同样受天气和海洋环境的影响，检修人员到达风力发电机组进行日常巡检的风险高、难度大，风力发电机组及其他设备一旦发生故障，维修周期加长，导致机组的可利用率降低，风电设备维修成本增加，设备修复时间延长，设备的可用率减少。

第二节　风力发电场主要系统及功能

一、风力发电主机

风力发电机组按风轮与发电机的机械连接方式及发电机转速分为直驱型、半直驱型以及高速机，按发电机类型可分为双馈感应发电机、同步感应发电机和异步感应发电机，按机械连接和发电机类型组合，风力发电机组目前主流的机型包括直驱（半直驱）式永磁型同步感应风力发电机组、双馈感应式风力发电机组和鼠笼感应式风力发电机组。

（一）直驱（半直驱式）永磁型风力发电机组

直驱式风力发电系统采用风轮直接驱动多极低速永磁同步发电机发电，通过功率变换电路将电能转换后并入电网。

直驱式风力发电机转子为永磁结构，无需外部提供励磁电流，在电气上省去了励磁装置及配套的电刷和滑环部件，机械上省去了传统风力发电机组的齿轮箱这一重要部件，降低了噪声，提高了发电机效率，减少了机组维护工作量，提高了发电系统的可靠性和整个机组的可用率。

但由于没有齿轮箱，发电机为低转速发电机，级数多，转子结构复杂，发电机本体体积和总量都增加很多。另外，作为发电机磁场的永磁材料需要稀土资源，价格受资源的影响大，具有不确定因素。直驱式永磁型风力发电机组外形示意图及电气连接示意图见图7-4。

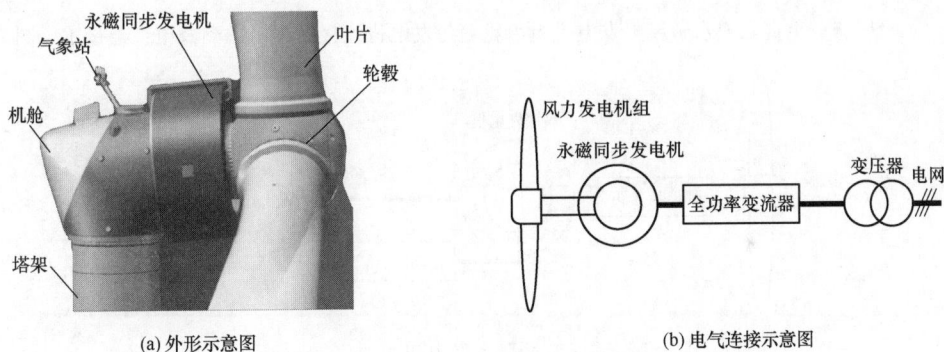

(a) 外形示意图   (b) 电气连接示意图

图 7-4　直驱式永磁型风力发电机组外形示意图及电气连接示意图

除直驱外，部分厂家也开发了半直驱式永磁风力发电机组，在发电机与风力发电机组轮毂之间增加一个一级齿轮箱，以提高发电机转速，减少发电机投资。

半直驱式永磁风力发电机组齿轮箱与发电机连接结构示意图及电气连接示意图见图7-5。

（二）双馈感应式风力发电机组（DFIG）

双馈发电机的定子绕组直接与电网相连，转子绕组通过变流器及电刷、滑环装置与电网连接，为发电机提供励磁电流，通过调节转子励磁电流的频率、方向保证发电机在不同的转速下实现恒频发电，满足用电负载和并网的要求。双馈风力发电机组电气连接图见图7-6。

相对于永磁直驱式机组，由于增加了齿轮箱和滑环电刷，降低了整个发电系统可靠性。

由于发电机制造成本低，且定子绕组可以与电网直接连接，减少了变流器设备的费用（变流器只有其他型式变流器的1/3），风力发电机组制造成本比永磁直驱式机组要低。

- 一级行星齿轮箱:9:1
- 发电机转速:190r/min
- 极数:72级

(a) 齿轮箱与发电机连接结构示意图

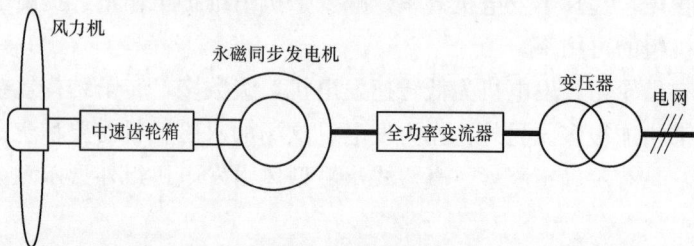

(b) 电气连接示意图

图 7-5　半直驱式永磁风力发电机组齿轮箱与发电机连接结构示意图及电气连接示意图

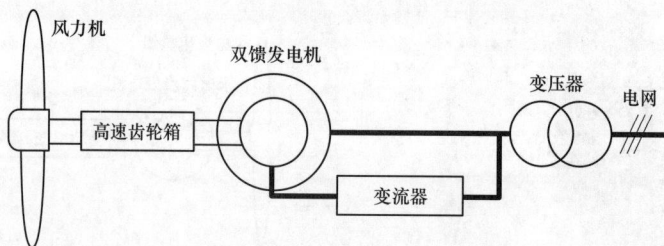

图 7-6　双馈风力发电机组电气连接图

（三）鼠笼感应式风力发电机组

　　相对于双馈风力发电机组，鼠笼感应式风力发电机组不需要电刷和滑环，可以提高风力发电机组的可靠性。

　　电源转换器为全容量电源转换器，与永磁直驱式相比，生产上不需要稀土材料，成本相对比较低。

　　齿轮箱增速比大，润滑油更换频繁，维护工程量大。鼠笼感应式风力发电机组电气连接图见图 7-7。

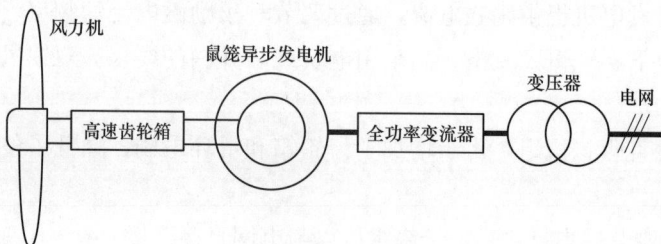

图 7-7　鼠笼感应式风力发电机组电气连接图

风力发电机组技术路线的选择，需要综合考虑项目对风力发电机组可靠性和经济性的要求确定，对岸上风力发电，由于安装和检修相对简单，设备选择上偏重考虑经济性的作用；对海上风力发电则更偏重机组可靠性对项目的影响。

二、集电线路

目前，国际国内市场投入运行的主力风力发电机组机端出口电压一般为 690V，为了更高效地将电能输送出去，风力发电场通常会采用两级或者三级升压后，将产生的电能输送到更高电压的高压电网。

每台风力发电机组通常会采用低压电缆连接风力发电机组单元升压变压器，升压至中压 10～35kV 电压，再根据风力发电场机位布置，以若干台风力发电机组为一组，通过汇流后输送到风力发电场升压变电站，示意见图 7-8。

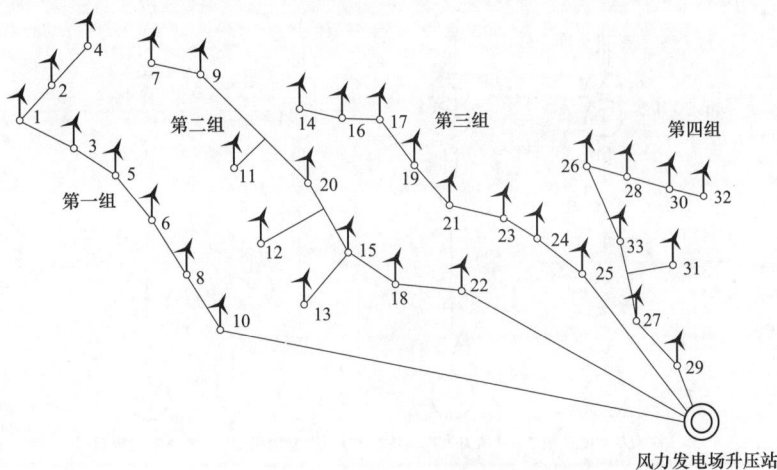

图 7-8 风力发电机组分组汇流送至风力发电场升压站示意图

集电线路以中压 10～35kV 电压等级，汇流每台风力发电机组产生的电能送到风力发电场变电站中压侧母线。

集电线路包括架空线路、电缆线路以及架空线路＋电缆线路的混合集电线路。

1. 架空线路

与常规同电压等级输电线路组成一样，主要构件由导线、架空地线和拉线、绝缘子、线路金具、杆塔、基础等组成，导体采用钢芯铝绞线，典型钢结构架空集电线路终端塔见图 7-9。

2. 电缆线路

采用中压电缆作为集电线路输电导体，中压电缆采用交联聚乙烯绝缘、聚氯乙烯护套带铠装电缆，为节约投资，高压电缆导体采用铝芯。

图 7-9 典型钢结构架空集电线路终端塔

3. 架空线路＋电缆线路

岸上风力发电场可根据风力发电场机位和

道路布置实际情况，采用混合型的架空线路＋电缆线路建设方案，其中每台风力发电机组的升压变压器高压侧环网柜采用电缆与室外的架空集电线路相连，架空集电线路与风电场变电站的中压配电装置也采用高压电缆连接岸上风电，因地制宜采用架空线路＋电缆线路的方式，可有效减少集电线路的总长度，节省工程投资。典型架空线路＋电缆线路连接示意图见图 7-10。

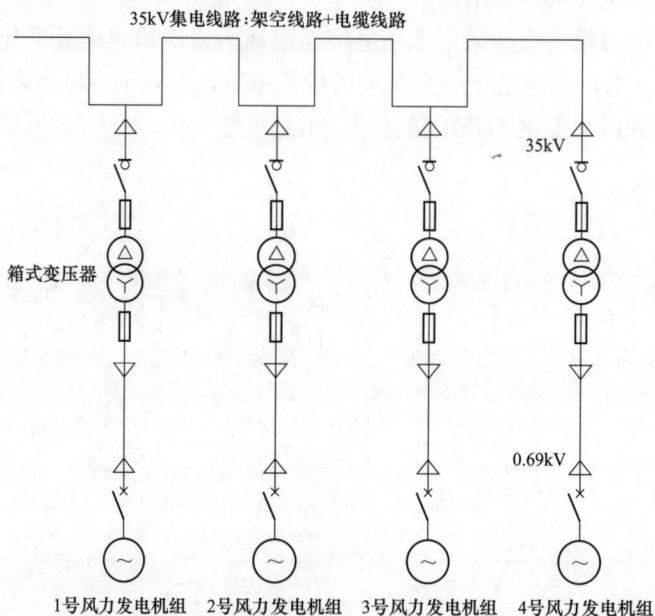

图 7-10　典型架空线路＋电缆线路连接示意图

对于岸上风力发电，集电线路有架空、电缆以及架空＋直埋电缆型式。

对于海上风力发电，集电线路采用海底电缆敷设方式。

三、风力发电场变电站

大型风力发电场的风力发电机组，通过单元升压变压器升高到 $10 \sim 35kV$ 电压经集电线路汇流后进入风力发电场变电站，在风力发电场变电站再一次升高电压至 $66kV$ 及以上的电压等级，通过高压输电线路输送到电网。

风力发电场变电站由变电站主变压器、高压/中压配电装置、无功补偿设备以及控制设备组成，典型风力发电场变电站电气一次系统图见图 7-11。

1. 变电站主变压器

风电场变电站主变压器，低压侧连接风电场的变电站中压配电装置，升压至高压后，连接到风电场高压配电装置，通过高压输电线路输送到电网。

风电场变电站主变压器根据风电场安装容量，可选用 1 台或 2 台变压器，当选用 1 台主变压器时，主变压器的容量要满足风电场最大运行条件下的输送能力；当选用

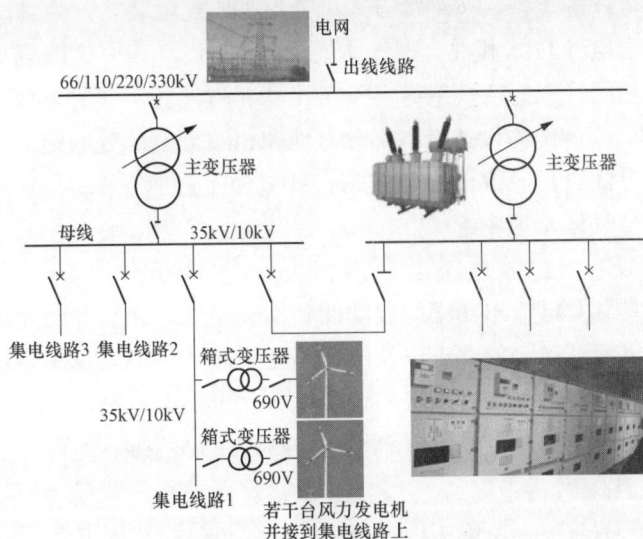

图 7-11　典型风力发电场变电站电气一次系统图

两台主变压器时，主变压器容量可选用按风电场最大输出容量的50%～70%选择主变压器的容量。风电场变电站主变压器如图7-12所示。

2. 变电站配电装置

风电场变电站配电装置包括中压10～35kV配电装置和66～220kV配电装置。

中压配电装置的主要功能是汇集

图 7-12　风电场变电站主变压器

风电场集电线路输送的电能，通过主变压器升高到电网高电压并注入到电力系统，中压配电装置采用户内成套配电装置。

风电场变电站中压成套配电装置如图7-13所示。

图 7-13　风电场变电站中压成套配电装置

高压配电装置与常规变电站高压配电装置一致，包括断路器、隔离开关、互感器、避雷器以及母线等设备,按绝缘方式来分,高压配电装置分为 AIS 空气绝缘配电装置、全封闭组合电气 GIS 和混合型气体绝缘的 HGIS。其中 AIS 高压配电装置设备带电部分对地和相间绝缘为空气绝缘,设备尺寸和占地相对较大,GIS 采用绝缘强度远高于空气的 SF_6 气体作为设备带电部分对地和相间带电部分的绝缘,具有安全性能好、占地面积小等优点,但价格相对较高,HGIS 的主母线采用空气绝缘,配电装置其他设备采用 SF_6 气体作为主绝缘。

3. 无功补偿设备

由于风电场具有发电输出功率的波动性和不确定性,导致并网点的功率因数不合格、电压偏移超出标准规定的要求以及电压闪变等涉及供电质量不合格的问题,需要配置合理的无功补偿设备以提高系统的稳定性,改善供电质量,风电场无功补偿设备的主要型式包括静态无功补偿装置(SVC)、静态无功发生器(SVG)。

4. 控制与保护设备

控制设备对全场的主要设备实现远方集中监视、控制。风电场变电控制室如图 7-14 所示。

图 7-14 风电场变电控制室

当电气系统发生故障时,继电保护系统电力自动装置将故障部分从系统中迅速切除,以达到缩小事故范围、减少故障损失、保证系统安全运行的目的。

风电场继电保护设备如图 7-15 所示。

图 7-15 风电场继电保护设备

第三节　风力发电场主机选型及主要技术参数

一、风力发电场主机选型

根据国内外风电场工程的经验，在风电场交通便利，风电机组技术可行、价格合理的条件下，单机容量越大，越有利于充分利用风电场土地，充分利用风电场的风力资源，整个项目的经济性就越好。

另外，任何一个特定的时间段内，风电机组的单位容量价格会随单机容量的变化，成 U 形分布，新推出的大功率风电机组，单位容量价格比较高，较小容量的机组，由于订货量的萎缩，单位容量价格也比较高，只有属于风电机组制造厂主推的成熟的产品，才具备比较低的单位容量价格，所以对于特定的时间段、一个特定的风电场，单机容量选择在某个确定的范围内才具备较高的经济性。

从运行角度上看，一段时间内投入的主力机型，是已经经过了时间检验的成熟产品，在建设和运行中积累了丰富的经验，使用该类有运行经验的机型可以有效降低项目的风险，提高运行的可靠性，以达到提高项目经济性的目的。

因此，在进行单机容量选择时，首先应确定一个适合于本项目的容量范围，然后在该范围内选择一种技术成熟、市场业绩良好、经济性较好的机型。

二、风力发电机组主要技术参数

反映风力发电机组技术性能的参数包括额定功率（kW）、叶轮直径（m）和风速参数。

1. 额定功率（kW）

额定功率是指风电机组在正常运行的外部条件下设计能达到的最大连续电输出功率，也就是通常所说的风电机组铭牌功率。

2. 风速参数

风力发电机组风速参数包括风力发电机组额定风速、切入风速和切除风速。

额定风速是指风力发电机组达到额定功率时轮毂高度处的无湍流稳态最小风速。

风力发电机组额定风速是风电机组设计的重要参数，直接影响风力发电机组的尺寸和成本，风电机组的额定风速取决于风电场的风能资源，既要考虑风电场的平均风速，又要考虑全年风速的频度。风电机组的额定风速，通常以风力发电机组获得最大能量为原则确定额定风速。

切入风速是指风力发电机组开始发电时轮毂高度处最小无湍流稳定风速。

切除风速是指风力发电机组设计所允许发电运行状态时轮毂高度处最大无湍流稳态风速。

3. 叶轮直径

风电机组叶轮直径 D 取决于风电机组额定功率以及额定风速，按下式确定。

$$D = 2\sqrt{\frac{2P}{C_{p}\rho\pi v_{1}^{3}\eta_{1}\eta_{2}}}$$

式中　P——风力发电机组的额定功率，kW；

$\quad\quad C_p$——风能利用系数，主要取决于叶片设计；

$\quad\quad \rho$——空气密度，kg/m^3；

$\quad\quad v_1$——风电机组额定风速，m/s；

$\quad \eta_1$、η_2——齿轮机效率和发电机效率。

三、典型产品和技术参数

风电市场早期主力发电机组在 1～2MW，随着风力发电技术的进步，为了进一步节省投资，提高风力发电项目投资的经济效益，机组大型化是风力发电的必然趋势，目前 3～4MW 的机组已经成为国内外风力发电市场主力机组，6～10MW 的风力发电机组已成为海上风力发电市场的主力机组。

3～5MW 等级的国外品牌风电机组主机主要技术数据见表 7-1。

表 7-1　　　　　　　　3～5MW 等级的国外品牌风电机组主要技术数据

制造厂型号	德国瑞能 Repower 5MW	维斯塔斯 Vestas V120	德国 Multibrid M5000	德国艾纳康 Enercon E-112	德国西门子 SIEMENS 3.6MW	美国通用 GE wind 3.6S
额定功率（MW）	5	4.5	5	4.5	3.6	3.6
转子直径（m）	126	120	116	114	107	104
齿轮箱级数	3	3	1	0	3	3
发电机类型	双馈	双馈	永磁	永磁	鼠笼	双馈

4MW 等级及以上主要用于海上风力发电的部分风电机组设备主要技术数据见表 7-2。

表 7-2　　　　　　　　海上风力发电的部分风电机组设备主要技术数据

制造商	功率等级（MW）	型号	叶轮直径（m）	轮毂高度（m）	发电机类型
金风科技	6.7	GW 154/6700	154	103（定制）	永磁同步
	6.45	GW 164/6450	164	104（定制）	
	6.45	GW 171/6450	171	108（定制）	
明阳智能	5.5	MYSE5.5-155	155	100	永磁同步
	7.0	MYSE7.0-158	158	100	
上海电气	4.0	SWT-4.0-120（130）	120（130）		鼠笼异步
	6.0	SWT-6.0-154	154	定制	永磁同步
	7.0	SWT-7.0-154			
湘电风能	4.0	XE140-4000	140	100（定制）	永磁同步
	5.0	XE128-5000	128	90（定制）	
华锐风电	5.0	SL5000	139、155、170	100、105、107	双馈异步
	6.0	SL6000	128、155	100、105	

制造商	功率等级 (MW)	型号	叶轮直径 (m)	轮毂高度	发电机类型
联合动力	6.0	UP6000-136	136	95	双馈异步
中国海装	5.0	H128 (151、171) -5.0	128、151、171	87、97、107	高速永磁
	6.2	H152-6.2	152	97	
东方风电	5.0	FD140-5000	140	90	双馈异步
太原重工	5.0	TZ5000/128 (154)	128、154	定制	高速永磁
远景	4.2	EN-4.2/136	136	定制	鼠笼异步
	4.5	EN-4.5/148	136	定制	

除 6MW 等级风力发电机组以外，为适应海上风力发电机组超长叶轮、超大容量的要求，国内外风力发电主要设备制造商把目标瞄准至 8～12MW，已经推出的机型包括西门子歌美飒的 SG8.0-167、SG10.0-193，单机容量分别为 8MW 和 10MW，叶轮直径为 167m 和 193m，维斯塔斯（Vestas）开发 V164-10MW，单机容量为 10MW，叶轮直径为 164m，东方电气推出最大单机容量 13MW 的风电机组，叶轮直径为 211m，GE 公司推出 Haliade-X，单机容量为 12MW，叶轮直径为 220m。

第四节 风力发电场主要技术指标

一、容量指标

容量包括风电场单机容量（MW）、台数和风电场总容量（MW）。

二、风资源指标

1. 平均风速（m/s）

统计周期（年）内场内代表性测风塔瞬时风速的平均值。

2. 风功率密度（W/m^2）

统计周期（年）内风电机组轮毂高度处风能在单位面积上所产生的平均功率。

风功率密度等级是风资源评估最重要的指标，根据 GB/T 18710《风电场风能资源评估方法》，按照风电场风功率密度数据，风电场密度等级分为 1～7 级，其中 1～2 级具有可开发价值，3 级以上包括较好、好、很好 5 级，见表 7-3。

表 7-3　　　　　　　　　　　　　风功率密度等级表

风功率密度等级	10m 高度		30m 高度		50m 高度		应用于并网风力发电
	风功率密度（W/m^2）	年平均风速参考值（m/s）	风功率密度（W/m^2）	年平均风速参考值（m/s）	风功率密度（W/m^2）	年平均风速参考值（m/s）	
1	<100	4.4	<160	5.1	<200	5.6	
2	100～150	5.1	160～210	5.9	200～300	6.4	

风功率密度等级	10m 高度		30m 高度		50m 高度		应用于并网风力发电
	风功率密度 (W/m²)	年平均风速参考值 (m/s)	风功率密度 (W/m²)	年平均风速参考值 (m/s)	风功率密度 (W/m²)	年平均风速参考值 (m/s)	
3	150～200	5.6	240～320	6.5	300～400	7.0	较好
4	200～250	6.0	320～400	7.0	400～500	7.5	好
5	250～300	6.4	400～480	7.4	500～600	8.0	很好
6	300～400	7.0	480～640	8.2	600～800	8.8	很好
7	400～1000	9.4	640～1600	11.0	800～2000	11.9	很好

3. 有效风能利用小时 (h)

统计周期 (年) 内风电机组轮毂高度处风速介于风电机组切入和切除之间的累计小时数。

三、电量指标

1. 年发电量 (MWh)

风电机组发电量:风力发电机组出口处的年输出电能。

风电场发电量:每台风电机组全年发电量的总和。

发电量依据风电机组制造厂提供的风功率特征曲线,结合风资源数据和风电场布置,通过专门的计算软件计算确定,用于项目前期开发的发电量计算,要考虑各类不利因素的折减。

2. 年上网电量 (MWh)

年上网电量为风电场关口表计量处风电场一年内向电网输送的电能总和,等于风电场年发电量扣除风电场设备和导体损耗及自用电。

3. 风电场等效年利用小时

风电场发电量折算到该风电场全部装机满负荷运行条件下的发电小时数,为年发电量除以风电场额定装机容量。

4. 风电场容量系数

风电场统计周期 (年) 内的平均输出功率与风电场装机容量的比值。

5. 风功率曲线

风功率曲线由风电机组制造商根据设计提出并提供保证,是风电场电量指标相关联的重要保证数据。

四、可用率指标

1. 机组可用率

机组可用率计算式为

$$A_i = \left(1 - \frac{B_i - D_i}{T - D_i}\right) \times 100\%$$

式中 A_i——第 i 台风电机组的可用率;

B_i——第 i 台风电机组的总停机小时数；

D_i——非第 i 台风电机组自身责任引起的停机小时数；

T——统计周期内的日历小时数。

非自身责任引起的停机小时数包含：

（1）电网故障导致的停机小时数。

（2）气象条件超出设计条件使机组停机的小时数。

（3）风电场其他电气设备故障或维修导致机组停机的小时数，机组合理维修时间，每年不超过 80h。

（4）不可抗力因数导致的停机时间数。

根据中国电力企业联合会统计数据，国内投产的风力发电机组可用率在 95% 以上。

2. 风电场可用率

风电场可用率 A_e 计算式为

$$A_e = \left[1 - \frac{\sum\limits_{i=1}^{N} P_i T_i}{P_w \times T} \right] \times 100\%$$

式中　P_i——第 i 台风电机组统计周期（年）内故障和维修引起的停机机组容量；

　　　T_i——第 i 台风电机组统计周期（年）内故障和维修引起的停机小时数；

　　　P_w——风电场总容量。

五、主要技术指标案例

1. 岸上风力发电

某岸上风力发电，根据测风塔数据计算的风电场总体风资源分布，90m 轮毂高度年平均风速为 5.63m/s，年平均风功率密度为 245W/m²，选用 34 台单机功率为 2MW 的风机发电机组，风电场总安装容量为 68MW，风电场主要技术指标见表 7-4。

表 7-4　　风电场主要技术指标

序号	名称		单位	数量	备　注
1	容量	单机容量	MW	2	
		台数	台	34	
		风电场安装总容量	MW	68	
2	风资源	年平均风速	m/s	5.63	90m 轮毂高度均值
		风功率密度	W/m²	245	
3	机型	叶轮直径	m	115	
		轮毂高度	m	90	
		切入风速	m/s	3	
		切除风速	m/s	22	
		额定风速	m/s	9	

序号		名称	单位	数量	备　注
4	电量指标	年发电量	MWh	203 000	理论
		年上网电量	MWh	142 930	
		年利用小时数	h	2102	
		容量系数		0.24	

2. 海上风力发电

某海上风力发电，根据场区测风塔数据及其分析，100m 轮毂高度年平均风速为 7.74m/s，年平均风功率密度为 485W/m^2，选用 38 台单机功率为 4MW 的风力发电机组，风电场总安装容量为 152MW，风电场主要技术指标见表 7-5。

表 7-5　　　　　　　　　　　　　风电场主要技术指标

序号		名　　称	单位	数量	备　注
1	容量	单机容量	MW	4	
		台数	台	38	
		风电场安装总容量	MW	152	
2	风资源	年平均风速	m/s	7.74	90m 轮毂高度均值
		风功率密度	W/m^2	485	
3	机型	叶轮直径	m	146	
		轮毂高度	m	100	
		切入风速	m/s	3	
		切除风速	m/s	25	
		额定风速	m/s	10	
4	电量指标	年发电量	MWh	654 970	理论
		年上网电量	MWh	4 240 600	
		年利用小时数	h	2790	
		容量系数		0.318	

第五节　风力发电行业发展状况

一、国内外风力发电行业发展情况

作为一种清洁可再生能源，利用风力发电具有巨大的环境效益，全球范围内风能资源丰富，日益受到世界各国的重视并制定相关政策和法律法规，支持行业的发展，根据 GWEC 数据，2021 年全球风电累计装机量达到 837GW，同比 2020 年增长 12.80%，据国家能源局数据，2021 年我国风电累计装机容量达到 328.5GW，同比增长 16.7%，增速快于全球，风电累计装机容量占全球 39.2%。2016—2021 年全球及中国风电累计装机容量如图 7-16 所示。

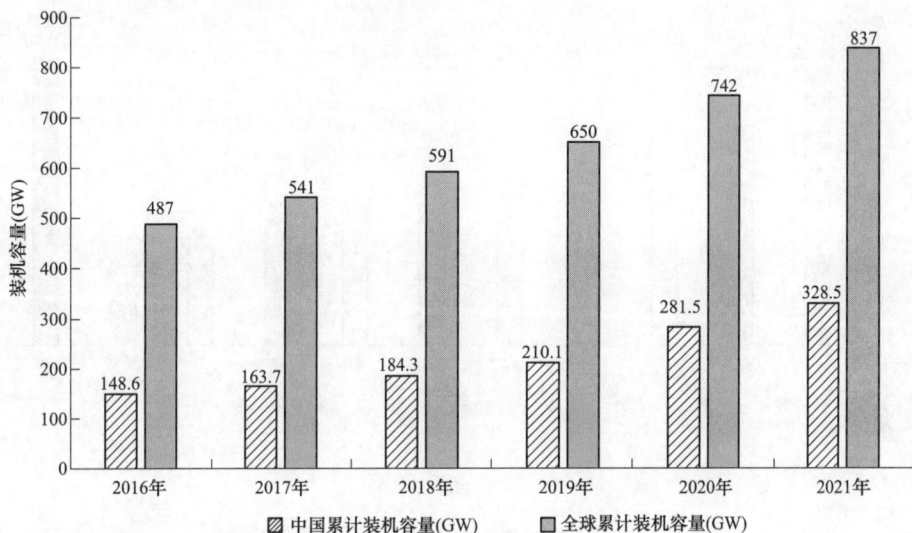

图 7-16 2016—2021 年全球及中国风电累计装机容量

由于海上风力发电相对岸上风力发电，具有更加优越的环境和资源优势，在风力发电技术进步的带动和政府鼓励下，近年来全球风力发电市场快速扩张，2021 年全球海上风电累计装机容量达到 57GW，我国海上风电累计装机容量为 26.39GW，未来将逐步成为风电开发主流市场。2016—2021 年全球及中国海上风电累计装机容量如图 7-17 所示。

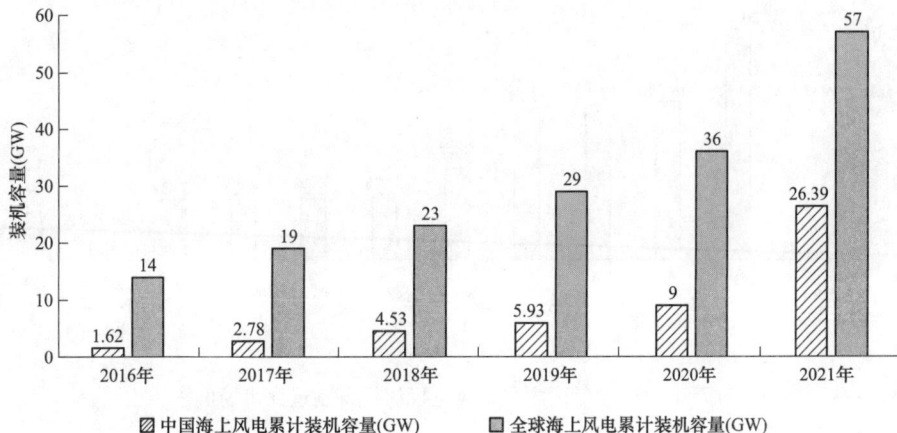

图 7-17 2016—2021 年全球及中国海上风电累计装机容量

二、风力发电站主要设备制造商

从全球市场看，2021 年全球整机制造行业集中度不高，国外风电市场份额最高的三巨头为维斯塔斯（Vestas）、西门子歌美飒、GE 公司，市场份额分别为 12.1%、8.7% 和 8.4%，国内进入市场份额比较靠前的厂家有金风科技、远景能源、运达股份和明阳智能，市场占有率分别为 12.1%、8.5%、7.8% 和 7.6%。2021 年全球主要风电机组制造商市场份额如图 7-18 所示。

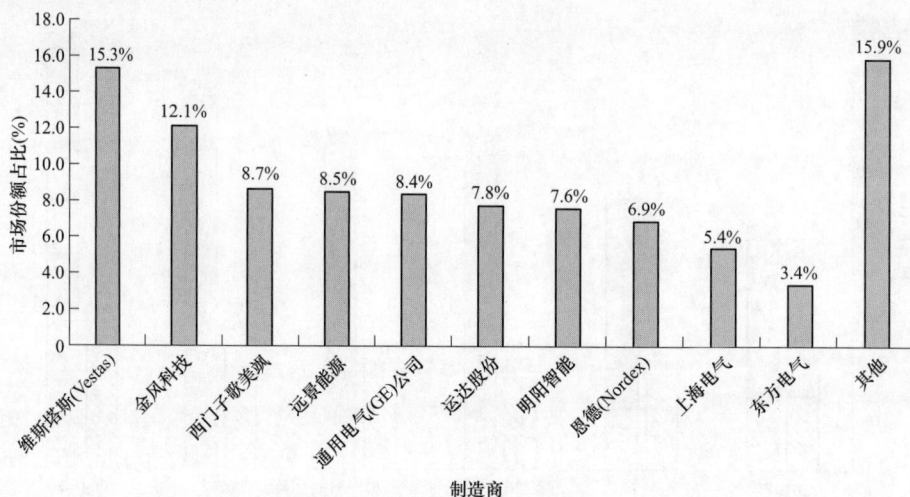

图 7-18　2021 年全球主要风电机组制造商市场份额

从国内市场来看，行业集中度高，市场份额前 5 的制造商分别为金风科技、远景能源、运达股份、明阳智能和上海电气，分别市场占比 20.4%、14.0%、13.7%、13.5%、9.3%。

2021 年国内主要风电机组设备制造商市场份额如图 7-19 所示。

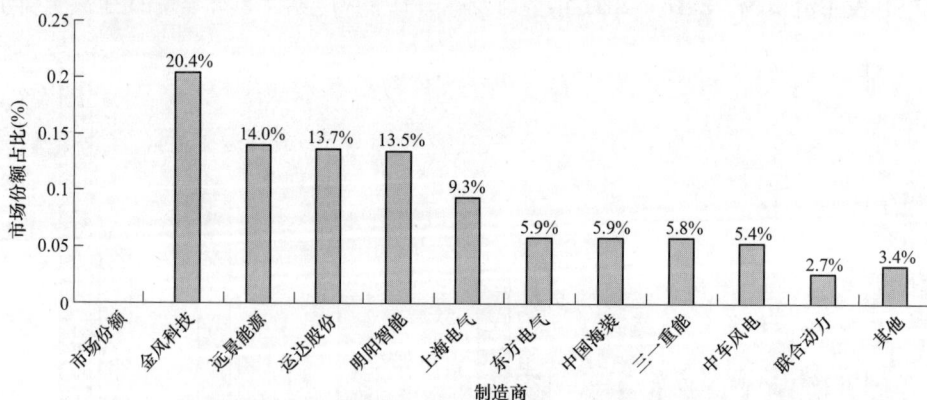

图 7-19　2021 年国内主要风电机组设备制造商市场份额

三、风力发电行业未来发展趋势

1. 海上风力发电成本持续下降，未来将成为主要的风电市场

根据 IRENA 数据，2010 年海上风力发电 LCOE 平均约为 0.162 美元/kWh，2020 年已降低至 0.084 美元/kWh，其中中国从 0.178 美元/kWh 降低至 0.084 美元/

kWh，与国际平均水平相当，现阶段漂浮式海上风电机组 LCOE 较高，2019 年约为 0.16 美元/kWh，预计未来也会持续快速下降，根据 WindEurope 预测，由于涡轮机尺寸和容量系数的增加以及风电场安装和运营方式的优化，未来 30 年海上风电成本将继续大幅下降，其中欧洲固定式风电机组 2050 年较 2020 年下降 57%，漂浮式风电机组下降 78%。

2. 风电机组大型化趋势显著

风电机组平均容量近年呈现持续增长态势。以欧洲为例，根据数据，2020 年欧洲风电机组平均容量达到 8.2MW，2020 年运行的海上风电项目中其中 2/3 的项目风电机组容量要高于此平均值，预计未来风电机组容量将持续增长，根据全球风能理事会（GWEC）的预测，海上风电机组容量在 2025 年将达到 15～17MW，海上风电机组大型化将带来成本的降低。根据推算，对于 1GW 海上风电项目，采用 14MW 风电机组将比采用 10MW 风电机组节省 1 亿美元的投资，下一代风电机组将在 2030 年之前出现，功率达到 20MW 左右。

3. 海上风力发电逐步走向深远海，漂浮式风力发电基础应用将更加成熟

根据数据，2020 年欧洲在建海上风电场平均水深为 36m，在建水深最深的风电场是 67m 水深的英国 Kincardine 浮式项目和拥有 100m 水深的葡萄牙 Wind float Atlantic 浮式项目，目前英国在建的 Moray East 平均水深 45m。

随着海上风电项目离岸距离和水深的增加，漂浮式风力发电技术在 2016 年后逐渐由样机走向了小批量，未来在技术上将逐步成熟。

第八章

生活垃圾发电

第一节 生活垃圾的特性

一、生活垃圾的物理化学特性

生活垃圾是指人们在日常生活中或为日常生活提供服务的活动中产生的固体废物，以及法律、行政法规规定视为生活垃圾的固体废物，主要包括民生日常垃圾、集市贸易和商业垃圾、公共场所垃圾、街道清扫垃圾及企事业单位垃圾等，其主要成分包括厨余物、废纸、废塑料、废织物、废金属、玻璃、陶瓷碎片、灰渣、家具、庭园废物等。

生活垃圾的性质主要包括物理性质、化学性质和感官特性等。

1. 物理特性

物理特性与垃圾成分组成有密切关系，常用组分、含水率、密度和尺寸来表示。

2. 化学性质

化学性质包括挥发分、灰分、灰熔点、元素组成、固定碳和发热量等，这些参数不仅反映了垃圾的化学性质，也是选择垃圾加工处理、回收利用方法的依据。

3. 感官特性

感官特性指垃圾的颜色、臭味、腐败程度等，可通过感官直接判断。

二、生活垃圾成分分析

1. 工业成分分析

测定垃圾中水分、可燃质和灰分的质量百分比，且使用收到基，即垃圾入厂时成分。进行垃圾分析时，常在垃圾收集过程中或填埋场进行取样分析，其分析的数据与实际使用时会有所区别，且垃圾进入储料坑后由于渗沥液排出、泥土堆积和堆酵效应，垃圾热值会有 10%～20%变化，因此，必须注明垃圾成分的基准或取样条件，不能简单地认为垃圾成分是变化的。

2. 元素成分分析

元素成分主要有碳（C）、氢（H）、氧（O）、氮（N）、硫（S）、氯（Cl）、灰分（A）、水分（M）等组成，常用下式表示，即

$$C+H+O+N+S+Cl+A+M=100\%$$

3. 发热量

发热量是指单位质量的垃圾完全燃烧所产生的热量，单位为 kJ/kg，燃料发热量有高位发热量和低位发热量。垃圾的发热量可由氧弹仪测定，也可根据化学成分含量进行计算，即

$$Q_{\mathrm{v}} = 348\frac{\mathrm{C}}{100} + 939\frac{\mathrm{H_2}}{100} + 105\frac{\mathrm{S}}{100} + 63\frac{\mathrm{N_2}}{100} - 108\frac{\mathrm{O_2}}{100} - 25\frac{\mathrm{H_2O}}{100}$$

一般认为，低位发热量小于 3300kJ/kg 的垃圾不宜采用焚烧处理，介于 3300～5000kJ/kg 的垃圾可以采用焚烧处理，大于 5000kJ/kg 的垃圾适宜采用焚烧处理。

4. 灰渣和灰熔点

对垃圾而言，一般把直接从燃烧室（炉膛）排出的灰分称为炉渣，从烟气净化系统收集的灰分称为飞灰。因为灰是各成分组成的复杂化合物或混合物，所以没有固定的熔点，当受热时，会由固态逐渐向液态转化，这种转化特性称为灰的熔融性，是燃烧设备选型的一个重要参数。

第二节　生活垃圾产量的测算方法

一、采样点的选择和确定

应根据所调查区域的服务人口数量确定最少采样点数，具体见表 8-1。

表 8-1 生活垃圾采样点的数量

人口数量 N（万人）	$N<50$	$50\leqslant N<100$	$100\leqslant N<200$	$N\geqslant200$
最少采样点数（个）	8	16	20	30

应根据调查区域内各功能区及类别区的分布、生活垃圾产生量现状设置采样点的分布，并确保各功能区均设有采样点，所有采样点涵盖的总人数宜不少于调查区域内总人数的 1%。生活垃圾产生量调查宜以年为周期，采用频率宜每月 1 次，同一采样点的采样间隔时间宜大于 10 天。调查周期小于一年时，可增加采样频率，同一采样点的采样间隔宜不少于 7 天，为保证采样的代表性，全年宜有 2～3 次采样在节假日进行。在调查周期内，地理位置发生变化的采样点数不宜大于总数的 30%。

一般需要近 5 年的统计数据作为基数。对于国内大型城市，垃圾年增长率按 10% 测算，中小县市垃圾年平均增长率按 5% 测算。

二、生活垃圾产生量计算方法

采样点生活垃圾日产生量统计包括称重法和容量法，可根据实际情况选用。

1. 称重法

对于便于直接称重的生活垃圾，宜采用称重法现场统计生活垃圾产生量，即

$$y_m = \sum_{n=1}^{N} Y_{mn}/N$$

式中　y_m——第 m 个采样点生活垃圾日产生量，kg/日；

　　Y_{mn}——第 m 个采样点第 n 次采样现场称重的生活垃圾产生量，kg/日；

　　N——第 m 个采样点的采样频率，次。

2. 容量法

对不便直接称重的生活垃圾，可采用容量法测量，即

$$y_m = \sum_{n=1}^{N} \rho_{mn} Vmn / N$$

式中　ρ_{mn}——第 m 个采样点第 n 次采样的生活垃圾容量，kg/m³；

　　　V_{mn}——第 m 个采样点第 n 次采样的生活垃圾体积，m³/日。

人均生活垃圾日产生量为调查区域的生活垃圾日产生量除以调查区域的服务人口数量（为常住人口，包括户籍常住人口和无户籍但实际在此住半年以上的流动人口），单位为人。

3. 人均垃圾产量估算法

垃圾年产生量计算式为

$$W = 10 \cdot q \cdot n$$

式中　W——垃圾年产生量，t/d；

　　　q——生活垃圾人均日产生量，kg/（人·d）；

　　　n——规划期服务人口，万人。

垃圾实际处理量计算式为

$$Q = W \times K$$

式中　Q——垃圾实际处理量，t/d；

　　　W——垃圾产生量，t/d；

　　　K——生活垃圾收集率，％。

第三节　生活垃圾发电的技术路线

目前，利用生活垃圾发电主要有 5 种技术路线，即直接焚烧、热解气化、气化熔融、沼气发电、耦合发电。

1. 直接焚烧

直接焚烧发电是指垃圾直接在焚烧炉内燃烧，利用燃烧产生的热量，加热余热锅炉中的水，产生的水蒸气驱动汽轮发电机组发电或供热。

2. 热解气化

热解气化是指垃圾在热解气化炉中，在无氧或少氧的状态下产生可燃气体，可燃气体送入燃气轮机或者余热锅炉燃烧，利用产生的热量来发电或者供热。

3. 气化熔融

气化熔融是指在把垃圾的有机成分气化的同时，把无机成分熔融处理，得到可燃气体并回收金属、熔融渣等有用物质。

4. 沼气发电

沼气发电是指将垃圾填埋场的沼气收集起来，经过提纯、脱水、脱硫等净化措施后，将可燃气体送入燃气轮机或者余热锅炉燃烧，利用产生的热量来发电或者供热。

5. 耦合发电

耦合发电是近年来兴起的一种新的垃圾发电理念，主要有以下两种方式：一是垃坂在燃煤电厂的锅炉中与燃煤混合燃烧，共同产生蒸汽进行发电；二是垃圾焚烧余热锅炉产生的蒸汽接入临近的火力发电厂的热力系统中，通过火力发电厂的汽轮发电机组发电，这样垃圾焚烧厂只需建设焚烧系统，不用安装汽轮发电机组。

以上几种生活垃圾发电的技术路线，以直接焚烧应用最为广泛，是一种得到公认的主流技术，在今后相当长的一段时间里，将是生活垃圾资源化利用的主要方式。热解气化和气化熔融虽然污染物产生量少，具有一定的环保优势，但是因为受一些边界条件制约，如处理规模小、处理速度慢、运行成本高，所以发展比较缓慢。沼气发电和耦合发电目前在我国应用较少。

第四节　生活垃圾焚烧发电技术

一、工艺流程及主机参数选择

（一）生活垃圾焚烧发电工艺流程

垃圾焚烧发电的基本原理与常规燃煤发电的原理相同，但生产工艺流程略有差异。垃圾焚烧发电厂的锅炉、汽轮机、发电机三大主机设备的容量较小、参数较低，热力系统相对简单。垃圾焚烧发电厂主要由垃圾焚烧系统、汽水系统、电气系统、烟气处理系统、灰渣处理系统、水（给排水和化学水）系统和控制系统等组成。

生活垃圾收集后，由运输车辆运至垃圾焚烧发电厂，经地磅称重后，垃圾被卸到垃圾坑内，垃圾在坑内经过堆放发酵后，被垃圾吊送入焚烧炉给料斗，给料斗内的垃圾被推料器推送到焚烧炉排上，垃圾在炉排上燃烧，产生火焰及高温烟气，焚烧炉水冷壁吸收烟气辐射热，将锅水加热成饱和蒸汽，饱和蒸汽和水的混合物进入汽包，在汽包内经过汽水分离的饱和蒸汽进入过热器，被进一步加热后变成过热蒸汽，过热蒸汽进入汽轮机后不断膨胀做功，推动汽轮机叶片，带动汽轮机转子高速转动，汽轮机转子带动发电机转子转动，发电机转子转动切割磁力线产生电流。

垃圾焚烧所需的空气由一、二次风机提供，来自不同的地方：一次风通常来自垃圾坑；二次风来自锅炉间或者也可以来自垃圾坑，目前也有部分垃圾焚烧发电厂利用烟气再循环代替部分二次风，烟气再循环的使用可以降低氮氧化物的生成，还可以减少总的空气量，减少风机电耗。

在汽轮机中做过功的蒸汽进入凝汽器中被凝结成水，并经过凝结水泵升压后进入加热器和除氧器中进行加热、热力除氧，之后再经过给水泵升压后送入余热锅炉，经余热锅炉加热后成为过热蒸汽，由此完成了一个完整的热力循环。

垃圾焚烧产生的烟气经过脱硫、脱硝、除尘和去除重金属及二噁英，净化后被引入烟囱排入大气，炉渣经出渣机、渣坑后被运至厂外综合利用，飞灰经稳定化、固化后运至填埋场填埋，垃圾产生的渗滤液经收集后送至厂内的渗滤液处理站进行集中处理，处理后的水可回收再利用。

生活垃圾焚烧发电厂的工艺流程如图 8-1 所示。

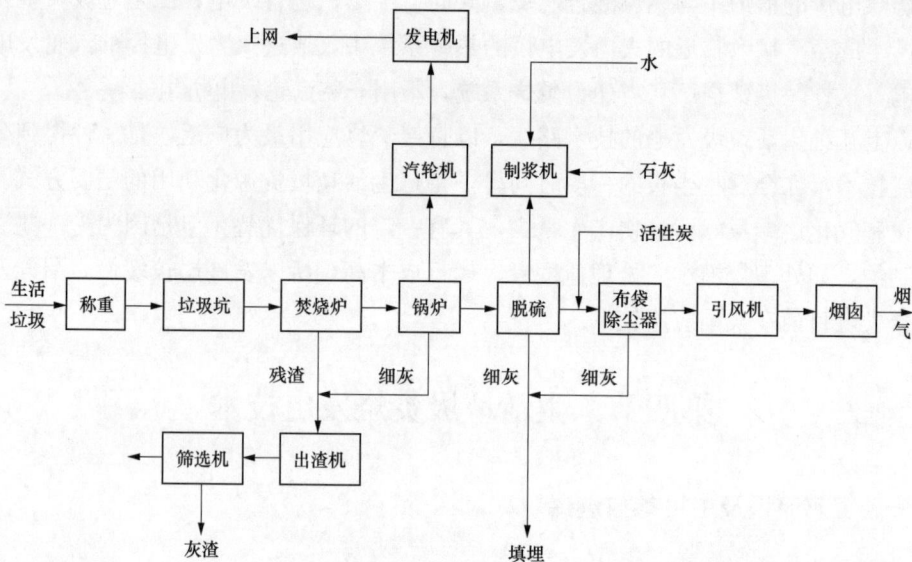

图 8-1　生活垃圾焚烧发电厂的工艺流程

（二）生活垃圾焚烧发电主机参数选择

1. 概述

生活垃圾焚烧发电热力系统通过提高主蒸汽参数可以有效提高热效率。对于典型的垃圾焚烧电厂来说，主要采用的蒸汽参数有中温中压（4.0MPa、400℃）和中温次高压（5.3MPa、450℃或6.5MPa、450℃）。与中温中压参数相比，采用中温次高压参数，垃圾焚烧发电机组理论热效率可提高约 2.5％。对于理想朗肯循环，理论计算表明，主蒸汽温度每提高 10℃，循环效率提高约 0.15％；蒸汽压力每提高 0.1MPa，循环热效率提高约 0.07％。但垃圾焚烧产生的烟气中含有大量的氯化氢气体和灰分，它们会使余热锅炉的受热面发生高温腐蚀，从高温腐蚀的机理来看，过高的锅炉参数会加大设备的腐蚀程度。

2. 锅炉用钢管材质规定

锅炉的材质选用应遵循有关的规定，TSG G0001—2012《锅炉安全技术监察规程》释义规定的锅炉用钢管材质见表 8-2。

表 8-2　　　　　　　　　　　　　　　锅炉用钢管材质

钢号	标准号	适用范围		
		用途	工作压力（MPa）	工作温度（℃）
20G	GB/T 5310《高压锅炉用无缝钢管》	受热面管子	不限	≤460
		集箱、管道		≤430
20MnG、25MnG		受热面管子		≤460
		集箱、管道		≤430
15Ni1MnMoNbCu		集箱、管道		≤450
15MoG、20MoG		受热面管子		≤480

3. 金属的腐蚀速度和锅炉参数的关系

垃圾焚烧产生的烟气中含有大量的氯化氢等腐蚀性气体和灰分，余热锅炉的高温腐蚀比燃煤电厂锅炉要严重得多，在管壁温度达到 320℃以后，烟气中有氯化氢存在的情况下，腐蚀速度随着温度的提高而增加，当管壁温度达到 450℃以后，腐蚀速度迅速增加。锅炉受热面管壁温度与金属腐蚀速率的关系曲线见图 8-2。

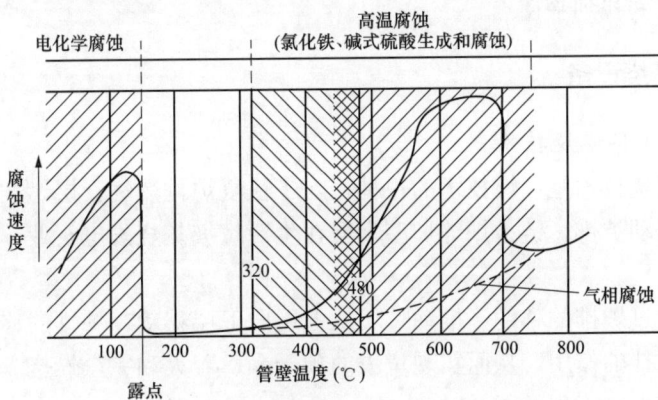

图 8-2　锅炉受热面管壁温度与金属腐蚀速率的关系曲线

4. 提高主蒸汽参数的负面影响

根据以上论述可知，提高主蒸汽参数，对锅炉会产生以下的负面影响：

（1）加快受热面的腐蚀速度。提高锅炉的主蒸汽温度和压力，在烟气中含有氯化氢的情况下，锅炉水冷壁和蒸发器、过热器的管壁会加剧腐蚀，影响锅炉系统的运行可靠性，进而影响全厂的安全、稳定运行。同时，增加锅炉系统维护和检修工作量。

（2）增加锅炉造价。从设备投资角度来看，由于提高了主蒸汽参数，使热力系统的承压部件材料等级提高，壁厚增加，制造成本增加，从而增加了锅炉设备的初投资。总的来说，垃圾焚烧余热锅炉采用中温次高压参数比采用中温中压参数的造价提高 30％左右。

5. 垃圾焚烧发电厂锅炉参数的选择

国外一些发达国家的垃圾焚烧发电起步较早，积累的运行经验较多。在国外，垃圾焚烧发电厂的主蒸汽参数以中温中压为主，即 400℃/4.0MPa。近年来，随着对能源转化效率的关注，有些新建的垃圾焚烧发电厂选择了中温次高压参数，即 450℃/6.5MPa。2016 年建成的丹麦哥本哈根垃圾焚烧发电厂选择了中温次高压参数，全厂热效率达到 27％。

国内早期建设的垃圾焚烧发电厂为了防止锅炉的高温腐蚀，基本都参照国外经验，选择中温中压参数，主蒸汽参数为 400℃/4.0MPa，锅炉给水温度为 130℃，省煤器出口烟气温度为 180～220℃，全厂热效率在 23％左右。

近年来，国内有些垃圾焚烧发电厂也开始选择中温次高压参数，锅炉出口蒸汽参数为 450℃/6.5MPa，全厂热效率可以提高到 27％左右。还有的垃圾焚烧发电厂开始尝试采用蒸汽再热技术，采用蒸汽再热的热力系统，全厂热效率可以提高到 28％

以上。

合理选择垃圾焚烧发电厂的主蒸汽参数是一项复杂的技术经济问题，因为主蒸汽参数与电厂的热效率、设备的可靠性、设备的制造成本、运行费用等因素相关，应综合考虑，进行全面的技术经济分析比较后才能确定。在选择垃圾焚烧发电厂的主蒸汽参数时，既要保证电厂的运行效率，又要考虑电厂长期的运行可靠性和安全性，在经济性和可靠性之间找到平衡点。

二、垃圾焚烧设备

（一）往复炉排燃烧技术

往复炉排燃烧技术是层燃技术的一种，除了往复炉排燃烧，层燃技术的炉型还包括滚动炉排、振动炉排、链条炉等炉型，但在生活垃圾焚烧发电行业，往复炉排的应用最为广泛。

往复炉排通过炉排的移动，推动垃圾从上层向下层移动，炉排的移动对垃圾起到切割、翻转和搅拌的作用，从而实现垃圾的预干燥、着火和完全燃烧。采用炉排燃烧技术的垃圾焚烧发电流程见图8-3。

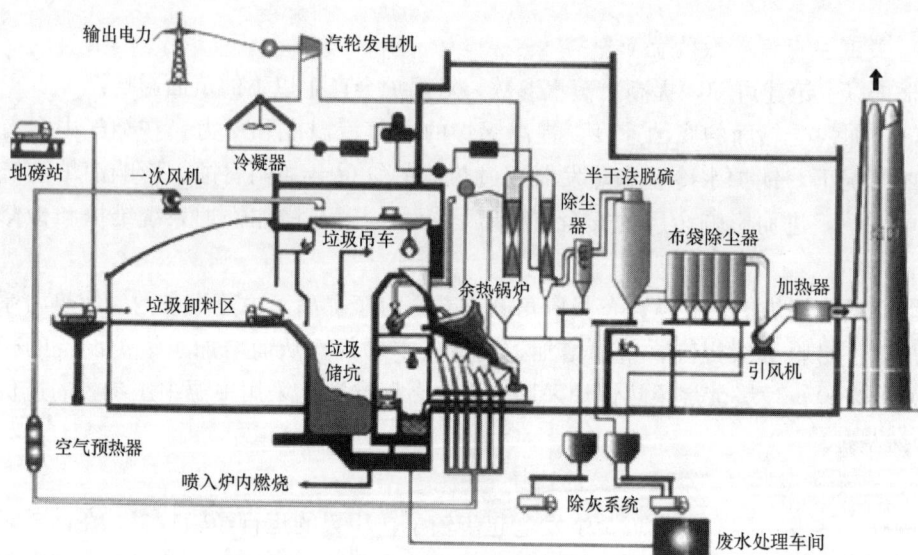

图8-3　采用炉排燃烧技术的垃圾焚烧发电流程

往复炉排对垃圾的适应性强，垃圾无需预处理，运行可靠，连续运行时间可达7800h以上，垃圾处理能力大，单台处理能力可达1200t/d，维修工作量相对较低。但往复炉排占地面积大，设备投资相对较高。

往复炉排燃烧技术在未来相当长的时间内将是垃圾焚烧发电的主流技术，其未来的发展方向是大型化、高效率、对低热值垃圾更好的适应性、更高的设备可靠性及更高的运行自动化。

以国内某生产厂家的处理能力为300t/d的垃圾焚烧炉排为例，其主要设计参数和结构参数见表8-3和表8-4。

表 8-3 焚烧炉主要设计参数

序号	项目	单位	数据
1	焚烧装置炉排型式	—	炉排型
2	每台焚烧炉额定处理量	t/d	300
3	进炉垃圾低位发热量设计值	kJ/kg	最高 9900
			设计点 7500
			最低 4500
4	焚烧炉最大处理能力	t/d	330
5	焚烧炉处理负荷调节范围	%	60~110
6	蒸汽空气预热器进口风温	℃	15
7	焚烧炉过量空气系数	—	1.9
8	一次风温度	℃	230
9	二次风温度	℃	166
10	炉膛中心温度	℃	1048
11	烟气停留时间（烟气温度≥850℃时）	s	大于 2
12	热灼减率	%	≤3
13	焚烧炉和余热锅炉整体热效率	%	≥80

表 8-4 焚烧炉主要结构参数

序号	项目	单位	数据
1	装置型式	—	逆推式机械炉排炉
2	炉排列数	列	2
3	炉排行数	行	19
4	炉排倾斜角度	(°)	24
5	炉排总长度	m	9.745
6	炉排宽度	m	5.4
7	炉排总面积	m²	52.6
8	额定焚烧处理量	t/h	12.5
9	炉排机械负荷	kg/(m²·h)	237.6
10	炉排热负荷	kJ/(m²·s)	495.1
11	垃圾在炉排上的停留时间	h	1.5~2.5

（二）循环流化燃烧技术

垃圾焚烧发电厂所采用的循环流化床锅炉与燃煤电站中使用的循环流化床锅炉类似，炉床由多孔布风板组成，炉床上铺有床料，从炉底鼓入热风，使床料呈沸腾状态。用燃烧器加热床料，当床料达到一定温度后投入垃圾，垃圾被干燥，进而着火燃烧，大量未燃尽的炽热物料被气流带出炉膛，进入分离器，然后被分离下来重新送入炉膛，再次经历燃烧过程，进而建立起大量物料颗粒的稳定循环。采用循环流化床燃烧技术的垃圾焚烧发电流程见图 8-4。

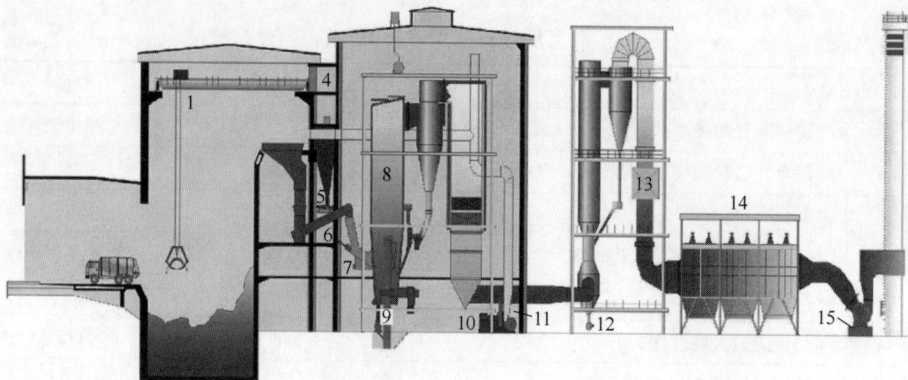

图 8-4　采用循环流化床燃烧技术的垃圾焚烧发电流程

1—抓斗天车；2—垃圾储池；3—破碎机；4—给煤筒；5—给煤机；6—给料机；7—干燥床；8—焚烧炉；9—烟灰滚送机；10——次风机；11—二次风机；12—烟气除污装置；13—活性炭喷射器；14—袋式除尘器；15—引风机

（三）回转窑燃烧技术

回转窑垃圾焚烧炉与水泥工业的回转窑类似，垃圾的干燥、着火、燃烧、燃尽都在通体内完成。

回转窑本体是一个旋转的滚筒，滚筒倾斜放置，其内壁采用耐火材料砌筑，垃圾由滚筒一端送入，滚筒缓慢转动，垃圾靠重力作用缓慢落下，垃圾在桶内翻滚时可以与空气和高温烟气充分混合，热烟气对垃圾进行干燥和加热，垃圾在达到着火温度后燃烧，随着筒体滚动，垃圾翻滚并向下向前移动，燃尽的炉渣在筒体末端的出渣口排出。在燃烧过程中，可调节筒体的转速，以调节垃圾在筒体内的停留时间。

回转窑焚烧技术多用于处理成分复杂、有毒有害的工业废弃物和医疗垃圾，在生活垃圾焚烧发电领域应用较少。

回转窑垃圾焚烧装置投资低，厂用电消耗与其他焚烧方式相比也比较少，但对低热值、高水分的垃圾适应性差，另外回转窑的处理量也比较小。采用回转窑焚烧技术的垃圾焚烧发电流程见图 8-5。

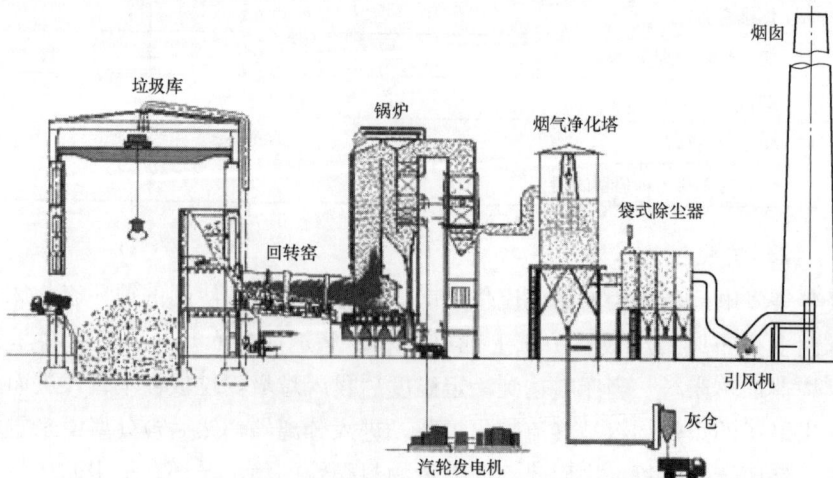

图 8-5　采用回转窑焚烧技术的垃圾焚烧发电流程

第五节 生活垃圾气化发电技术

一、工艺流程

垃圾气化是利用高温将垃圾在少氧状态下氧化，使其转化成为可燃合成气的技术，气化介质一般是氧气（空气）。垃圾被置于气化炉内，在高温少氧的情况下，产生合成气，合成气被输送到燃烧室进行充分燃烧，燃烧产生的热量在余热锅炉中产生蒸汽用于发电或供热。采用气化技术的生活垃圾发电厂工艺流程见图 8-6。

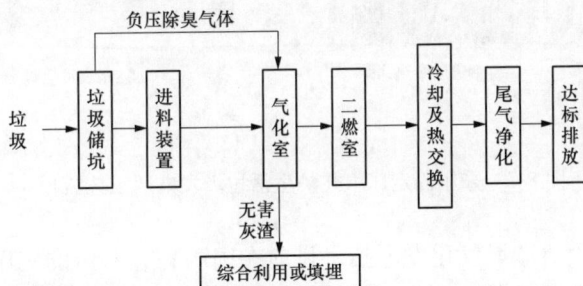

图 8-6 采用气化技术的生活垃圾气化发电厂工艺流程

生活垃圾热解气化发电技术的垃圾适应范围广，垃圾不需要预处理（循环流化床气化炉除外），设备结构简单，二噁英等有害气体排放量少，产生的飞灰量少。但由于生活垃圾的组分波动较大，受其影响，热解气化的产气量波动较大，可燃气的性质不稳定，另外，垃圾热解气化过程慢，垃圾处理速度慢。

生活垃圾热解气化发电技术虽然目前在应用上有一定的局限性，但是因为其有更好的环境效益，所以随着技术的进步，该技术应该是生活垃圾发电的发展方向，未来可以与垃圾直燃发电技术一样得到广泛的应用。

二、垃圾气化设备

1. 固定床气化炉

固定床气化炉可分为上吸式和下吸式。在上吸式气化炉中，生活垃圾通常由炉体上部进料，空气由炉体底部进入，依次通过堆体的反应区、还原区、热解区和干燥区。随着热解气化的进行，燃料中的有机质气化，剩余部分形成焦炭，在炉体底部与空气中的氧气进行反应并产生热量，供上方物料干燥与气化，燃尽的灰渣从底部排出。下吸式气化炉同样为上部进料，空气则从气化炉顶部或中部进入，炉体中燃料和气化介质及气化气的运动方向一致。气化气在离开炉体前通过灼热的焦炭层，使得气体质量明显好于上吸式气化炉。采用固定床气化炉生活垃圾发电厂工艺流程见图 8-7。

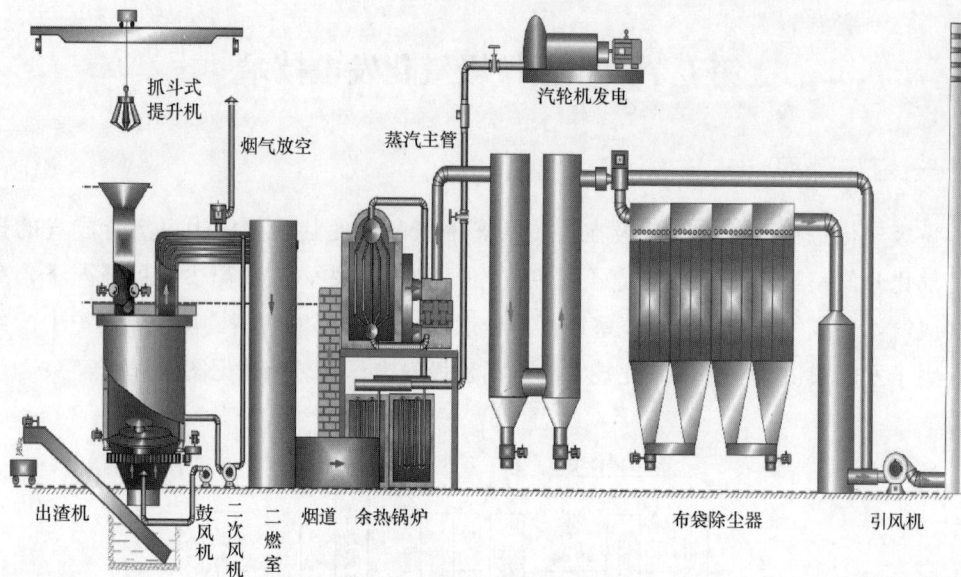

图 8-7　采用固定床气化炉生活垃圾发电厂工艺流程

　　固定床气化炉生活垃圾气化发电技术目前在国内外有一定的应用，但处理规模都不大，单台设备的垃圾处理量一般不超过 200t/d。

　　以国内某生产厂家的固定床垃圾气化炉为例，其相关技术参数和结构参数见表 8-5 和表 8-6。

表 8-5　　　　　　　　　　　　　　　气化炉主要技术参数

序号	项　目	单位	数值
1	一燃室燃烧层温度	℃	950～1050
2	一燃室出口烟气温度	℃	600～950
3	二燃室温度	℃	950～1100
4	烟气在二燃室内停留时间	S	≥2
5	二燃室烟气出口温度	℃	≥850
6	外壁温度	℃	≤50
7	噪声	dB（A）	≤85
8	减量比	%	≥86
9	灼减率	%	≤3

表 8-6　　　　　　　　　　　　　　　气化炉主要结构参数

序号	垃圾处理能力（t/d）	筒体内径（mm）
1	150	4000
2	100	3200
3	80	2600
4	50	2200
5	20	1380

2. 循环流化床气化炉

流化床气化炉气化介质的流速达到粒子终端速度以上，使炉物料随气流离开炉床形成快速流化状态，气化炉出口须接一套分离设备（如旋风分离器），将分离出的固体送回气化炉，以保证平稳运行。这种状态下，炉膛内混合石英砂的垃圾与气化介质形成较均匀的混合状态，为传递过程与气化反应提供理想的条件。该炉型进料口通常设置在炉体侧面，运行温度控制在900℃以下，避免烧结和灰渣熔融堵塞气孔，导致设备故障。芬兰美卓动力公司（Metso Power）在芬兰拉赫蒂市（Lahti）建设了一座热电联产垃圾气化厂，配置2条生产线，处理SRF（固体回收燃料）和RDF（垃圾衍生燃料）（处理经分选的家庭垃圾、工业垃圾、废木料等），发电装机容量为50MW，供热能力为90MW，已于2012年投入运行。采用循环流化床气化炉的生活垃圾气化发电工艺流程见图8-8。

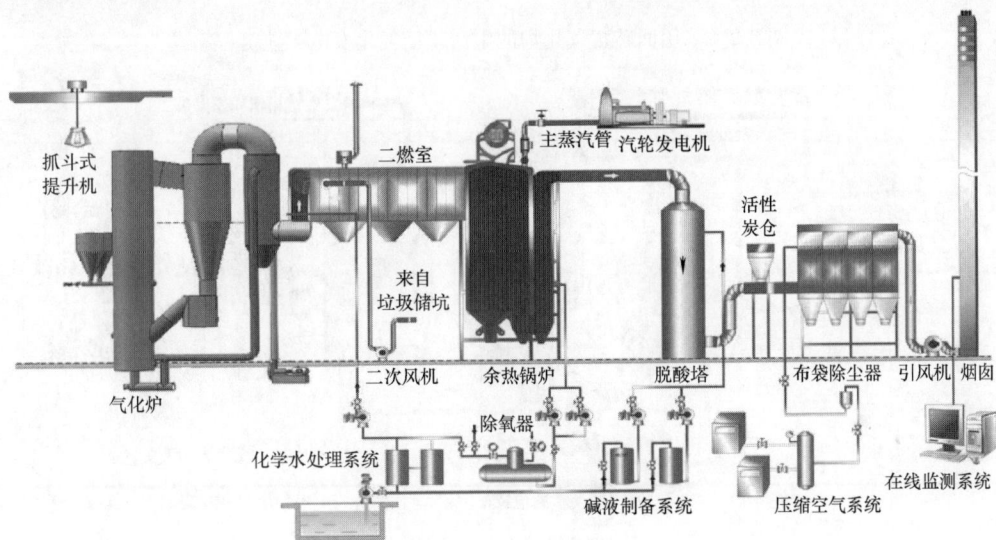

图 8-8　采用循环流化床气化炉的生活垃圾气化发电工艺流程

3. 回转窑气化炉

回转窑技术应用比较广泛，是一种经历大量实践验证的稳定可靠的技术。回转窑气化炉通过炉体的转动，将物料送入高温反应区并将反应后的物料排出炉体，在此过程中物料随炉体转动而翻滚混合，与气化介质接触。回转窑炉体通常为钢制炉筒衬耐火材料。回转窑气化炉可用于处理市政垃圾、污泥以及危险废物等多种废料。采用回转窑气化炉的生活垃圾气化发电工艺流程见图8-9。

4. 等离子垃圾气化炉

等离子垃圾气化技术利用等离子体的高温和催化活性处理各类固体废物及工艺副产物。等离子气化技术是利用外热源提供气化反应高温的环境，大部分技术使等离子火炬直接接触垃圾，利用等离子体的高温使物料快速气化，炉渣则在高温环境下融化形成玻璃体物质。另一部分采用等离子间接气化垃圾，使气化过程不完全依赖于等离子体的热量，以提高能量回收效率。等离子气化生活垃圾发电厂工艺流程见图 8-10。

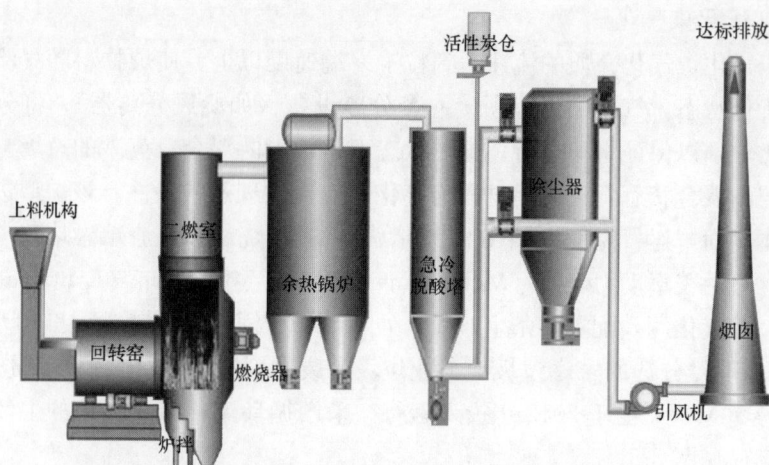

图 8-9　采用回转窑气化炉的生活垃圾气化发电工艺流程

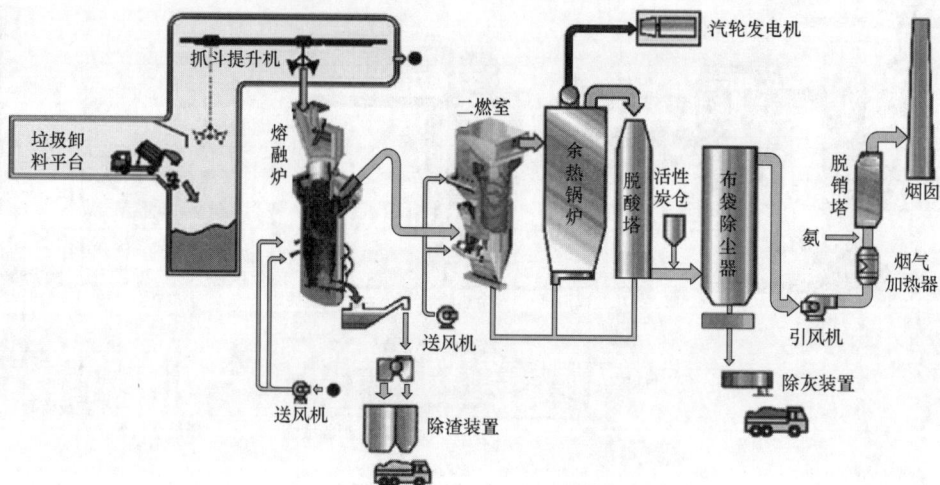

图 8-10　等离子气化生活垃圾发电厂工艺流程

等离子垃圾气化技术因其高效的垃圾能源转化，满足了更高的环境排放标准，是最具发展潜力的新型、环保、高效的垃圾处理技术。但由于垃圾的气化熔融需要消耗大量能源，其建设成本和运行成本都较高，这是目前商业性推广的一个障碍。

第六节　生活垃圾焚烧烟气处理

一、垃圾焚烧烟气的主要污染物

垃圾焚烧炉烟气的气态污染物种类很多，如 SO_x、CO_x、NO_x、HCl、HF、二噁英类（PCDDs）物质等。

垃圾焚烧烟气具有下列主要特性：

（1）烟气含湿量大。这是因为垃圾中原本的含水量就大，而且在燃烧中一些碳氢化合物也生成水汽。一般含湿量在 23%～30%。

（2）因垃圾成分复杂，燃烧后产生的烟尘中有毒、有害成分也复杂，其中包括一些微量的金属，如汞、镉、铅、钼、铬、镍、铜等。

（3）烟气成分复杂。与燃煤锅炉不同，它不但含有 O_2、SO_x、CO_2、NO_x，还有 HCl、HF 等酸性气体，水蒸气，总烃（THC）。垃圾焚烧烟气的特性是 HCl 和 O_2 浓度特别高，粉尘中的盐分（氯化物和硫酸盐）特别高。

（4）由于燃烧中还产生二噁英和呋喃等致癌物质，对人体极其有害。

（5）烟尘粒径细、黏度高。

二、排放标准

目前，我国生活垃圾焚烧发电厂执行的大气污染物排放标准是 GB 18485—2014《生活垃圾焚烧污染控制标准》，该标准与国外主要国家（地区）的类似标准对比见表 8-7。

表 8-7　　　　　　　　生活垃圾焚烧发电厂大气污染物排放标准对比

| 项目 | 单位 | 美 国 | | | | 欧盟 | 日本 | 中国 |
		35～250t/d	>250t/d	工商业固体废弃物焚烧机组	其他固体废弃物焚烧机组			
颗粒物（标准状态）	mg/m³	17	14	50	21	10	20	20
二氧化硫（SO_2）（标准状态）	mg/m³	61	61	40	6	50	57	80
氮氧化物（NO_x）（标准状态）	mg/m³	220	264	569	150	200	105	250
氯化氢（HCl）（标准状态）	mg/m³	29	29	72	15	10	25	50
汞及化合物（以 Hg 计）（标准状态）	mg/m³	0.057	0.036	0.36	0.05	0.05	0.05	0.05
锑、砷、铅、铬、钴、铜、锰、镍及其化合物（以 Sb＋As＋Pb＋Cr＋Co＋Cu＋Mn＋Ni 计）（标准状态）	mg/m³	0.14	0.098	0.03	0.16	0.5	0.5	1.0
镉、铊及其化合物（以 Cd＋Tl 计）（标准状态）	mg/m³	0.014	0.007	0.003	0.013	0.05	—	0.1
二噁英类（标准状态）	ng/m³（TEQ）	9.3	9.3	0.3	23.6	0.1	0.1	0.1
一氧化碳（CO）	％	—	—			50	88	80

三、垃圾焚烧烟气处理主要的工艺流程及设备

垃圾焚烧烟气净化处理是垃圾焚烧工程必不可少的环节。结合烟气中污染物的特

性和各净化工艺的特性，目前主要采用的烟气净化工艺流程是：SNCR（选择性非催化还原）法去除氮氧化物＋旋转喷雾半干法脱酸＋喷射活性炭吸附去除重金属及二噁英＋布袋除尘器除尘。如需要达到氮氧化物超净排放的要求，往往还需要在除尘器下游增设 SCR（选择性催化还原）法脱硝装置。

采用合理的烟气净化工艺，可以在实现生活垃圾资源化的过程中，减少烟气中污染物的排放。

生活垃圾焚烧烟气处理主要工艺流程见图 8-11。

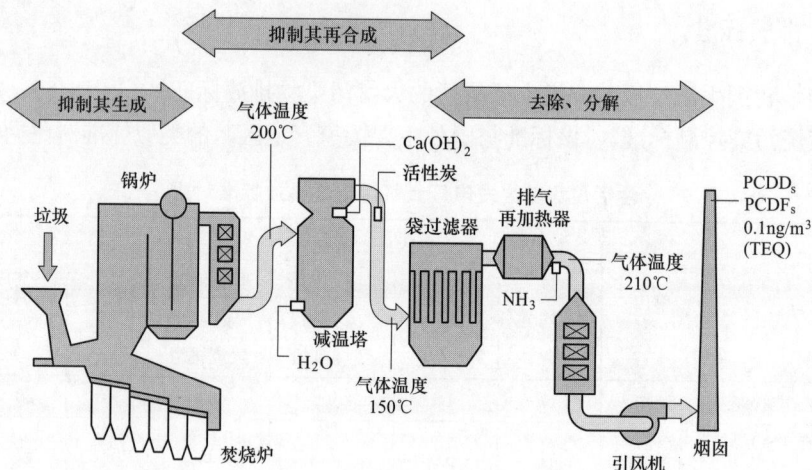

图 8-11　生活垃圾焚烧烟气处理主要工艺流程

（一）脱酸工艺

酸性气体包括 HCl、HF、SO_2 等。脱酸主要是用碱性吸收剂与烟气中酸性气体发生反应，降低烟气中酸性气体的含量。根据工艺不同，分为干法、半干法、湿法及循环流化床等。

1. 干法工艺

干法工艺是将石灰粉直接喷射在烟道中，生产固态产物，系统简单，造价便宜，工艺过程不产生废水，设备故障率低，维护方便。但药剂消耗量大，未反应物量较大，后续飞灰处理费用高。其酸性污染物的脱除效率要低于半干法和湿法。

2. 湿法工艺

湿法工艺是利用石灰溶液（也可以是 NaOH 溶液）在吸收塔内与酸性气体反应。湿法净化效率高，效率可达 99％以上。同时湿法工艺会产生大量废水，需要设置废水处理设施，而且处理后烟气温度一般为 60～70℃，为防止烟囱酸性腐蚀，需要配置烟气再加热装置，将烟气温度提高到酸露点以上。湿法工艺系统复杂，投资和运行费用较高。

3. 半干法工艺

半干法介于干法和湿法之间，是将一定浓度的石灰溶液喷入反应器与酸性气体反应，并通过喷水控制反应温度。净化效率为 95％～99％，是目前应用最多的工艺。

半干法工艺包括旋转喷雾半干法和固定喷嘴半干法。旋转喷雾半干法是主流技术，净化效率高。但其雾化器需制作精良，目前主要采用进口产品。固定喷嘴半干法主要采用双流体喷嘴对石灰浆液进行雾化，成本较低，但脱除效率低于旋转喷雾法。

4. 循环流化床工艺

循环流化床工艺包括 CFB、NID 等多种工艺系统。通过循环流化工艺，在强烈的传热传质过程中，烟气中的酸性气体与石灰粉进行充分的反应，并通过喷水控制塔内温度，通过物料循环减少飞灰排放。

CFB 工艺是将循环物料与石灰干粉混合，冷却水直接进塔。NID 工艺是循环物料与石灰干粉在混合器混合，并喷入水雾增湿后，再进入反应塔。

5. 脱酸工艺比较

几种脱酸工艺综合定性比较如下：

（1）脱酸效率：湿法＞半干法＞循环流化床法＞干法。

（2）水消耗：湿法＞半干法＞循环流化床法＞干法。

（3）原料消耗（按消石灰计）：干法＞半干法＞循环流化床法＞湿法。

（4）电耗：湿法＞半干法＞干法＞循环流化床法。

（5）投资：湿法＞半干法＞循环流化床法＞干法。

（6）维护费：湿法＞半干法＞干法＞循环流化床法。

（二）除尘工艺

除尘工艺主要包括静电除尘和布袋除尘。布袋除尘对微小颗粒物和重金属、二噁英、呋喃等有较高的脱除效率。静电除尘器内有二噁英与呋喃的再合成现象。静电除尘器曾在 20 世纪 70 年代广泛使用在垃圾处理厂中，经过研究测量，静电除尘器的二噁英排放水平显著高于布袋除尘器。尤其是垃圾焚烧排放的烟气是酸性气体，且具有温度高、水分含量高的特点，在改进布袋材料后，布袋的适用性能大大增强。因此，在 20 世纪 80 年代后广泛采用布袋除尘器，尤其是配合干法和半干法脱酸工艺。而静电除尘器基本上不在新建项目中使用。

目前根据要求，烟气净化系统必须设置布袋除尘器。通常采用分室结构、负压和外滤方式的中心喷吹脉冲式布袋除尘器。

收集的飞灰属危险废物，需要单独收集后另行处理。不得长期储存，不得简易处置，不得排放，需进行必要的固化和稳定化后才能运输。

（三）脱重金属

烟气中重金属的常用脱除工艺是喷入粉末状活性炭，活性炭是外观呈黑色的非结晶物质，是不规则六边形的多孔构造，具有良好的吸附特性。在除尘器喷入一定量的活性炭，可以有效吸附重金属及残余有机物，结合布袋除尘器捕捉。脱除效率可达 95％以上。为满足排放要求，标准状态下，$1m^3$ 烟气需使用活性炭 190mg。

（四）脱氮氧化物

控制 NO_x 的方法包括低 NO_x 燃烧法、选择性催化还原法（SCR）和选择性非催化还原法（SNCR）。

SNCR 法是在烟气温度 850～1100℃ 的条件下，向炉膛中直接喷入氨水或尿素溶液，将 NO_x 还原为氮气和水。此方法中不采用催化剂，从而避免了催化剂堵塞和毒化的问题。其反应效率取决于反应物的接触条件，因此具体设计需根据炉膛结构形式、烟道等调整。SNCR 法脱除效率大约在 50%。若为了提高效率而增加药剂喷入量，则会增加药剂的逃逸量。也会产生氯化铵及硫酸氢铵等副产物在尾部受热面的沉积。SNCR 法的投资和维护成本要低于 SCR 法。

SCR 法是以氨水溶液作为药剂，温度在 200～400℃ 范围内，烟气在 TiO_2-V_2O_5 等催化剂作用下，与喷入的药剂（液氨、氨水或尿素溶液）反应，将 NO_x 还原成氮气和水。SCR 法脱除效率可在 90% 以上。由于催化剂存在劣化现象，为维持反应效率，通常需要根据厂家要求在一定年限内进行更换。

控制 NO_x 排放优先考虑低 NO_x 燃烧技术，减少 NO_x 生成。通过优化燃烧组织，可同时减少 NO_x 生成，以及有机物生成。结合 SNCR 技术，可将 NO_x 排放控制在标准以内。进一步控制 NO_x 排放则需要采用 SCR 技术。

（五）二噁英控制

垃圾焚烧发电厂控制二噁英的技术措施主要有 3 种。

1. 燃烧控制

通过焚烧炉内合理地组织燃烧，维持炉内高温、延长气体在高温区的停留时间、加强炉内垃圾湍动，促进空气与烟气的扩散、混合。要求炉内温度保持在 850℃ 以上，烟气在超过 850℃ 温度的条件下停留时间大于 2s，让垃圾充分燃烧，使含二噁英类的未燃气体完全燃烧，从而把二噁英的生成抑制到最低水平。

2. 利用除尘器去除

袋式除尘器对固体颗粒具有高效的拦截效果，可拦截烟气中固相的二噁英。

3. 活性炭喷射吸附去除

通过燃烧管理和袋式除尘器的配合使用，能够使烟气中的二噁英去除率达到 90% 以上。最后，向袋式除尘器上游的烟气中喷射少量的活性炭能够高效率地吸附二噁英类物质。

三种方式相结合，可以有效控制二噁英的排放。

四、恶臭治理

垃圾焚烧发电厂的恶臭如果治理措施不到位，容易造成污染物的外排外溢，不仅造成环境污染，还极易受到周边居民的投诉，构成社会稳定性风险，甚至是群体性事件的发生。

控制恶臭主要采取以下措施。

（1）为了防止垃圾储运过程中的臭气外溢，储运车辆必须采用全封闭、具有自动装卸功能的车型。

（2）垃圾坑卸料大门应设计成自动门，在没有垃圾车卸料的情况下，卸料大门应自动关闭。在垃圾卸料大厅入口大门处设空气幕防止臭气外溢。垃圾池应为密闭式，鼓风机的吸风口设置在垃圾池上方，使垃圾池和卸料大厅处于负压状态，不但能有效地控制臭气外溢，又同时将恶臭气体作为燃烧空气引至焚烧炉，恶臭气体在焚烧炉内高温分解，恶臭气味得以清除。

（3）为避免臭气外溢，主厂房为封闭厂房。在建筑设计上尽量减少气流死角，防止气味聚积。

（4）在厂区总平面布置时，根据当地的主导风向，把生产区和生活区分开合理布置，将恶臭的影响降低到最低程度。在厂区四周种植一定数量的高大乔木、可以吸收臭气的树木，减少影响。

（5）设置喷药系统，定期向垃圾池内喷洒化学药剂，既可减轻异味，又可防止微生物滋生。

（6）垃圾运输栈桥封闭，减少臭气外溢。

根据工程实践，采取上述措施可使厂界恶臭浓度控制在要求的 GB 14554—1993《恶臭污染物排放标准》厂界标准值中的二级标准以下。

第七节　生活垃圾发电的主要技术指标

一、垃圾处理量

目前世界上单台生活垃圾焚烧往复炉排最大垃圾处理量达到 1200t/d。而目前世界上规模最大的生活垃圾焚烧发电厂是位于我国上海的老港再生能源利用中心二期项目，该项目建设规模为焚烧处理生活垃圾 6000t/d，共配置 8 条 750t 处理能力的机械炉排炉焚烧线，设置 3 台 50MW 凝汽式汽轮发电机组。但生活垃圾热解气化发电的处理规模都不大，单台设备的垃圾处理量一般不超过 200t/d。

二、全厂热效率

为了避免锅炉受热面的高温腐蚀，目前大多数生活垃圾焚烧发电机组的主蒸汽参数为 4.0MPa、400℃，一般不超过 4.5MPa、450℃。

纯凝的中温中压机组全厂热效率通常为 18%～23%。

近年来，由于优质耐腐蚀材料应用于锅炉，锅炉受热面的寿命显著提高，中温次高压参数的应用有所增加，并有进一步向中温、高压和超高压参数应用的趋势。荷兰 AEB 垃圾焚烧厂是目前世界上热效率最高的垃圾焚烧发电厂，其主蒸汽参数已经提高至 13MPa、440℃，并可允许主蒸汽温度提高至 480℃，热效率达到 30%。另外，中间再热机组也已在生活垃圾焚烧发电项目中开始使用。我国的光大江阴项目采用在炉内设置再热器的再热方式，主蒸汽参数为 6.5MPa、450℃，再热蒸汽温度为 420℃。采用在炉内设置再热器的再热方式，在主蒸汽参数为中温次高压的条件下，再热机组比非再热机组可提高机组效率 1%～2%。

三、综合厂用电率

生活垃圾焚烧发电厂的综合厂用电率一般为 15%～20%。

四、吨垃圾上网电量

近年来我国垃圾焚烧发电企业的吨垃圾上网电量有较明显的提升趋势。生活垃圾热值提高是带动吨垃圾上网电量提升的关键因素，技术进步是吨垃圾上网电量提升的重要补充。

目前，我国经济发达地区的垃圾焚烧发电项目吨垃圾上网电量已经达到较高水平，如深能环保投运项目主要在广东深圳，吨垃圾上网电量一直保持在 310kWh 以上；康恒环境已投运项目主要在珠海以及宁波，2017 年吨垃圾上网电量均值达 324kWh。近 5 年，垃圾焚烧发电项目的吨垃圾发电量呈上升趋势，入炉垃圾的发电量从每吨 420kWh 提高到 490kWh/h，进厂垃圾的上网发电量从每吨 265kWh 增加到 300kWh，未来随着干湿垃圾进行分类，还有一定的上升空间。但是与发达国家相比，仍存在较大差距，根据美国环保局数据，美国生活垃圾焚烧发电吨垃圾发电量在 600kWh 以上，高吨垃圾发电量的背后是垃圾分类带来的高热值。

五、设备可用率

以目前应用最为广泛的往复炉排垃圾焚烧炉为例，垃圾焚烧发电厂的单条生产线年运行时间一般可达 8000h。

六、技术指标实例

以国内几个已投运的生活垃圾焚烧发电厂为例，其主要技术指标见表 8-8。

表 8-8　　　　　　　　　生活垃圾焚烧发电厂主要技术指标

序号	项目	单位	数　值		
1	日垃圾处理量	t/d	2×600	1×500	1×350
2	年垃圾处理量	t/a	40×10^4	16.67×10^4	11.67×10^4
3	垃圾设计热值（低位）	kcal/kg	1696	1600	1500
4	余热锅炉额定蒸发量	t/h	2×65	1×46	1×32
5	汽轮机组安装容量	MW	1×25	1×9	1×6
6	发电机组安装容量	MW	1×25	1×9	1×6
7	设备满负荷运行小时数	h	8000	8000	8000
8	年发电量	kWh	18 591×10^4	5980×10^4	4390×10^4
9	年售电量	kWh	15 431×10^4	4903×10^4	3562×10^4
10	吨垃圾发电量	kWh/t	426	359	376
11	吨垃圾上网电量	kWh/t	354	294	305
12	厂用电率	%	17	18	18.85

注　1kcal/kg＝4.1868kJ/kg。

第八节　生活垃圾发电行业发展状况

全球生活垃圾焚烧处理技术已有几十年的发展历史，尤其在一些发达国家，处理技术已非常成熟。以实现生活垃圾"减量化、无害化、资源化"来控制固体废弃物污染的思路，已建立了相对完备的运行体系。

截至 2020 年，全球生活垃圾焚烧发电厂运营项目超过 2300 座，年生活垃圾处理量接近 5 亿 t。但是由于各国经济发展水平不同，生活垃圾焚烧发电项目大部分还是分布在发达国家。按照目前重点国和区域来分析，日本在生活垃圾焚烧发电领域仍占据全球领先地位，在运营的生活垃圾焚烧发电厂约 1028 座，总焚烧量约为 17 万 t/d，约占全国生活垃圾总量的 83%。欧洲在垃圾焚烧及转化能源方面也是全球较大的市场，在运营的垃圾焚烧发电厂约 508 座，总焚烧量约为 32 万 t/d。目前，欧洲的生活垃圾焚烧发电厂污染物排放值一般都远低于相关国家环境污染法案规定的限值，受到民众普遍认可。中国近几年在生活垃圾焚烧发电领域的发展较为迅猛，已投运的垃圾焚烧发电厂超过 600 座，占全球比例约为 38%，垃圾处理量超过 60 万 t/d，占全球比例约为 36.5%。

在中国和日本的强力推动下，亚洲的垃圾焚烧转化能源的投资市场快速提升，全球占比达到约 36%，未来中国垃圾焚烧发电市场前景可期。

大型垃圾焚烧往复炉排目前已国产化，国内厂家自主研发的 1100t/d 垃圾焚烧炉排已顺利下线。垃圾焚烧往复炉排的国内主要生产厂家有上海康恒、重庆三峰、杭州新世纪、光大国际、无锡华光、深能环境、伟明环保等；国外生产厂家主要有三菱重工、日立造船、日本荏原、日本田熊、希格斯、丹麦伟伦、阿尔斯通等。

国外主要的垃圾气化技术有 RICHWAY 技术、Thermoselect 技术、荏原技术、RCP 技术等，国内也有多个厂家有能力设计、制造垃圾气化设备。

第九章

农林生物质发电

第一节 农林生物质的特性

农林生物质主要是指农林业生产过程中除粮食、果实以外的秸秆、树木等木质纤维素（简称木质素）、农产品加工业下脚料、农林废弃物等。

农林生物质燃料的特点有可再生性、低污染性、广泛分布性。根据国内外生物质直燃发电企业多年的运行经验，能有效利用的主要有粮食作物秸秆（稻草、麦草、玉米杆等），林业废弃物（树皮、树枝、树根等），农产品深加工废弃产物（稻壳、花生壳等）。

不同的农林生物质燃料有其共性也有各自的特性，各种农林生物质燃料的成分与热值见表 9-1。

表 9-1　　　　　　　　　　农林生物质燃料的成分与热值

生物质种类	固定碳（%）	挥发分（%）	水分（%）	灰分（%）	低位热值（kJ/kg）
木屑	7	57	35	1	2775
树皮	9	37	50	4	1943
竹料	15	58	25	2	3330
稻壳	13～14	60	8～10	15～16	10 886～15 072
甘蔗渣	9	36	53	1	1685
椰壳	20	70	10	1～4	15 910～18 422
稻草	6	42	50	2	1885
棉花壳	18	64	17	1	3219
棕榈油废料	14	55	30	1	2997

从以上的数据看，农林生物质燃料的共性就是高挥发分、高水分、低含碳量、低灰分，低位发热量较低。另外，与燃煤比较，农林生物质燃料的硫含量非常低，一般在 0.1% 左右，远远低于煤炭。

第二节 农林生物质发电的技术路线

农林生物质发电主要有以下几种技术路线：

1. 直燃发电

农林生物质直燃发电，就是把农林生物质放在锅炉中直接燃烧，锅炉所产生的蒸汽带动汽轮发电机组进行发电。这种发电方式，是目前世界范围内应用最为广泛的一种生物质发电方式。

2. 气化发电

农林生物质气化发电是将农林生物质放在气化炉中，气化所产生的气体燃料在余热锅炉中燃烧，产生的蒸汽带动汽轮发电机组进行发电，或者可燃气经净化后直接进入燃气轮机（内燃机）中燃烧发电。如果采用后者，则可燃气净化是一个重要环节，因为生物质气化出来的可燃气都含有灰分、焦炭和焦油等众多有害杂质，必须要把可燃气净化后才能保证发电设备的正常运行。

3. 耦合发电

农林生物质耦合发电是将农林生物质发电与燃煤发电相结合，取长补短，充分利用各自优势进行发电。农林生物质耦合发电近几年在国内发展较为迅速。

4. 沼气发电

沼气发电是利用工农业或城镇生活中的大量有机废弃物经厌氧发酵处理产生的沼气进行发电。

与常规燃煤电站相比，农林生物质电厂有以下一些特点：

（1）生物质资源分布范围广而分散，且带有明显的季节性，由此导致生物质资源收集工作比较复杂，难度大，成本高。因此，生物质电厂的资源收获半径以不超过50km为宜。

（2）由于资源量的限制，农林生物质电厂的主机参数一般都不大，以不超过30MW为宜。

（3）农林生物质燃料的堆积密度一般在 $50\sim200kg/m^3$，比燃煤小很多。生物质燃料的发热量低，与相同规模的燃煤电厂比较，农林生物质电厂需要的燃料质量耗量约大50%，体积耗量约大10倍。因此，农林生物质电厂需要设计更大的上料系统，场内燃料堆场和仓库占地面积也较大。

（4）由于农林生物质燃料在输送时容易产生扬起、搭桥和缠绕设备等现象，因此在燃料的运输、储存、上料系统和设备选择的设计上需要充分考虑。

（5）农林生物质燃料灰中碱金属含量高，部分燃料可能还有一定量的氯离子。由于农林生物质燃料灰中碱金属特别是钾的含量较高，灰熔点较低，高温状态下易出现熔融状态，灰中的碱金属以气相的形式析出，在水冷壁和受热面产生结焦、腐蚀等。另外，由于灰中可能存在一定量的氯离子，锅炉结焦、腐蚀的趋势更加明显。如何组织和控制合理的燃烧和炉内温度场，选用合适的抗腐蚀材料，是农林生物质锅炉设计时需认真研究的课题。

第三节　农林生物质焚烧发电技术

用锅炉直接燃烧农林生物质，产生蒸汽，推动汽轮发电机组发电，是目前农林生物质发电的主要技术路线，也是目前世界各国普遍采用的农林生物质能发电的主要方式。生物质锅炉是农林生物质直燃发电技术的核心装备,对发电系统能效影响最大。当前,更高参数和热效率的循环流化床锅炉已在国内农林生物质发电领域得到研发和应用。农林生物质直燃发电的工艺流程见图 9-1。

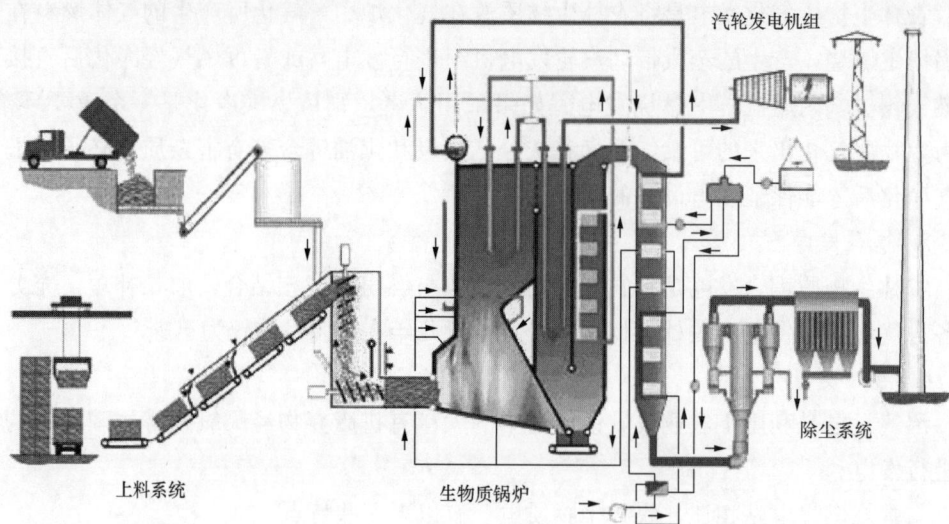

图 9-1 农林生物质直燃发电的工艺流程

农林生物质直燃发电技术又分为层燃炉燃烧技术和循环流化床燃烧技术。

层燃炉燃烧技术主要以水冷振动炉排为代表,燃料在振动的炉排上实现燃烧,空气从下方透过炉排供应上部的燃料,燃料入炉后的燃烧时间可由炉排的振动来控制。

农林生物质直燃循环流化床锅炉与燃煤的循环流化床锅炉类似,流化风穿过布风板由炉膛底部送入,使炉膛内的物料处于流化状态,燃料在炉膛中燃烧。较细小的颗粒被气流夹带飞出炉膛,并由分离装置分离收集,通过返料器送回炉膛循环燃烧。

对于农林生物质直燃而言,水冷振动炉排和循环流化床锅炉各有特点。

从燃料适应性比较,水冷振动炉排炉较好地结合了国外先进技术和中国燃料的实际状况,可以适应多达 60 多种的农林废弃物,既可纯烧某种燃料,也可掺烧多种燃料。在燃料水分高达 40% 时也可稳定燃烧。循环流化床仅适用于燃料粒径和密度差别不大的燃料,对燃料的要求较为苛刻。

从燃料预处理比较,水冷振动炉排炉基本无需燃料预处理系统。而循环流化床燃烧炉对燃料预处理要求较高,对燃料颗粒要求比较严格,需要将秸秆进行一系列破碎、筛分等预处理工作,入炉秸秆尺寸一般要求为 150~200mm,而且要求尽量均匀,该部分投资费用较高。

从经济比较,水冷振动炉排设备初期投资较大,但设备运行稳定,年发电小时数多,设备磨损轻,日常维护、部件更换费用低,设备厂用电率低。

截至 2018 年底,我国生物质直燃发电装机容量约为 7866MW,机组数量共 365 台,其中循环流化床锅炉 205 台,其他型式锅炉 160 台。

农林生物质直燃发电发展过程中，依次出现了中温中压、次高温次高压、高温高压机组。高温高压机组凭借较高的经济性逐渐成为当前生物质电厂的首选，常见规模为 130t/h 燃生物质锅炉配 30MW 纯凝发电机组。高参数机组必定带来造价的提高，而且高参数导致受热面的高温腐蚀，参数越高腐蚀越严重。因此，高参数机组的造价高出部分，以及因高参数导致的高温腐蚀受热面损失，是否能由高效率多发的电量来弥补，需要根据项目具体情况进行技术经济比较。

第四节 农林生物质气化发电技术

农林生物质气化发电技术是农林生物质通过热化学转化为气体燃料，将气体燃料在二燃室进行燃烧，燃烧产生的热烟气进入余热锅炉加热给水，产生过热蒸汽驱动汽轮机发电机组产生电力。或者将净化后的气体燃料送入内燃发电机、燃气轮机中燃烧来发电。如果采用内燃机或燃气轮机发电，则需要对气体燃料进行净化。原因为气化出来的燃气都含有一定的杂质，包括灰分、焦炭和焦油等，需经过净化系统把杂质除去，以保证燃气发电设备的正常运行。为了提高发电效率，还可以增加余热锅炉和汽轮机，采用燃气-蒸汽联合循环。农林生物质气化发电（内燃机发电）工艺流程见图9-2。

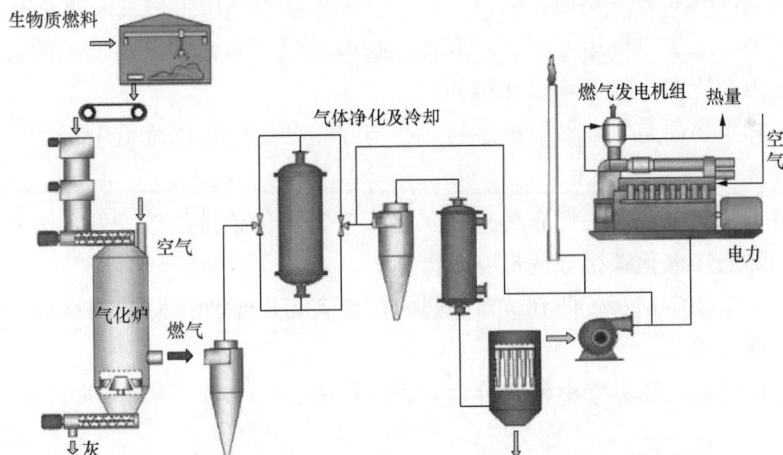

图 9-2 农林生物质气化发电工艺流程

内燃机发电系统以简单的燃气内燃机组为主，可单独燃用低热值燃气，也可以燃气、油两用，它的特点是设备紧凑，系统简单，技术较成熟、可靠，目前国内燃气内燃机的最大功率只有 2000kW。

燃气轮机发电系统采用低热值燃气轮机，燃气需增压，否则发电效率较低，由于燃气轮机对燃气质量要求高，并且需有较高的自动化控制水平和燃气轮机改造技术，基本上均采用国外技术，成本较高，所以一般单独采用燃气轮机的生物质气化发电系统较少。

各种生物质气化发电技术的特点见表9-2。

表 9-2　　　　　　　　　　各种生物质气化发电技术的特点

规　模	气化过程	发电过程	主要用途
小型系统 <200kW	固定床气化流化床气化	内燃机组微型燃气轮机	农村用电中小企业用电
中型系统 500～3000kW	常压流化床气化	内燃机	大中企业自备电站、小型上网电站
大型系统 >5000kW	常压流化床气化、高压流化床气化、双流化床气化	内燃机＋汽轮机、燃气轮机＋汽轮机	上网电站、独立能源系统

农林生物质气化发电相对燃烧发电是更洁净的利用方式，它几乎不排放任何有害气体，比较合适于生物质的分散利用，规模化的生物质气化发电已进入商业示范阶段。利用现有技术，研究开发经济上可行、效率较高的生物质气化发电系统是今后能否有效利用生物质的关键。

第五节　农林生物质耦合燃煤发电技术

农林生物质耦合燃煤发电的技术优势在于：

（1）农林生物质是可再生能源，煤粉炉中生物质共燃，可以利用现役电厂提供一种快速而低成本的农林生物质发电技术，是一种很好的利用可再生能源发电的技术。

（2）大型燃煤发电机组效率高，农林生物质共燃正是借用其高效率的优点，这是现阶段其他生物质发电技术难以比拟的。

（3）农林生物质是低硫低氮的燃料，在与煤粉共燃时可以降低电厂的二氧化硫和氮氧化物排放。

（4）对于燃煤电站，共燃农林生物质意味着二氧化碳排放的降低，被公认为是现役燃煤电厂降低二氧化碳排放的最有效措施。

（5）农林生物质相对较便宜，对燃煤电厂而言可以增加燃料的选择范围和燃料适应性，降低燃料成本。

农林生物质耦合燃煤发电的几种主要方法见图9-3。

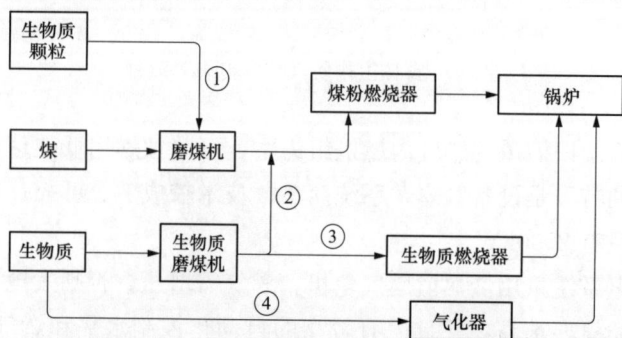

图 9-3　生物质耦合燃煤发电的几种主要方法

燃煤锅炉农林生物质混烧技术发展路线可归纳为农林生物质颗粒混合燃烧和农林

生物质气化后混合燃烧两种技术路线，这两种技术路线在国内外都已有实际应用。

在美国和欧盟等发达国家已建成一定数量生物质与煤混合燃烧发电示范工程，电站装机容量通常在 50～700MW 之间，燃料包括农作物秸秆、废木材、城市固体废物等。混合燃烧的主要设备是煤粉炉，也有发电厂使用层燃炉和采用流化床技术。以荷兰 Gelderland 电厂为例，它是欧洲在大容量锅炉中进行混合燃烧最重要的示范项目之一，以废木材为燃料，发电机组配置 635MW 煤粉炉，木材燃烧系统独立于燃煤系统，对锅炉运行状态没有影响。该系统于 1995 年投入运行，现已商业化运行，每年平均消耗约 6 万 t 木材（干重），相当于锅炉热量输入的 3%～4%，替代燃煤约 4.5 万 t。

我国首台农林生物质与煤混合燃烧发电机组于 2005 年投入运行。该项目是在一台 140MW 燃煤发电机组上进行改造，采用秸秆与燃煤混合燃烧，改造的主要内容是增加一套秸秆粉碎机输送设备，增加两台秸秆燃烧器，同时对烟风系统和控制系统进行相应的改造。改造后的锅炉既可实现秸秆与煤混合燃烧，也可继续单独燃烧煤粉。秸秆的额定掺烧比例为 20%，项目总投资约 8000 万元。

我国首个农林生物质气化与燃煤耦合发电项目于 2017 年投入运行。该项目建成了一套 8t/h 生物质循环流化床气化装置，折算生物质发电功率为 10.8MW，项目总投资约 6000 万元。

第六节 农林生物质发电的主要技术指标

以不同的项目为例，农林生物质直燃发电、气化联合循环发电和生物质耦合燃煤发电的主要技术经济指标见表 9-3。

表 9-3 　　　　　　　　不同技术路线的农林生物质发电主要技术指标

技术类型	生物质直燃	生物质气化联合循环	生物质耦合燃煤
生物质种类	棉花秆	水稻秆	小麦秆和玉米秆
燃料收到基热值（kJ/kg）	15 890	12 545	15 054
单位发电量生物质消耗量（kg/kWh）	1.08	1.05～1.3	0.797
锅炉参数	容量为 1×130t/h，额定蒸汽压力为 3.82MPa，额定蒸汽温度为 450℃，效率大于 90%	(1) 气化炉：热容量为 1×20MW，气化效率为 78%； (2) 余热锅炉：额定蒸发量为 1×10t/h，额定蒸汽压力为 1.35MPa，额定蒸汽温度为 325℃，效率大于 75%	容量为 1×400t/h，过热蒸汽压力为 13.73MPa，过热蒸汽温度为 540℃
汽轮机/内燃机参数	中压凝汽式，机组额定功率为 1×25MW（最大功率 30MW）	(1) 内燃机发电机组：额定功率为 11×450kW（10 台运行、1 台备用）； (2) 蒸汽轮机发电机组：额定功率为 1×1500kW	发电容量为 140MW

技术类型	生物质直燃	生物质气化联合循环	生物质耦合燃煤
生物质发电容量（MW）	25	5	60
年利用小时（h）	7396	6000	6000
年发电量（MWh）	221 877	30 000	168 000（生物质能转换的发电量）
年供电量（MWh）	201 890	27 000	139 440（生物质能转换的发电量）
厂用电（%）	11.47	10	9
发电效率（%）	23.09	22.07~27.33	36.13
年秸秆消耗量（t）	217 473	31 500~39 000	111 188
燃料平均运输距离（km）	16.5	15	38

（1）生物质直燃发电项目：装机为 1×25MW 抽凝式汽轮发电机组，配 1 台水冷振动炉排及 1×130t/h 余热锅炉，燃料以破碎后的棉花秸秆为主，可掺烧部分树枝、桑条、果枝等林业废弃物。

（2）农林生物质气化发电项目：总装机容量 6MW，采用生物质气化-内燃机-蒸汽联合循环系统，配置为 1×20MW 生物质循环流化床气化炉、11×450kW 内燃机发电机组（10 台运行、1 台备用）、1×10t/h 余热锅炉、1×1500kW 汽轮机发电机组，主要利用稻秆、稻壳为原料，运行中气化效率最高达 78%，燃气轮机组发电效率最高达 29.8%，系统发电效率最高达 27.8%。

（3）农林生物质耦合燃煤发电项目：电厂燃煤锅炉容量为 1×400t/h，配套机组容量为 1×140MW。实施秸秆-煤粉混合燃烧技术改造后，增加了一套秸秆收购、储存、粉碎、输送设备，同时增加输入热负荷为 2×30MW 的秸秆专用燃烧器，占锅炉热容量的 18.5%。锅炉原有系统和参数不变，秸秆耗用量为 14.4t/h，可以替代原煤 10.4t/h。

对于农林生物质发电厂，发电效率、年利用小时、燃料价格是影响项目运行经济性的主要因素。

发电规模是能源转换效率的关键因素。农林生物质的直燃气化发电，属于"纯"生物质发电，因为农林生物质通常质地秆蓬松，资源分散，它们的发电规模受到限制，它们的发电效率小于 30%。相比之下，农林生物质混燃发电只是把多余的农林生物质用来替代一部分煤，发电规模不受农林生物质资源限制，只是烧多烧少的问题，混燃对农林生物质的利用效率要比直燃和气化的高。

从供电成本构成比例来看，燃料费占供电成本比例最大，约占供电成本的 50%。主要是进厂前的田间收集阶段成本较高，再就是进厂前的运输距离对秸秆成本影响很大。

因此，提高农林生物质发电机组运行经济性的可行办法：一方面提高机组年利用小时数，另一方面取得 CO_2 减排收益。

第七节　农林生物质发电行业发展状况

在国外，以高效直燃发电为代表的农林生物质发电技术已经比较成熟，丹麦率先研发的农林生物质高效直燃发电技术被联合国列为重点推广项目。农林生物质发电产业主要集中在发达国家，印度、巴西和东南亚等发展中国家也积极研发或者引进技术建设相关发电项目。在国土面积只有我国山东省面积 1/4 多一点的丹麦，已建立了 15 家大型农林生物质直燃发电厂，年消耗农林废弃物约 150 万 t，提供丹麦全国 5% 的电力供应。目前在丹麦、芬兰、瑞典、荷兰等国家，以生物质为燃料的发电厂有 300 多座。另外，东南亚在以稻壳、甘蔗渣等为原料的生物质直接燃烧方面也取得了一定的发展。目前国外的农林生物质能技术和装置已达到商业化应用程度，实现了规模化产业经营。2018 年全球生物质发电装机量约为 18.68GW。

我国农林生物质发电起步于 20 世纪 90 年代。进入 21 世纪后，受国家鼓励生物质发电发展政策的出台，农林生物质能发电厂得到了快速发展，电厂数量和能源份额都在逐年上升。农林生物质发电 2020 年累计装机容量达到 1330 万 kW。

总体来看，当前我国农林生物质能资源丰富，但其消费占比仍然较低，属于"小众能源"。如今，我国已成为全球第一能源消费大国，能源结构调整中将优先发展可再生能源，而农林生物质能来源广泛、成本低廉，且发电过程中碳排放量相对较少，是发展前景较为明朗的可再生资源。

对比各种能源发电碳排放强度来看，煤、石油和天然气分别为 2.66、2.02、1.47t/t 标准煤（以 CO_2 计），而煤电产生的碳排放又是能源消费碳排放的最大来源。相比之下，生物质能发电，其碳排放强度仅为 18g/kWh（以 CO_2 计）。

不同能源发电方式碳排放强度对比见图 9-4。

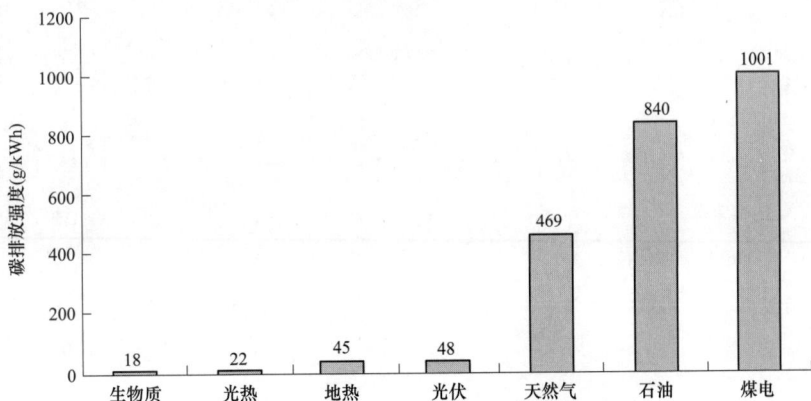

图 9-4　不同能源发电方式碳排放强度对比

碳达峰、碳中和目标是我国经济进入高质量发展的内在要求和必然趋势。生物质能发电技术是目前生物质能应用方式中最普遍、最有效的方法之一。若结合 BECCS（生物能源与碳捕获和储存）技术，生物质能将创造负碳排放。未来，生物质能将在各个领域为我国 2030 年碳达峰、2060 年碳中和做出巨大减排贡献。

目前，农林生物质直燃发电设备均已国产化，燃烧农林生物质的 CFB 锅炉和水冷振动炉排均有国内厂家（如无锡华光、华西能源、济南锅炉厂、杭州锅炉厂等）可以设计、制造。

农林生物质气化发电目前在国内尚无大规模应用，仍在推广阶段，但气化设备已经能国产化。如国电长源荆门电厂 2017 年投运的处理能力 8t/h 的农林生物质气化耦合发电项目，华电襄阳发电有限公司 2019 年投运的处理能力 8t/h 的农林生物质气化耦合发电项目，其生物质气化设备均为国内厂家设计、制造。

第十章

地 热 发 电

第一节 地 热 资 源

一、概述

地热能，简单地说就是来自地下的热能，即地球内部的热能。地球的内部是一个高温、高压的世界，是一个巨大的热库，蕴藏着无比巨大的热能。根据推算，地热能的总储量为煤炭的 1.7 亿倍。地球内部的热能主要来自于放射性元素的衰变，这些粒子和射线的动能和辐射能在同地球物质的碰撞过程中便转变成了热能。

据研究，地壳底部的温度大概是 1100℃，地壳部分的温度梯度大约为 31.1℃/km，这也被作为一般情况下地温梯度的参考值。由于地壳运动，地热勘查有利区的地温梯度是正常情况的数倍以上。在正常地温梯度的区域，称为地热正常区，按推算，80℃的地下热水，大致是埋藏在 2000～2500m 的地下。地温梯度超过正常值的区域，称为地热异常区，在这些区域，较高温度的热水或蒸汽埋藏在地壳较浅的部位，有的甚至漏出地表，比如温泉。

目前一般认为，地下热水和地热蒸汽主要是由在地下不同深处被热岩体加热了的大气降水所形成的。可商业化的水热型地热系统，需具备五个特性：①充足的热源；②具有较好渗透率储集体；③充足的水源；④非渗透性上覆盖层；⑤可靠的补水机制。水热型地热系统简要示意图如图 10-1 所示。

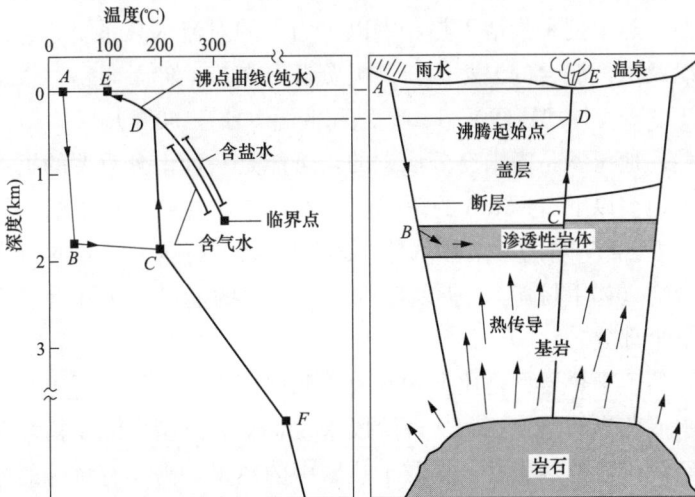

图 10-1　水热型地热系统简要示意图

从图 10-1 可以看出，冷的补给水以雨水的形式到达地表（A 点），通过断层和裂缝渗透进入与高温岩体相邻的岩层之中。渗透性储集体给流水提供了一个较为通畅的通道（B 点），随着液体逐渐加热，密度逐渐减小，在储集体中形成向上运移的状态。如果遇到主断层（C 点），被加热的液体会向地表上升。当其温度到达沸点时，压力降低（D 点），之后变成蒸汽，在地表以火山喷气孔、温泉、泥沸泉、蒸汽池的形式出现（E 点）。

上述 5 个条件对于水热型地热系统是缺一不可的。例如，没有热源的地热流体的温度较低，地热系统将无法维持可持续的开发利用；没有渗透性良好的储层，流体将不能顺利流动，这样就无法通过流体换热来获取地层岩石的热能；没有流体，就缺少了传热和载热的介质，地热能就只能滞留在热储层；没有非渗透性盖层，地热流体就会快速滤失，热量和压力都会很快散失；没有可靠的补水机制，地热流体就无法持续供给发电。

除了充足的热源和非渗透性上覆岩层这两个条件，其他都可以通过人工措施来弥补。例如，如果渗透率过低，可以通过水力压裂在热储层制造裂缝，以提高渗透率。但是，新产生的裂缝中必须充填支撑剂，否则它们仍会闭合。如果水源不足，可以通过回灌和增注技术保持目标热储层水量充足。

二、地热资源分类

水热型地热资源是目前唯一可商业化发电的地热资源类型。地热资源根据其在地下热储中存在的不同形式，分为蒸汽型、热水型、地压型、干热岩型和岩浆型等几类。

（1）蒸汽型。蒸汽型是指地下热储中以蒸汽为主的对流水热系统，它以产生温度较高的过热蒸汽为主，掺杂有少量其他气体，所含水分很少或没有。这种干蒸汽可以直接进入汽轮机，对汽轮机腐蚀较轻。但这类构造需要独特的地质条件，因而资源少，地区局限大。

（2）热水型。热水型是指地下热储中以水为主的对流水热系统，它包括喷出地面时呈现的热水以及水汽混合的湿蒸汽。这类资源分布广，储量丰富，根据其温度可分为高温（大于 150℃）、中温（90～150℃）和低温（小于 90℃）。

（3）地压型。地压型是尚未充分认识的，可能是一种十分重要的资源。它以高压水的形式储存于地表以下 2～3km 的深部沉积盆地中，并被不透水的盖层所封闭，形成长 1000km、宽数百千米的巨大热水体。地压水除了高压、高温的特点外，还溶有大量的碳氢化合物（如甲烷等）。所以地压型资源中的能量，实际上包括机械能、热能以及化学能三个部分。

（4）干热岩型。干热岩型是比上述各种资源规模更大的地热资源。它是指地下普遍存在的没有水或蒸汽的热岩石。从现阶段来说，干热岩型资源专指埋深较浅、温度较高的有开发经济价值的热岩石。提取干热岩中的热量，需要有特殊的办法，技术难度大。

（5）岩浆型。岩浆型是指蕴藏在熔融状和半熔融状岩浆中的巨大能量，它的温度高达 600~1500℃。在一些多火山地区，这类资源可以在地表以下较浅的地层中找到，但多数则是埋藏在目前钻探还比较困难的地层中。

目前能开发的地热资源，主要是蒸汽型和热水型。其他的尚处于研究试验当中。从能量利用合理性讲，直接利用地热热能供热是最合理的方式，非发电方式应用也是目前开发的重点。地热发电对资源要求较高，一般温度在 150℃ 以上，同时由于效率低，大量热能不能利用。经济性受到很大影响。

直接利用热能方式比较简单，技术要求低。地热发电则要复杂些，技术各有不同。根据地热资源不同，有蒸汽直接发电技术、热水闪蒸发电技术、双循环发电技术、全流法发电技术等。

第二节 地热发电工艺及设备

一、地热发电工艺

1. 蒸汽直接发电技术

蒸汽直接发电技术是将干蒸汽或湿蒸汽从井中引出，分离杂质后直接引入汽轮机做功发电，汽轮机可以采用背压式和凝汽式，多数采用凝汽式。湿蒸汽相比干蒸汽多一个汽水分离单元。两种方式示意图如图 10-2、图 10-3 所示。

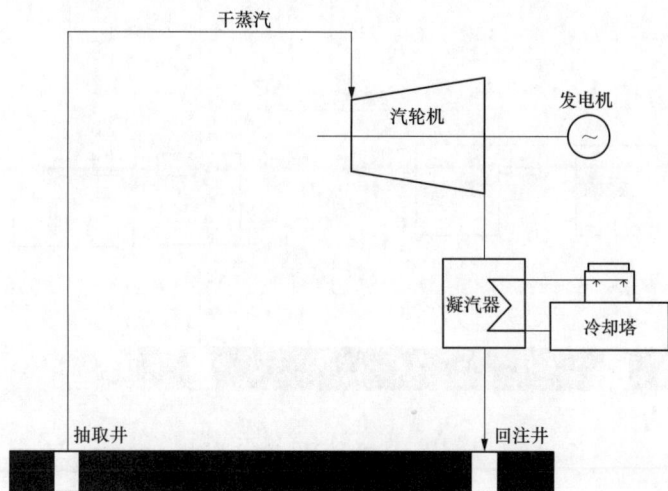

图 10-2 干蒸汽直接发电示意图

2. 热水闪蒸发电技术

热水闪蒸发电技术是利用井中抽出的高温热水降压闪蒸出低压蒸汽，蒸汽再进入汽轮机做功发电。可以分为单级闪蒸和双级闪蒸，双级闪蒸是将单级闪蒸剩余的热水进一步降压，制取更低压力的蒸汽，与上级蒸汽一起进入双压汽轮机做功发电。双级闪蒸发电量一般可比单级闪蒸增加 15%~20%。闪蒸发电可以利用常规火电设备，热水温度越高经济性越好，高温热水比较适用。双级闪蒸示意图如图 10-4 所示。

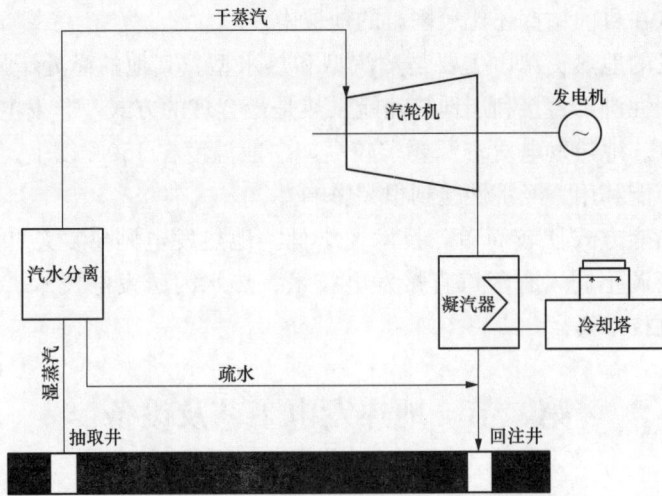

图 10-3　湿蒸汽直接发电示意图

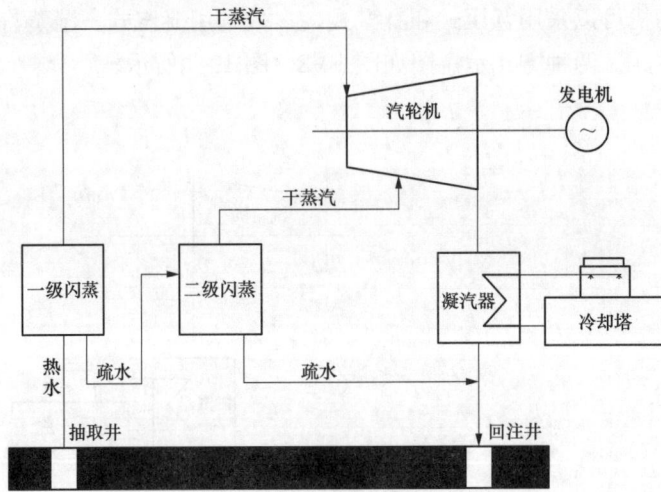

图 10-4　双级闪蒸发电示意图

3. 双循环发电技术

　　双循环发电是井中抽取的热水与低沸点工质进行换热，使低沸点工质蒸发，蒸发产生的蒸汽进入汽轮机做功发电。通常低沸点工质为有机工质，因此又称为有机郎肯循环（Organic Rankine Cycle，ORC）。根据有机工质的蒸发特性不同，可以适用的温度范围很广，高中低温热水都可以采用。由于低沸点工质的传热性能比水差，因此金属耗量大。另外，有机工质价格较高，来源有限，也一定程度影响经济性。如果汽轮机排汽温度较高，也可以再增加一个更低温循环，即双级双循环发电。这种方式可以增加发电量，同时增加了系统复杂性，需要综合考虑。双循环发电示意图如图 10-5 所示。

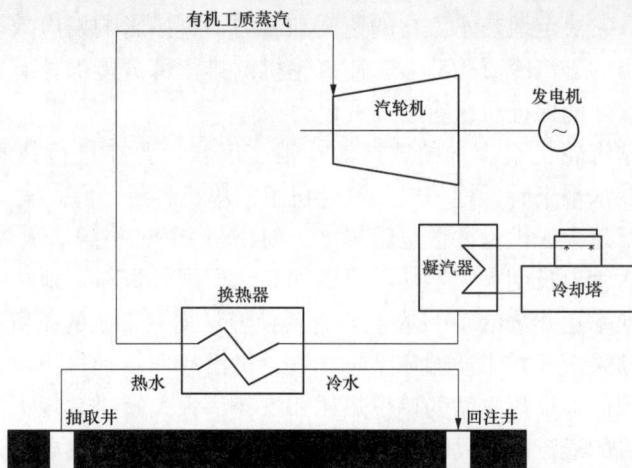

图 10-5　双循环发电示意图

4. 全流法发电技术

全流法发电技术是将井中抽取的全部流体，包括蒸汽、热水、不凝气体等直接送进全流动力机械做功发电。全流动力机械主要是螺杆膨胀机。原理上全流体发电技术可以充分利用地热流体的全部能量，闪蒸和换热由于压差和温差都存在做功能力的损失，因此，全流体发电技术是理想的发电技术，受限于螺杆膨胀机技术，功率一般比较小。

5. 其他发电技术

除上述几种常见的发电技术以外，还有把其中两种技术复合的发电技术，如闪蒸/双循环发电技术、闪蒸/全流法发电技术等。

增强型地热发电技术，通过将水回灌到地下水，创造出新的地热资源，可以获得更高温度的地热资源，可以达到 175～225℃。一般采用双循环发电，以维持地热水的压力，降低回灌的能耗。

卡琳娜循环发电技术，采用氨水混合物作为工质，替换水，利用混合物的沸点可以变化的特点，降低换热不可逆损失，提高常规郎肯循环效率。通过调节浓度变化，可以实现负荷变化。

二、地热发电设备

由上述地热发电工艺可知，地热发电主要动力转换装置包括汽轮机、有机朗肯循环（Organic Rankine Cycle，ORC）发电机组和螺杆膨胀机。下面分别做简要介绍。

1. 汽轮机

地热发电设备与常规火力发电设备虽然基本相似，但由于地热的压力和水质有其特殊性，因而在设备的结构和材质等方面又有许多不同。例如，地热电站汽轮机的叶片，要求防腐、防垢，运转速度应达到 1500～3000r/min。在闪蒸法地热发电系统中，常采用多级轴流式汽轮机，其叶片线形复杂，制造工艺要求高。各种换热器也是地热发电的关键设备，必须科学合理地选择蒸发器、闪蒸扩容器和冷凝器。在双循环法地热发电系统中，蒸发器尤为重要，它决定低沸点介质的蒸发效率，直接影响发电效率的高低。在闪蒸法地热发电系统中，闪蒸扩容器十分重要，闪蒸扩容器实质上就是一

169

种特殊的蒸发器，它决定地热水汽化的速度和压力，直接影响发电效率。冷凝器的功能是将汽轮机排出的乏汽冷凝为液体，使汽轮机的排汽部分能保持有较低的压力。只有尾部的压力低，才能保证机组有较高的出力。

同时地热电站汽轮机组容量的选择涉及很多因素，要在进行技术经济比较后确定。从目前的发展水平来看，地热电站汽轮机组的单机容量不宜过大。主要理由是：

（1）单机容量越大，供气井数也就越多。如 200MW 的机组，大约需有 30 多口井供汽。这就使输送管道长度大大增加，投资加大。据国外资料，地热井每隔一段时间就应更换，年更换率达井数的 10％左右，这就使容量增大带来的矛盾更为突出。

（2）地热电站采用开式工质循环系统，汽轮机没有回热抽气，没有过热蒸汽，而且初始压力低，因此，地热电站的单位热耗和汽耗都大大超过常规火电站；又由于管道、阀门和汽轮机的通流截面尺寸均取决于工质容积，所以地热电站采用单机容量较大的机组往往会使投资过高。

（3）地热机组与同容量火电站机组相比，体积和重量都大得多，因此主厂房的单位投资也较高。

（4）地热电站效率只有 10％～15％，每发 1kWh 电必须排出大量余热，因此有大量的乏气待冷却和凝结，必须修建出力要比火电站大得多的冷却系统。

（5）地热水或蒸汽大多含有腐蚀性气体或盐类，动力装置中的许多设备要用不锈钢制造，这就使电站的造价更高。

地热用汽轮机主要厂商包括三菱、东芝、东方电气、上海电气、青岛捷能等汽轮机生产厂商。其中三菱和东芝的设备在世界范围内应用比较广泛。

2. 有机朗肯循环发电机组

ORC 发电系统是利用低沸点有机工质（氟、烷类）在换热器与低品位热源进行热交换，产生一定压力和温度的有机工质相变成高压蒸汽，推动（透平）膨胀机做功来驱动发电机，从而将低品位热能转换为高品位的电能。该系统针对中低温热源（80～170℃）进行回收发电，可提高能源利用效率。有机朗肯循环过程见图 10-6。

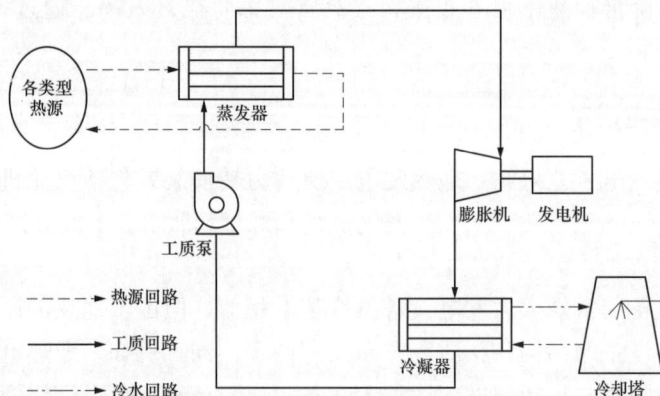

图 10-6　有机朗肯循环过程示意图

ORC 机组动力机械主要使用适用于有机工质的透平机械，包括轴流和径向透平，如图 10-7 所示。

(a) 轴流透平式　　(b) 径向透平式　　(c) 双螺杆式

(d) 单螺杆式　　(e) 涡旋式　　(f) 活塞式

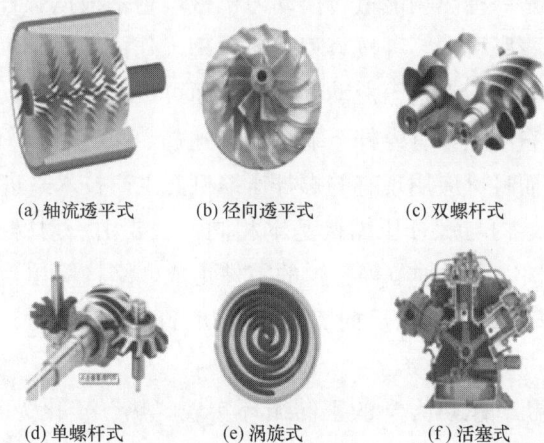

图 10-7　ORC 机组动力机械示意图

几种动力机械功率对比见表 10-1。

表 10-1　　　　　　　　　几种动力机械功率对比表

指标	轴流透平式	径向透平式	螺杆式	活塞式	涡旋式
参考功率范围（kW）	＞3000	200～3000	50～1000	50～200	1～30
转速	—	＞8000	＜3600	＜3600	＜3600
等熵膨胀效率（%）	80～85	80～85	65～75	—	—

小功率 ORC 机组通常采用撬装式，如图 10-8、图 10-9 所示。

图 10-8　撬装 ORC 机组结构示意图（正面）　　图 10-9　撬装 ORC 机组结构示意图（背面）

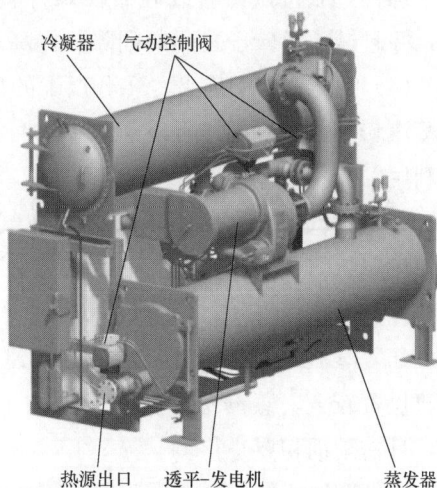

ORC 发电机组主要生产厂商包括澳玛特（Ormat）、turbonden、天加热能、东方电气等。Ormat 是世界上最大的 ORC 机组生产商，同时也是最大的地热电站运营商。

3. 螺杆膨胀机

螺杆膨胀机就是一种热功能量转换动力机械，它是根据螺杆压缩机压缩原理的逆原理制成的。螺杆膨胀机是一种按容积变化原理工作的双轴回转式螺杆机械。它没有活塞式机械那样的气阀、活塞等滑动部件，因而可进行高速运转，气流速度比普通容积式机械大得多。它不但具有螺杆压缩机的转速高、工艺性良好和无磨损、无不平衡的质量力等特点，而且可应用现有的螺杆压缩机的生产技术来进行生产。

螺杆膨胀机的结构与螺杆压缩机基本相同，主要由一对螺杆转子、缸体、轴承、同步齿轮、密封组件以及联轴节等极少的零件组成，结构简单，其气缸呈两圆相交的"∞"字形，两根按一定传动比反向旋转相互啮合的螺旋形阴、阳转子平行地置于气缸中。

蒸汽螺杆膨胀机利用热力学的正向循环实现"热"转化为"功"，螺杆膨胀机使用带一定压力的水蒸气（过热、饱和或两相区均可）做工质，当高压水蒸气进入螺杆膨胀机后，进行膨胀做功，最后变为低压水蒸气离开螺杆膨胀机。

相比汽轮机，螺杆膨胀机有如下优势。

（1）蒸汽螺杆膨胀发电站主机的等熵效率高达75%以上，而应用于饱和蒸汽的中小型汽轮机等熵效率在55%左右，前者比较后者发电效率要高出大约36%。也就是说，同样条件的蒸汽发电量要多出大约36%。

（2）鉴于饱和蒸汽的膨胀进入汽液两相区，高速旋转的汽轮机叶轮在汽液两相运行，不断地与水滴碰撞、摩擦（专业术语称之为"液击""水蚀"），造成汽轮机叶片的损坏。而以螺杆替代叶轮，避免了"液击"现象的发生。

（3）当蒸汽中含有浓度高的钙或硅时，在膨胀过程中，钙垢或硅垢便会在汽轮机叶片上形成。结垢会导致叶轮的转动平衡变差，振动增加，降低膨胀机的可靠性。而对于螺杆膨胀机，钙垢或硅垢在螺杆转子转动过程中被碾碎，阻止了垢的进一步形成，并且减小了转子之间的间隙，提高了膨胀机效率。

（4）对于流量只有2、3t/h以下的低压饱和蒸汽，汽轮机是难以运行的，而螺杆式蒸汽膨胀发电机同样可以高效率地回收这样的余热资源，保证低品位余热资源的充分利用。

（5）蒸汽螺杆膨胀发电站可以在气源不稳定的工况下运行，螺杆机相对于汽轮机，汽轮机需要高品质汽源，而蒸汽螺杆膨胀发电站高品质和低品质汽源都可以运行。

（6）蒸汽螺杆膨胀发电站拥有基建成本低的优势，相对于汽轮机需要建设厂房，基建投资较大，蒸汽螺杆膨胀发电站不需要建设厂房，可以露天安装，土建施工方便，且占地面积要小得多。

螺杆膨胀机结构示意图见图10-10～图10-12。

地热用螺杆膨胀机主要生产厂商包括开山集团、江西华电电力有限责任公司、雪人股份等。其中江西华电的螺杆膨胀机在我国西藏地区地热电站有应用。开山集团产品在海外也有应用。江西华电螺杆膨胀机参数见表10-2。

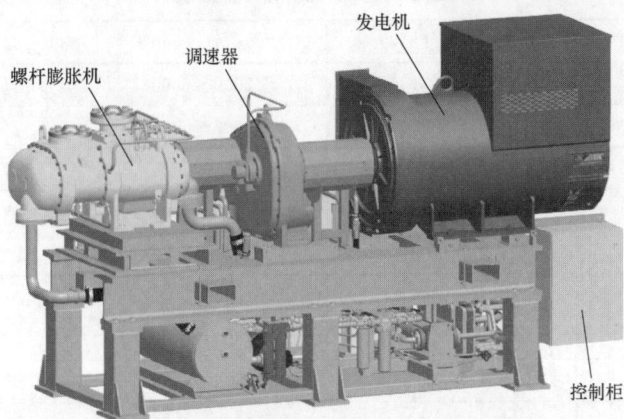

图 10-10　螺杆膨胀机结构图一

图 10-11　螺杆膨胀机结构图二

图 10-12　螺杆膨胀机结构图三

表 10-2   江西华电螺杆膨胀机参数表

机型	功率范围（kW）	转速（r/min）	长×宽×高（mm）
SEPG 80	1～5	2000～6000	500×250×350
SEPG 100	5～15	2000～6000	550×300×400
SEPG 180	20～100	2000～6000	700×500×650
SEPG 250	50～400	1500～6000	1500×1500×1300
SEPG 300	100～600	1500～3000	1700×1700×1360
SEPG 400	250～1500	1500～3000	2000×1800×1500
SEPG 500	300～2000	1500～3000	2200×2100×1660
SEPG 600	300～3000	1500～3000	2500×1600×1900
SEPG 800	300～3000	1500～3000	2600×1850×2300
SEPG 1000	300～3000	1500～3000	2900×2200×2700

第三节 地热发电发展状况及案例

一、地热发电发展概况

1904 年，意大利在拉德瑞罗建立起世界上第 1 座小型地热蒸汽试验电站。1913年，拉德瑞罗的 250kW 地热电站正式投入运行，这是世界地热发电的开端。但在1958 年新西兰建设怀拉基地热电站之前，以水为主的热储能一直未曾被大规模开发过。自 1958 年起，美国、墨西哥、苏联、日本、菲律宾、萨尔瓦多、冰岛和中国先后开始进行地热发电的研究试验和开发建设，但发展速度不快。20 世纪 70 年代初，世界性的能源短缺和燃料价格上涨以及能源的科技进步，引起了一些工业发达国家对包括地热能在内的新能源开发利用的重视，地热发电技术有了较大的发展。特别是 20世纪 80 年代以来，世界地热发电装机容量增加迅速：1990 年，由 1980 年的2388MW 增加为 5827.55MW，增幅达 1.44 倍；1998 年，又增加到 8239MW，比1990 年增加了 2372MW，增幅达 41.38％。进入 21 世纪后地热发电开发放缓。近年来，全球地热发电市场有所增长。根据国际能源署数据，2019 年全球地热发电量达到91.8TWh，同比增长 3％。

在 2020 年疫情冲击下，地热发电增长受到一定影响。根据 ThinkGeoEnergy 数据，2020 年全年全球新增地热发电装机容量为 202MW，其中土耳其新增 168MW，贡献了绝大部分的装机增量。截至 2020 年底，全球地热发电装机容量达到15 608MW。其中，美国地热发电装机容量为 3714MW，居世界首位，其次是印度尼西亚、菲律宾、土耳其和新西兰。地热发电装机容量排名前十的国家占到全球地热发电装机总量的 90％以上。

2015—2020 年间，全球地热发电装机容量增长约 27％，土耳其、印度尼西亚、肯尼亚带动了全球地热发电装机的增长，上述三国新增地热发电装机容量分别为1074、998、599MW。在此期间，比利时、智利、克罗地亚、洪都拉斯和匈牙利相继进入利用地热发电的国家之列。

2015—2020 年，全球用于电力项目的地热钻井总数为 1159 口，用于电力项目的地热总投资为 103.67 亿美元。表 10-3 列出了目前正在生产地热发电和几个被认为近期内有潜力进行地热发电的国家。

表 10-3　　　　　　　　　　　世界主要国家地热机组统计表

国家	2015 年		2020 年		2025 年预测值（MW）	自 2015 年增加量（MW）
	装机容量（MW）	能量（GWh/a）	装机容量（MW）	能量（GWh/a）		
阿根廷	0.00	0.00	0.00	0.00	0.00	0.00
澳大利亚	1.10	0.50	0.62	1.70	0.31	−0.48
奥地利	1.40	3.80	1.25	2.20	2.20	−0.15
比利时	0.00	0.00	0.80	2.00	0.20	0.80
智利	0.00	0.00	48.00	400.00	8L00	48.00
中国	27.00	150.00	34.89	174.60	386.00	7.89
哥斯达黎加	207.00	1511.00	262.00	1559.00	262.00	55.00
克罗地亚	0.00	0.00	16.50	76.00	24.00	16.50
萨尔瓦多	204.00	1442.00	204.00	1442.00	284.00	0.00
埃塞俄比亚	7.30	10.00	730	58.00	3130	0.00
法国	16.00	115.00	17.00	136.00	25	1.00
德国	27.00	35.00	43.00	165.00	43.00	16.00
危地马拉	52.00	237.00	52.00	237.00	95.00	0.00
洪都拉斯	0.00	0.00	35.00	297.00	35.00	35.00
匈牙利	0.00	0.00	3.00	530	3.00	3.00
冰岛	665.00	5245.00	755.00	6010.00	755.00	90.00
印度尼西亚	1340.00	9600.00	2289.00	15 315.00	4362.00	949.00
意大利	916.00	5660.00	916.00	6100.00	936.00	0.00
日本	519.00	2687.00	550.00	2409.00	554.00	31.00
肯尼亚	594.00	2848.00	1193.00	9930.00	600.00	599.00
墨西哥	1017.00	6071.00	1005.80	5375.00	1061.00	−11.20
尼加拉瓜	159.00	492.00	159.00	492.00	159.00	0.00
新西兰	1005.00	7000.00	1064.00	7728.00	200.00	59.00
巴布亚新几内亚	50.00	432.00	11.00	97.00	50.00	−39.00
菲律宾	1870.00	9646.00	1918.00	9893.00	2009.00	48.00
葡萄牙	29.00	196.00	33.00	216.00	43.00	4.00
俄罗斯	82.00	441.00	82.00	441.00	96.00	0.00
土耳其	397.00	3127.00	1549.00	8168.00	2600.00	1152.00
美国	3098.00	16 600.00	3700.00	18 366.00	4313.00	602.00

续表

国家	2015 年		2020 年		2025 年预测值（MW）	自 2015 年增加量（MW）
	装机容量（MW）	能量（GWh/a）	装机容量（MW）	能量（GWh/a）		
近期有地热发电潜力的国家						
多米尼加	0.00				7.00	
蒙特塞拉特	0.00				3.00	
尼维斯	0.00				9.00	
圣卢西亚	0.00				30.00	
圣文森特	0.00				10.00	
加拿大	0.00				10.00	
希腊	0.00				30.00	
伊朗	0.00				5.00	
厄瓜多尔	0.00				50.00	
世界总计	12 283.80	7 354 930	15 950.16	95 095.80	19 139.01	3666.36

值得注意的是，世界能源理事会（WEC）预测，在乐观、基准和悲观三种情景下，2015—2060 年间地热的复合年增长率将分别约为 5.4%、4.6% 和 3.4%。

尽管与许多将地热资源用于区域或空间供暖、农业和水产养殖和/或轻工业目的国家相比，现在使用地热能发电的国家或地区数量仍然很少。自 2015 年以来，这些国家包括比利时、智利、克罗地亚、洪都拉斯和匈牙利。此外，从 2030 年开始的 10 年内，阿根廷、澳大利亚、加拿大、中国、多米尼加、厄瓜多尔、希腊、伊朗、蒙特塞拉特、尼维斯、圣卢西亚、圣文森特可能会有新的地热发电或装机容量大幅增加。此外，一些非洲国家毗邻东非裂谷带，如坦桑尼亚、乌干达、卢旺达和马拉维，目前正在探索地热发电潜力。尽管这些国家对地热发电的初步探索可能规模相对较小（小于 20MW），但这种可再生能源可能占这些国家电力需求的很大一部分，并突出了国际上日益增长的绿色能源趋势。

地热总装机容量最大的国家（按降序排列）分别是美国、印度尼西亚、菲律宾、土耳其、新西兰、墨西哥、意大利、肯尼亚、日本和哥斯达黎加。印度尼西亚拥有四座世界上最大的地热发电厂，其中 Gunung Salak 发电站最大，装机容量为 375MW。按照印度尼西亚计划开发更多地热资源的速度，到 2027 年左右，印度尼西亚有可能超越美国，成为全球地热发电市场的领导者。表 10-4 列出了截至 2020 年地热发电量最多的 10 个国家。

表 10-4　　　　　　　　世界地热发电装机前 10 国家统计表

国家	2020 年装机容量（MW）	国家	2020 年装机容量（MW）
美国	3700	墨西哥	1105
印度尼西亚	2289	新西兰	1064
菲律宾	1918	意大利	916
土耳其	1549	日本	550
肯尼亚	1193	冰岛	755

地热发电机组汽轮机容量大，ORC 及螺杆膨胀机容量小，各类地热机组数量及装机容量表见表 10-5。

表 10-5　　　　　　　　　　　各类地热机组数量及装机容量表

类型	机组数量占比（%）	装机容量占比（%）
干蒸汽	12.10	27.12
1-闪蒸	28.79	42.94
2-闪蒸	10.05	17.40
3-闪蒸	1.02	2.12
双工质	39.86	6.63
闪蒸-双工质	8.01	3.74
混合种类	0.17	0.06
总量	100	100

二、地热电站案例

地热电站是开发成本高，运行成本低的项目。地热电站的开发成本包括地质勘探、地质钻探、初始设备投资，同时需要很长的开发时间。在开发地热电站过程中面临一系列挑战，包括确定含有高温流体的热储位置、设计经济可靠的开采方法、在合适的发电厂利用其发电和采用环保的方式处理利用后的流体（通常是通过回灌井将其重新注入储层内）。整个系统必须能够达到设计要求，并至少能够运行 25～30 年，才能认为是经济可行的。

热储及流体的多变性带来了更大工程上的难题。虽然能够将热储及流体分成常见的几种类型，但是各个热储在一些具体细节上都有所不同，以至于每个都要在进行详细的研究了解之后才能合理开发利用。开发过程包括确定位置、深度、方向、井的数量和类型、待建发电厂的类型和规模、利用后地热流体的处理方式以及符合当地环保规定的排放系统。这些都必须提前设计好，才能进行初步的经济分析，以确定项目的可行性。

在发电厂投入运行之前，正常情况下初步工作需要几年时间，在遇到特殊困难时，还有可能花费十多年的时间。下文对几个典型电站进行简要介绍。

1. 墨西哥塞洛普罗发电厂

塞洛普罗位于加利福尼亚州帝王谷南部，峡谷恰好临近美国边界，塞洛普罗发电厂总装机功率为 720MW。赛罗普罗是一个具有各种地表地热现象的地区，如费腾池、泥火山和蚀变地貌。第一口钻探井就钻在这些具有地热活动的地区。该地热田在塞洛普罗火山东部，火山是一个大型的侵蚀结构，高度仅在海平面以上 225m，位于墨西哥峡谷间。除火山外，其他区域基本上都较为平坦。

赛洛普罗地热发电厂从 1973 年建立的 CP-I 机组开始，之后不断发展，2000 年完成了第四个机组的安装建设，即 CP-IV 机组，功率为 200MW。

墨西哥塞洛普罗地热发电厂鸟瞰图见图 10-13。

图 10-13 墨西哥塞洛普罗地热发电厂鸟瞰图

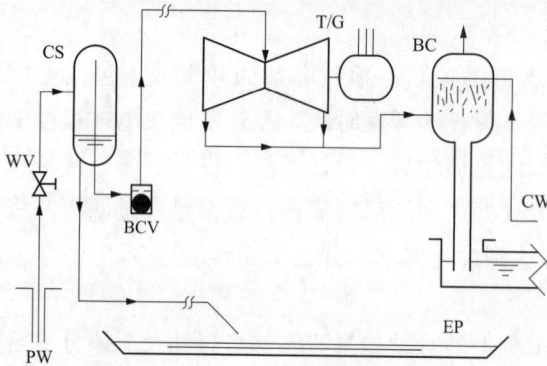

图 10-14 CP-1 的 4 个机组简化流程示意图
WV—井口阀；CS—分离器；BCV—止回阀；
T/G—汽轮发电机；BC—凝汽器；
CW—冷却水；EP—蒸发池

CP-1 的 4 个机组简化流程示意图如图 10-14 所示。

这是一个基本的单级闪蒸设计，该设计包括地表废盐水向大型蒸发池排放的过程。

集输系统包括每口井中的旋风分离器、通向发电厂的蒸汽集输管线以及通向蒸发池的液体管线。图 10-15 所示为一个典型的井口装置。

蒸汽集输管和分离器如图 10-16 所示。

机组 1～4 号汽轮发电机是由东芝公司提供的。

图 10-15 井口装置图

图 10-16 蒸汽集输管和分离器

CP-Ⅱ和CP-Ⅲ运行的是4个相同的110MW的机组，分别命名为CP-Ⅱ机组1~2和CP-Ⅲ机组1~2。其汽轮机是所有地热发电厂中最大的双级闪蒸系统，由东芝公司提供。

CPⅡ和CPⅢ流程如图10-17所示。

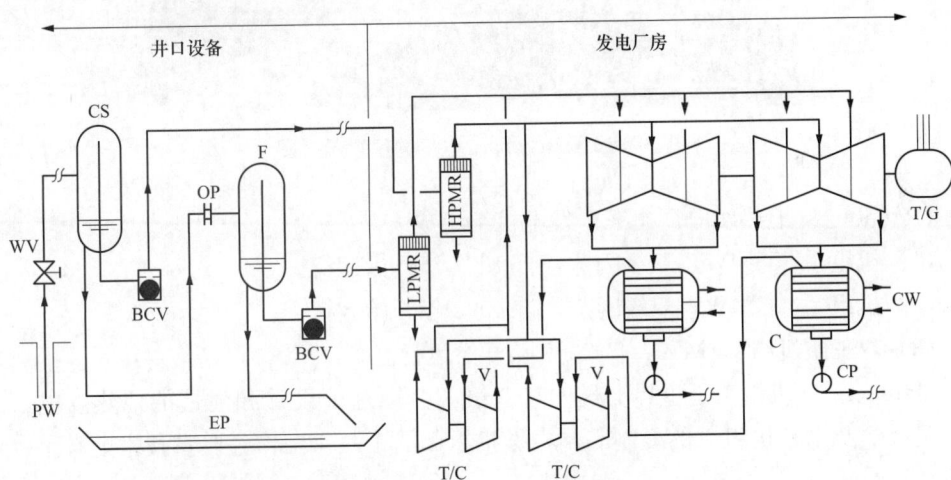

图 10-17 CPⅡ和CPⅢ流程图

PW—生产井；WV—井口阀；CS—分离器；BCV—止回阀；OP—节流孔板；
F—扩容器；EP—蒸发池；HPMR—高压除湿器；LPMR—低压除湿器；
T/G—汽轮发电机；C—凝汽器；CW—冷却水；CP—凝结水泵；T/C—抽气器

汽轮机中的蒸汽来自井口的分离器和二级汽水分离器，每口井都有一对。因此，每口井都有高压和低压双路蒸汽管道。在发电厂的外面，蒸汽在进入汽轮机之前都要经过大型的去湿装置。

CP-Ⅳ由4个相同的25MW的单级闪蒸机组组成。这个发电站位于先前建造的机组的东部，发电用的流体来自储层的最深部。汽轮机组由三菱公司提供，所有的机组都是于2000年并网发电。

总体来看，塞洛普罗的发电机组的生产动态与设计相比一直在递减，从 2008 年以来的数据表明，塞洛普罗发电厂的毛单位蒸汽消耗量（SSC）从最初的 1.94 增加到了 2.45，性能大约变差了 26%。

2. 日本八丁原（Hatchobaru）电厂

八丁原（Hatchobaru）电厂位于日本阿苏九重国立公园中。正因为如此，其钻井位置、大气和地表排放、噪声和自然风景的视觉干扰会受到严格的限制。这些条件让该发电厂的发展和维护产生了重要的影响。Hatchobaru 电厂的位置示意图如图 10-18 所示。

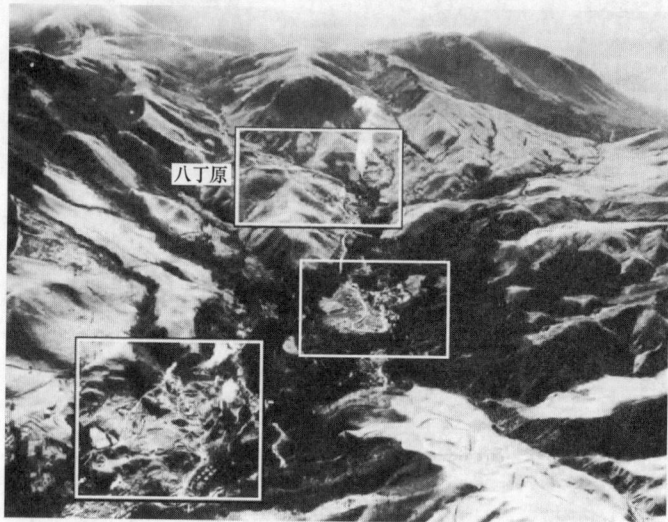

图 10-18　Hatchobaru 电厂的位置示意图

Hatchobaru 地热发电厂由三个发电机组组成。

（1）机组 1：55MW，双级闪蒸，自 1977 年开始运行。

（2）机组 2：55MW，双级闪蒸，自 1990 年开始运行。

（3）双工质机组：2MW，自 2003 年开始运行。

Hatchobaru 机组 1 是世界上最先在双级闪蒸原理下设计和建造的地热发电厂之一。机组 2 几乎是机组 1 的复制品，根据机组 1 的十几年工作经验在技术上有了一些改进。

Hatchobaru 电厂机组 2 流程图如图 10-19 所示，机组 1 没有可以保护汽轮机使其在主蒸汽流中免受夹带湿气的影响的末端除湿器（MR）。

双工质机组自 2004 年开始运行，功率为 2MW。该机组设计针对的是不能与总集输管线相连的低压井。两相流体在井口分离，蒸汽输送到双工质机组的蒸发器中，而分离出的咸水和蒸汽冷凝液输送到预热器中。由于该机组为空气冷却，井中所有的地热流体都被回注到地层中，对环境的影响最小。Hatchobaru 电厂双工质机组鸟瞰图如图 10-20 所示。

3. 羊八井

中国中、低温的地热资源非常多，但高温地热资源仅赋存于西藏自泊区、云南省和四川省。我国建成的地热机组见表 10-6。

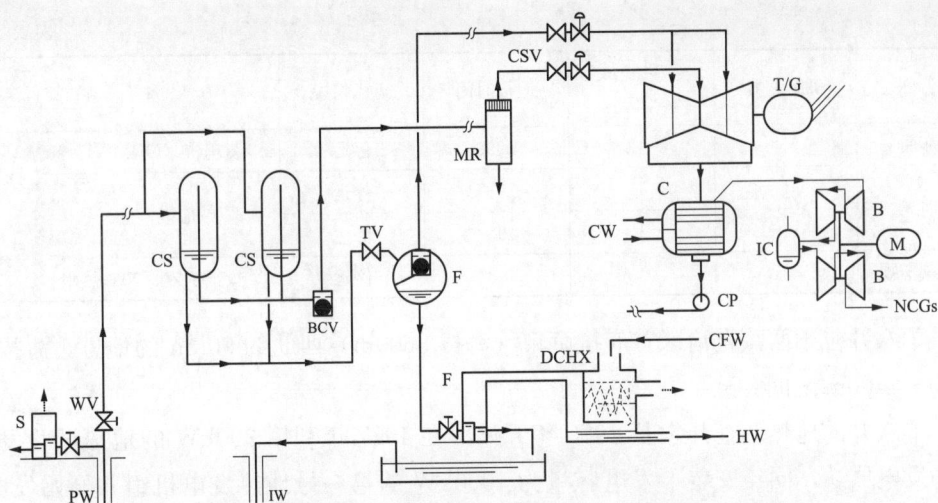

图 10-19　Hatchobaru 电厂机组 2 流程图

PW—生产井；WV—井口阀；CS—分离器；BCV—止回阀；TV—节流阀；F—扩容器；

IW—回注井；MR—除湿器；CSV—蒸汽止回阀；T/G—汽轮发电机；C—凝汽器；CW—冷却水；

CP—凝结水泵；B—抽气器；CFW—冷水；HW—热水；DCHX—混水器

图 10-20　Hatchobaru 电厂双工质机组鸟瞰图

表 10-6　　　　　　　　　我国建成的地热机组表

名称	机组编号	单机容量（MW）	运行时间	运行情况	备注
羊八井	1	1	1977	停运	除 1 号和 5 号机组外，其余均为青岛捷能生产的 D3-1.7/0.5 机型
	2	3	1981	运行	
	3	3	1982	运行	
	4	3	1985	运行	
	5	3.18	1986	运行	
	6	3	1988	运行	
	7	3	1989	运行	
	8	3	1991	运行	
	9	3	1991	运行	

続表

名称	机组编号	单机容量（MW）	运行时间	运行情况	备注
那曲	1	1	1993	停运	澳玛特（ORMAT）双循环
朗久	1	1	1987	停运	改装机组
	2	1	1987	停运	
广东丰顺	3	0.3	1984	停运	减压扩容，90℃热水

羊八井位于西藏自治区首府拉萨市（海拔 3600m）西北约 90km 的地方，海拔在 4300～4500m 之间。

羊八井的地热调查开发从 1975 年开始，在 1977 年利用 300kW 的地热试验发电设备发电成功，同年安装了发电容量为 1000kW 的第一号地热发电机组并开始发电。从 1981 年到 1985 年安装了 3 台国产 3000kW 地热发电机组，建成了羊八井第一地热电厂。之后在 1986 年安装了日本富士电机制造的发电容量为 3180kW 的地热发电机组作为第二电厂，而且从 1988 年到 1991 年安装了 4 台国产 3000kW 的地热发电机组，建成了第二电厂。因为已经废弃了最初的 300kW 发电设备和 1000kW 的地热发电机组，第一热电厂现有 3 台发电机组，装机容量为 9000kW，第二地热电厂有 5 台发电机组，总装机容量为 15 180kW，两电厂的总发电量达 24 180kW。到 1995 年左右随着设备的技术改造平均总发电量有所增加，但是 1995 年以后随着浅层地热的衰减，机组总出力稳定在 13 000～18 000kW，且一直持续运行至今。羊八井地热电站主要工艺路线如图 10-21～图 10-23 所示。

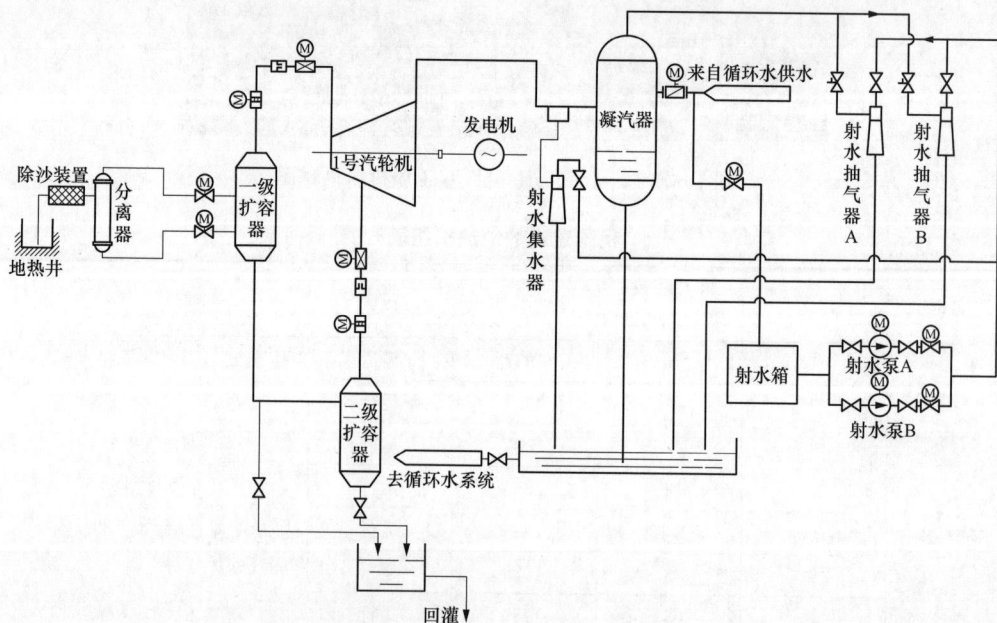

图 10-21　羊八井地热电站流程图

图 10-22　羊八井地热电站厂房

图 10-23　羊八井地热电站远景

第十一章

储　　能

第一节　储能技术概述

一、储能技术分类

储能是通过特定的装置或物理介质将不同形式的能量通过不同方式储存起来，以便以后再需要时利用的技术。现有的储能技术一般分为五种，即机械储能、电磁储能、电化学储能、热储能和化学储能。每种不同的储能技术又包含更多不同的应用形式。储能技术分类如图11-1所示。

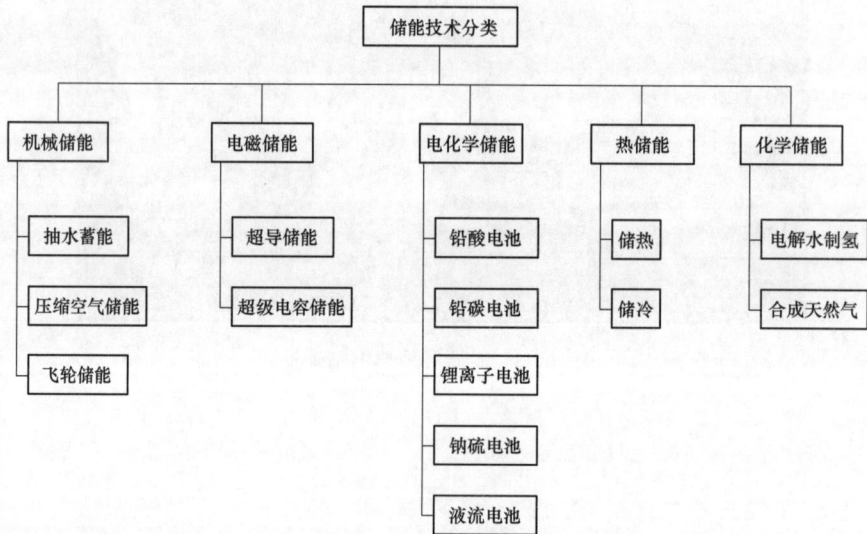

图 11-1　储能技术分类

二、储能的价值及应用场景

储能的价值及应用场景如图11-2所示。

三、储能产业链分布

储能产业链分布如图11-3所示。

四、储能政策环境

近年来，我国储能产业在项目规划、政策支持和产能布局等方面均加快了发展的

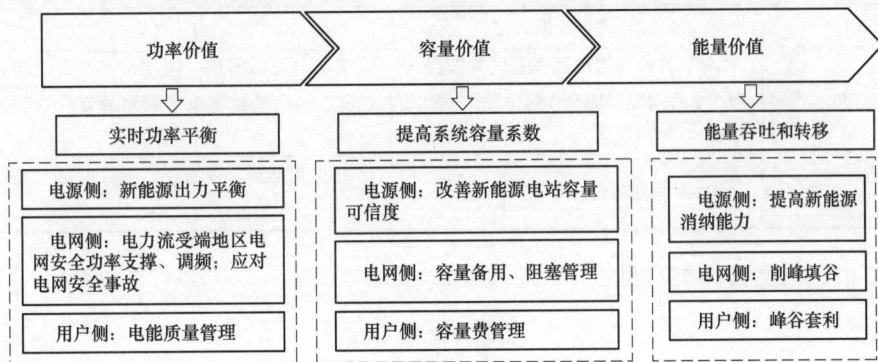

(a) 储能的价值

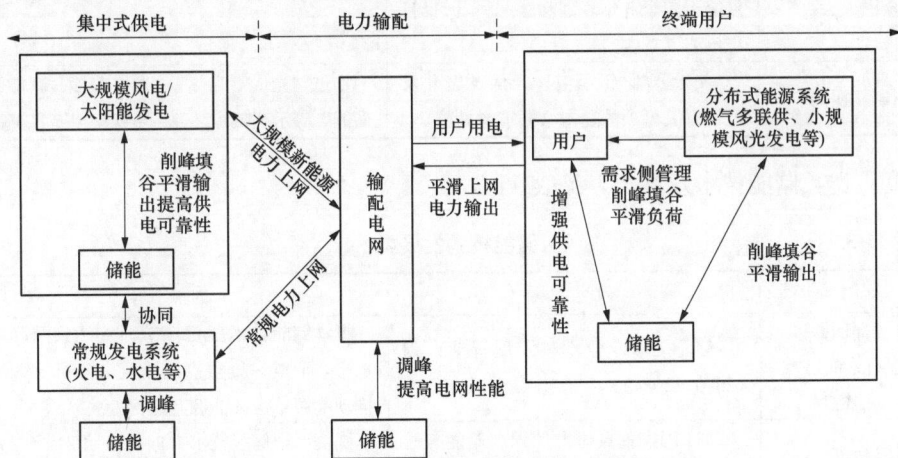

(b) 储能的应用场景

图 11-2　储能的价值及应用场景

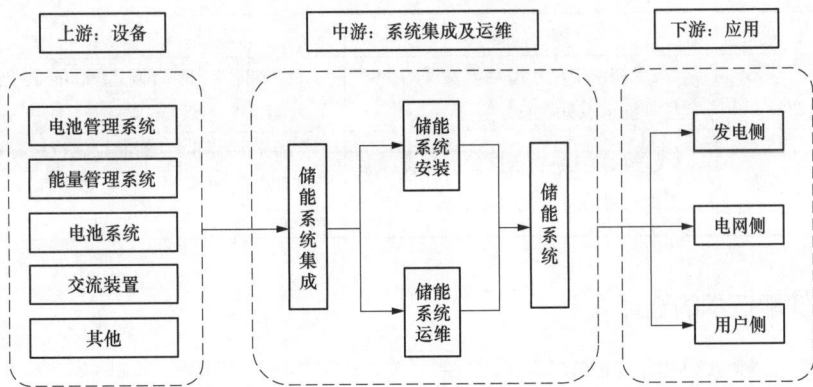

图 11-3　储能产业链分布

脚步，行业发展也更加规范。目前，我国关于储能的相关政策，主要分为四类。

第一类：示范项目建设类，见表 11-1。

表 11-1 示范项目建设类

部门	政　策	内　容
工信部	《京津冀及周边地区工业资源综合利用产业协同轻型提升计划（2020—2022年)》	推动山西、山东、河北、河南、内蒙古在储能、通信基站备电等领域建设梯次利用典型示范项目
国家发展改革委	5月新闻发布会	积极投资大容量储能设施，开展"源网荷储一体化"示范项目建设

第二类：指明方向类，见表 11-2。

表 11-2 指明方向类

部门	政　策	内　容
全国人大	《中华人民共和国国民经济和社会发展第十四个五年规划和2035年远景目标纲要（草案)》	提出发展储能，为我国的能源转型定下了主调
国家能源局	《关于2021年风电、光伏发电开发建设有关事项的通知（征求意见稿)》	推进"光伏＋光热""光伏治沙、新能源＋储能"等示范工程，进一步探索新模式新业态

第三类：储能技术发展类，见表 11-3。

表 11-3 储能技术发展类

部门	政　策	内　容
教育部国家发展改革委国家能源局	《储能技术专业学科发展行动计划(2020—2024)》	推动储能技术关键环节研究达到国际领先水平，形成一批重点技术规范和标准，有效推动能源革命和能源互联网发展
科技部	2021国家重点研发计划"储能与智能电网技术"重点专项申报	围绕6个储能技术方向，启动21个指南任务，拟安排国家经费6.67亿元

第四类：储能发展规划类，见表 11-4。

表 11-4 储能发展规划类

部门	政　策	内　容
国家发展改革委国家能源局	《关于加快推动新型储能发展的指导意见（征求意见稿)》	到2025年我国新型储能装机规模达3000万 kW（即30GW）以上
宁夏发展改革委	《关于加快促进自治区储能健康有序发展的指导意见（征求意见稿)》	"十四五"期间，储能设施按照容量不低于新能源装机的10％。连续储能时长2h以上的原则逐年配置

五、储能技术的选择

储能技术种类繁多，他们的特点各异。实际应用时，要根据各种储能技术的特点以及对优缺点进行综合比较来选择适当的技术。供选择的主要特征包括：

（1）能量密度；

（2）功率密度；

（3）响应时间；

(4) 储能效率;

(5) 设备寿命或充放电次数;

(6) 技术成熟度;

(7) 经济因素 (投资成本、运行和维护费用);

(8) 安全和环境方面的考虑。

六、储能发展态势及未来预测

近年来,储能行业发展态势良好,2021 年中国新增储能装机为 7397.9MW,较上一年装机容量增加近 20%,累计装机已经达到 43.44GW。

在电力储能中,抽水蓄能是较为传统的储能方式,而电化学储能等属于新型储能方式。从 2021 年中国储能市场结构看,抽水储能累计装机规模达到 37.57GW,占比超过 86.3%,熔融盐储热占比达到 1.2%;新型储能占比达到 12.5%,其中电化学储能累计装机规模达到 5.12GW,占比达到 96.6.5%,压缩空气及其他储能占比约为 3.4%。中国电力储能市场累计装机规模 (2000—2021 年) 如图 11-4 所示。

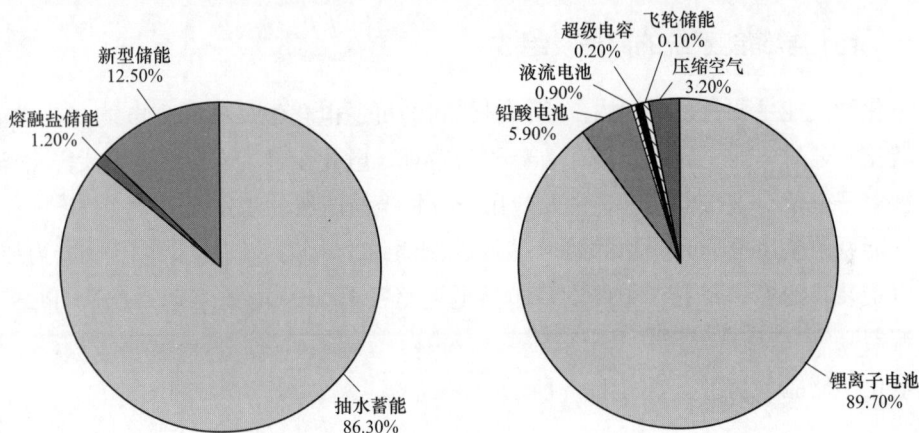

图 11-4 中国电力储能市场累计装机规模 (2000—2021 年)

预计到 2025 年,我国新型储能市场规模将比 2020 年底的水平大近 10 倍;到 2026 年,储能装机规模有望突破 141GW。

第二节 电化学储能

电化学蓄电储能系统与电网直接相连,可实现电能与化学能之间的相互转化,具有能量储存与释放功能的系统。电化学蓄电储能系统包括电池组、电池管理系统、交直流逆变装置等设备。电化学储能技术成熟,不受地域限制,适合大规模应用和批量化生产,产业化应用前景好。电化学储能在电网调峰调频中应用广泛,覆盖了电厂侧、电网侧和用户侧,运行控制简单,可以实现无人操作。电化学储能电站如图 11-5 所示。

图 11-5　电化学储能电站

一、电化学储能系统的原理及组成

电化学储能主要通过电池内部不同材料间的可逆电化学反应实现电能与化学能的相互转化，通过电池完成能量储存、释放与管理。电化学储能包括铅酸电池、液流电池、锂离子电池、钠硫电池等，主要应用于分钟至小时级的工作场景。

储能系统是以电池为核心的综合能源控制系统。电化学储能系统以电池为核心，一般以集装箱的形式布置。主要设备包括电池组及 BMS（电池管理系统）、PCS（储能变流器）、中高压电气设备及 EMS 等。

电化学储能系统组成如图 11-6 所示。

工作原理

✓ 通过电池系统、双向变流系统实现电池和电网之间的直流系统和交流系统的能量双向流动

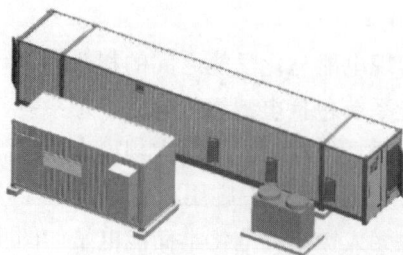

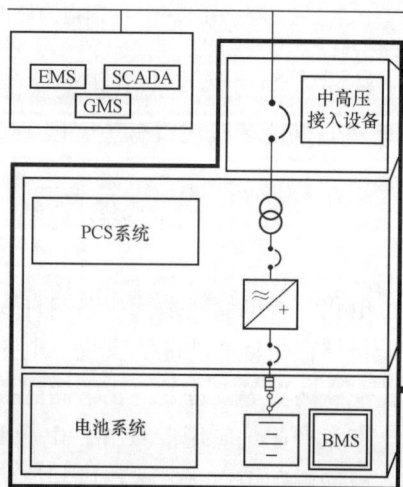

图 11-6　电化学储能系统组成

二、主要电池技术特点

(一) 铅酸电池

(1) 技术最成熟，安全性好、价格低、可靠性高。

(2) 能量密度低、充放电循环寿命短，充放电倍率低，不能深度放电。

(3) 日常维护频繁，全寿命周期均存在环境污染问题。

(二) 液流电池

(1) 全钒液的液流电池，是目前规模最大、最接近产业化的液流电池。

(2) 自放电程度小，循环寿命长，可深度放电，系统设计灵活性大，不受场地限制，系统安全环保。

(3) 能量密度不高，需要辅助液泵，成本高，需解决材料及电解液制备等核心问题。

(三) 锂离子电池

(1) 有多种类型，阳极材料的研究仍在继续，品种还在增加。

(2) 能量密度高，可高功率充放电，循环寿命长，转化效率高，高低温适应性强，具有较好的环保性能。

(3) 存在安全性问题，过充电或过放电都有着火爆炸的危险。

(四) 钠硫电池

(1) 电池材料丰富，能量密度高，可高功率充放电，循环寿命长，转化效率高，不含重金属。

(2) 工作环境温度高（300～350℃），需要加热保温，需要设置防爆防腐措施。

三、主要电池技术对比

主要电池技术对比见表 11-5。

表 11-5　　　　　　　　　　主要电池技术对比

项目	铅蓄	磷酸铁锂	钛酸锂电池	三元锂电池	钠硫	全钒液流
容量应用规模	十万千瓦时级	十万千瓦时级			十万千瓦时级	十万千瓦时级
功率应用规模	万千瓦级	十万千瓦级			万千瓦级	万千瓦级
能量密度（Wh/kg）	40～80	80～170	60～100	120～300	150～300	12～40
功率密度（W/kg）	150～500	1500～2500	>3000	3000	22	50～100
响应时间	毫秒级	毫秒级			毫秒级	毫秒级
循环次数	500～3000	2000～10 000	>10 000	1000～5000	4500	>10 000
寿命	5～8 年	10 年			15 年	>10 年
充放电效率	70%～90%	>90%	>90%	>90%	75%～90%	75%～85%
单位造价（元/kWh）	800～1300	1200～1800	4500	1400～2000	2200	2500～3900

项目	铅蓄	磷酸铁锂	钛酸锂电池	三元锂电池	钠硫	全钒液流
优势	成本低，可回收含量高，安全性好，响应时间快	效率高、能量密度高、响应快			效率高、能量密度高、响应快	循环寿命高、安全性能好
劣势	能量密度低、寿命短、受放电深度影响大	安全性较差、成本与铅酸电池相比较高			需要高温条件，安全性较差	能量密度低、效率低
应用场景	电能质量调节、频率控制、备用电源、黑启动、UPS	电能质量调节、备用电源、削峰填谷、可再生能源消纳			电能质量调节、备用电源、削峰填谷、可再生能源消纳	电能质量调节、备用电源、削峰填谷、可再生能源消纳

第三节　压缩空气储能

压缩空气储能系统是以高压空气压力能作为能量储存形式，并在需要时通过高压空气膨胀做功来发电的系统，其技术原理发展自燃气轮机。压缩空气储能是一种能够实现大容量和长时间电能存储的技术。单机可以做到100MW以上，储能容量在4h以上。初投资、建设成本、运行成本都比较低。整个系统全是机械设备，设计寿命在30年以上。某300MWh压缩空气储能电站如图11-7所示。

图 11-7　某300MWh压缩空气储能电站

一、压缩空气储能系统的原理及组成

利用余电、废电，通过电动机驱动压缩机，把空气压缩储存，将电能转换为机械能，转换为空气的内能。需要发电时，将高压空气释放，驱动膨胀机转动，连接发动机发电，将压力能转化为机械能，再转化为电能。关键设备包括压缩机、透平机、发电机等。

压缩空气储能工作原理如图11-8所示。

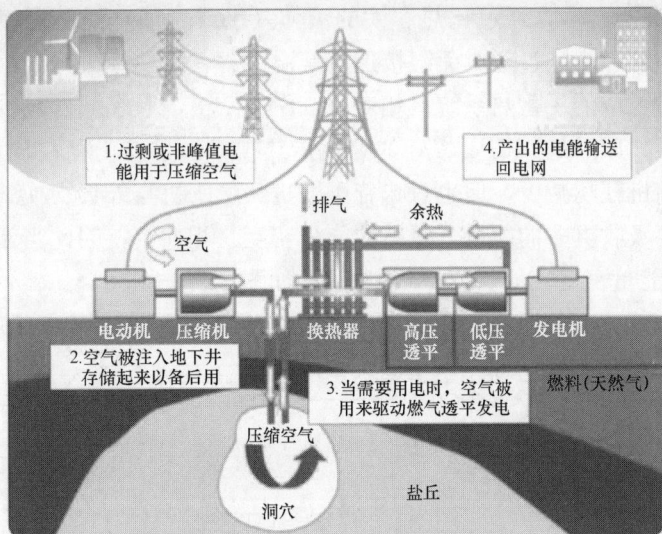

图 11-8　压缩空气储能工作原理

二、压缩空气储能主要技术路线

(一) 蓄热式压缩空气储能系统 (TS-CAES)

空气压缩过程会产生压缩热，在传统压缩空气储能中，这部分热量通常被冷却水带走，最终耗散掉，而 TS-CAES 则将这部分热量在储能时储存起来，而在释能时用这部分热量加热膨胀机入口空气，实现能量的回收利用，提高了系统效率。同时由于膨胀机前有压缩热的加热，可以取消燃烧室，即该系统也摆脱了对化石燃料的依赖。当存在太阳能热、工业余热等外界热源时，膨胀机入口空气还可进一步地被加热，提高系统效率和能量密度。加之该系统工作流程简单，目前受到了较多国内外学者的关注和研究。而该系统缺点在于增加了多级换热及储热，系统占地面积和投资有所增加。TS-CAES 系统原理图如图 11-9 所示。

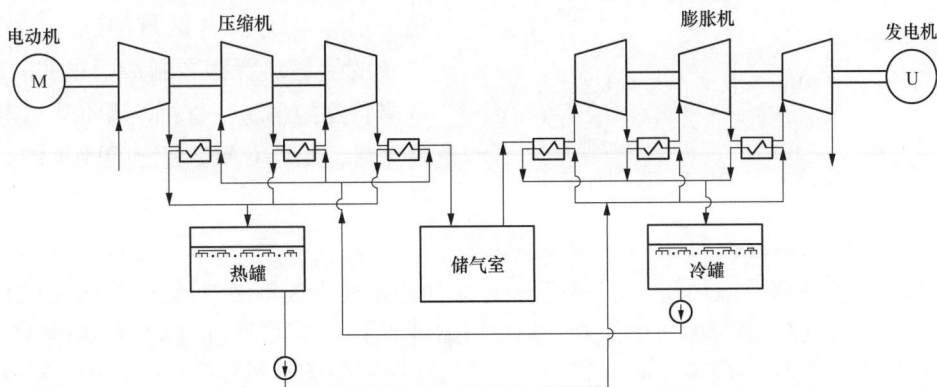

图 11-9　TS-CAES 系统原理图

(二) 等温压缩空气储能系统 (I-CAES)

CAES 为等温压缩和等温膨胀过程实现储能和释能。该系统采用一定措施（如活塞、喷淋、底部注气等），通过比热容大的液体（水或者油）提供近似恒定的温度环境，使空气在压缩和膨胀过程中无限接近于等温过程，将热损失降到最低，从而提高系统效率，同时也取消了蓄热系统（相对于 TS-CAES），系统部件减少。而等温过程的实现比较困难，原因是其需要较好的强化传热技术，目前仍存在技术难题。同时，虽然等温使压缩机耗功减少，但也意味着压缩机和膨胀机与外界交换的功量减少，这与储能系统需要吸收更多的能量（更高的能量密度）相冲突，因此当储能压力不够高时，I-CAES 的能量密度较低。I-CAES 原理图如图 11-10 所示。

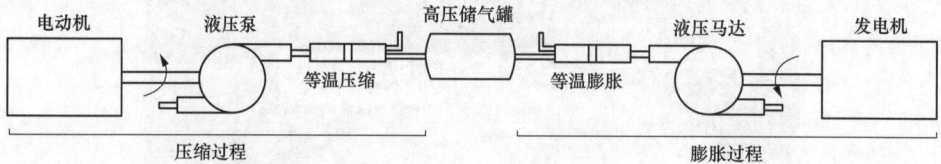

图 11-10　I-CAES 原理图

（三）水下压缩空气储能系统（UW-CAES）

当空气以气态形式储存在地下洞穴或人造容腔内时，随着储能（充气）或释能（放气）过程的进行，储气室内的压力不断变化，且空气不能被完全释放（需要大量垫底气），否则洞穴坍塌或压缩机出口/膨胀机入口压力过低无法运行，以上因素造成压缩机和膨胀机处于变工况运行，效率不能持续处于高位，同时系统能量密度不高。针对以上问题，UW-CAES 通过将储气装置放置在深水（海洋或湖泊）中，利用水压的恒定实现储能和释能过程中压缩机组出口和膨胀机组入口压力恒定，使压缩机和膨胀机一直工作在最佳运行点，且释能时储气装置中的空气可以近乎完全释放。因此，UW-CAES 具有高效率（71%）和高能量密度的优点，其适用于海岸线/深海区域的储能。但该系统的储气装置存在制造困难的问题，如需特殊的耐腐蚀材料，需将其固定在海底等。UW-CAES 原理图如图 11-11 所示。

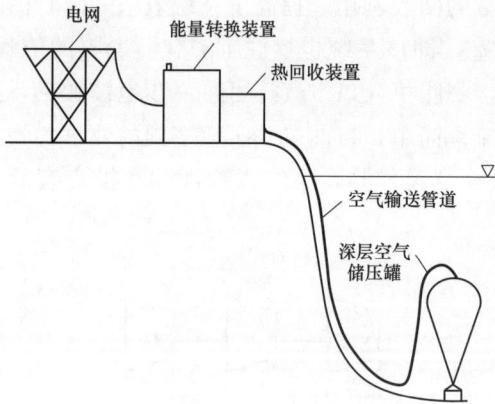

图 11-11　UW-CAES 原理图

（四）液态压缩空气储能系统（LAES）

借助于空气降温液化技术，LAES 通过添加流程使空气以液态形式储存，图 11-12 所示为一种 LAES 原理图，储能时，经过压缩机的高压空气进入回热器降温和降压设备进行液化，被液化的常压低温液态空气储存在储液罐中；释能时，液态空气经过低温泵升压、回热器升温，然后进入燃烧室，与燃料混合燃烧后进入膨胀机膨胀做功。LAES 系统中空气以液态形式储存，相对于传统压缩空气储能，其具有不受地理环境限制、能量密度大的优点。但是其依赖化石燃料输入，系统性能受回热器的影响较大。

（五）超临界压缩空气储能系统（SC-CAES）

SC-CAES 系统利用空气的超临界特性，在蓄热/冷过程中高效传热/冷，并将空气以液态形式储存，实现系统高效和高能量密度的优点，系统兼具 TS-CAES 和 LAES 的特点，同时摆脱了依赖大型储气室和化石燃料的问题。图 11-13 所示为一种 SC-CAES 原理图，其工作原理：在用电低谷，空气被压缩到超临界状态（$T > 132K$，$p > 3.79MPa$），

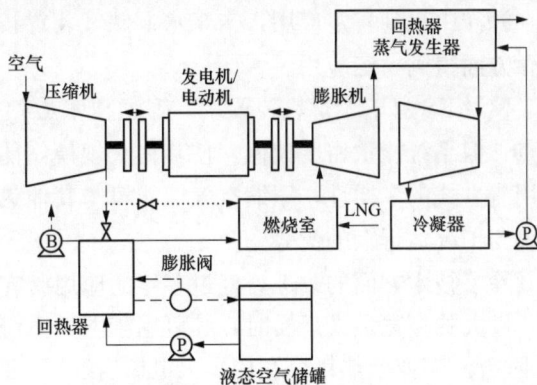

图 11-12　LAES 原理图

并在蓄热/换热器中冷却至常温后，利用存储的冷能将其等压冷却液化，经节流/膨胀降压后常压存储于低温储罐中，同时空气经压缩机的压缩热被回收并存储于蓄热/换热器中；在用电高峰，液态空气经低温泵加压至超临界压力后，输送至蓄冷/换热器被加热至常温，再吸收储能过程中的压缩热后经膨胀机膨胀做功，同时液态空气中的冷能被回收并存储于蓄冷/换热器中。

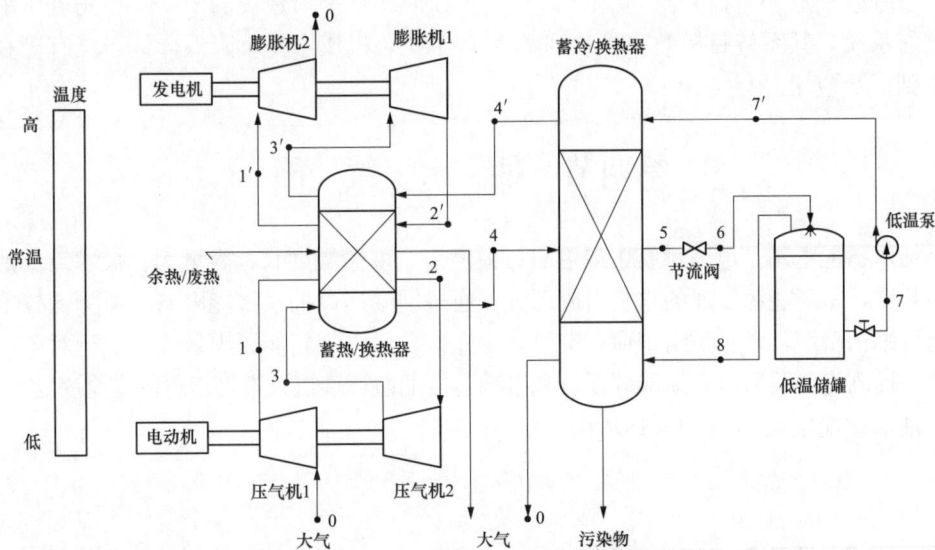

图 11-13　SC-CAES 原理图

三、各类压缩空气储能系统技术特点

各类压缩空气储能技术均具有其自身优势和一定的局限性，但整体来看，蓄热式压缩空气储能系统效率较高，技术较为成熟，加之我国有大量的盐洞、废弃矿洞，利用已有洞穴建设低成本的压缩空气储能系统非常有发展前景，因此 TS-CAES 系统有望在未来几年得到广泛关注和应用。

LAES 和 SC-CAES 由于具有较高的能量密度，占地面积小，将在无天然洞穴地区受到越来越多的青睐，特别是 SC-CAES 还具有较高效率的优点，其吸引力将更大，

但目前仍需进行进一步的技术突破，提高系统效率。UW-CAES 由于其工作环境，有望在海洋中得到一定应用，未来水下储气装置技术成熟后，可在海洋环境如海上风电储存方面得到一定应用。

I-CAES 由于无蓄热装置，待等温技术成熟后，系统可兼具流程简单和效率高的优点，但系统能量密度较低，使其在大规模储能领域受限。同时未来，考虑产能方式及用能方式的多样性，压缩空气储能可与其他热力系统耦合，充分发挥其在促进耦合系统变工况运行上的优势。

除了技术方面的改进，经过多年的应用研究，压缩空气储能系统的应用场景也得到了极大的拓宽。大规模时，其可用于电力系统削峰填谷、可再生能源平滑波动、可再生能源/工业余热耦合利用、火电厂/核电厂变工况辅助运行等，中小规模时，可用于分布式能源系统、分布式微电网、压缩空气储能汽车、无人机弹射技术等方面。

我国的压缩空气储能产业整体起步较晚，但发展很快。2011 年，中国科学院工程热物理研究所率先建成了国际首个超临界压缩空气储能实验平台（15kW）；基于该技术及持续的研究工作，2013 年，中国科学院工程热物理所就在河北廊坊建成了兆瓦级的先进压缩空气储能（集成超临界和蓄热式压缩空气储能系统）示范项目，系统效率达到 52.1%；进一步，又于 2016 年底在贵州毕节建成 10MW 的先进压缩空气储能系统，系统效率进一步提升至 60%；而目前正在河北张家口建设的 100MW 先进压缩空气储能系统，其系统目标效率将达到 70%，单位装机成本持续降低，该系统有望在未来得到广泛应用。

第四节　抽　水　蓄　能

抽水蓄能电站是电力系统中最可靠、最经济、寿命周期长、容量大、技术最成熟的储能装置，是新能源发展的重要组成部分。通过配套建设抽水蓄能电站，可降低核电机组运行维护费用，延长机组寿命；有效减少光伏及风电等新能源项目并网运行对电网的冲击，提高光伏及风电等新能源项目和电网运行的协调性以及电网运行的安全稳定性。

抽水蓄能电站如图 11-14 所示。

图 11-14　抽水蓄能电站

一、抽水蓄能系统的原理及组成

抽水蓄能电站利用电力负荷低谷时的电能抽水至上水库，在电力负荷高峰期再放水至下水库发电的水电站。又称蓄能式水电站。它可将电网负荷低时的多余电能，转变为电网高峰时期的高价值电能，还适于调频、调相，稳定电力系统的周波和电压，且宜为事故备用，还可提高系统中火电厂和核电厂的效率。关键设备主要有可逆水轮机、电动发电机组。

抽水蓄能电站工作原理如图 11-15 所示。

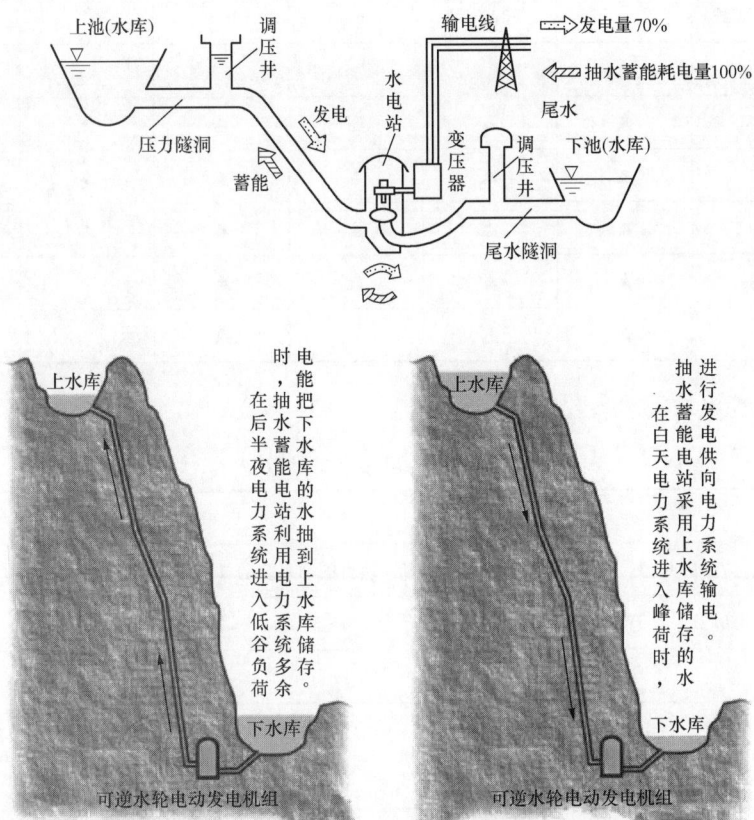

图 11-15　抽水蓄能电站工作原理

二、抽水蓄能电站技术特点

抽水蓄能电站是一种具有储能功能的发电方式，兼顾发电与储能的特性。抽水蓄能调峰能量大，启动升负荷速度快，是各种电源中运行方式最灵活的发电方式；也是当前技术最成熟、最经济的大规模电能储存装置。抽水蓄能与其他主要发电方式具体比较见表 11-6。

抽水蓄能电站作为一个中间存储系统，通常被用作电力辅助服务，以维持电网的稳定性。在新能源发电日益增多的今天，抽水蓄能的意义越发重大。一是解决电力系统日益突出的调峰问题；二是发挥调压调相作用，保证电网电压稳定；三是发挥事故备用作用；此外，抽水蓄能电站还具有黑启动、系统特殊负荷等功能。

表 11-6 抽水蓄能与其他主要发电方式具体比较

项目	抽水蓄能电站	单循环燃气轮机	联合循环燃气轮机	常规水电站	燃煤火电站	
					降负荷	启停
所承担负荷位置	峰荷	峰荷	峰（基）荷	峰（基）荷	峰（基）荷	峰荷
最大调峰能力（%）	200	100	85	100	50	100
开启（每日启动）	▲	▲	▲	▲		▲
开启（静止→满载）	1.5min	3min	60min	2min		
填谷	▲					
调频	▲	▲	▲	▲	▲	
调相	▲	▲	▲	▲	▲	
旋转备用	▲	▲	▲	▲	▲	
快速增荷	▲	▲	▲	▲		
黑启动	▲	▲		▲		

抽水蓄能电站技术参数见表 11-7。

表 11-7 抽水蓄能电站技术参数

项目	参 数
总效率	75%～82%（此数值对于新系统而言，现有的旧系统通常效率较低）
能量密度	0.27～1.5Wh/L（上下蓄水池高度差为 100～550m）
功率密度	—
循环寿命	—
总寿命	80 年
放电深度	80%～100%（指最小和最大水位之差；对于天然湖泊，应定义相对较高的最小值，以免危及生态系统）
自消耗	0.005%/天～0.02%/天
装机成本	4000～8000 元/kW（地质条件恶劣会导致成本增加）
	40～160 元/kWh
响应时间	约 3min（从输出功率的负最小值到正最大值）
地理要求	两个不同高度的水库，海拔高度明显不同
主要用途	调频（二次和三次调频）、电压调节、峰值负载调节、负载平衡、静止储备、黑启动

注 所有数值均为参考值，不同产品和系统之间可能有很大差异。

三、技术优缺点

1. 优点

(1) 技术成熟度高，整体效率高。

(2) 适合负荷变化大的场所。

(3) 出力调整灵活，机组启停迅速。

(4) 寿命长、投资相对较低。

(5) 是目前电力系统中容量最大、应用最广、技术最成熟的储能装置。

2. 缺点

(1) 项目选址需要有地形上的特定要求。

(2) 能量密度低。

(3) 投资成本高，投资回报周期长。

第五节 氢 储 能

广义的氢储能是指把任意形式的能量转换成氢气的化学能，以氢气的形式进行存储。电力行业的氢储能一般是指将太阳能、风能等清洁能源发出的电能或夜间电网的过剩电能，通过电解水制取氢气，通过储氢罐存储，之后由燃料电池发电技术等实现氢气的利用。氢储能电站如图 11-16 所示。

图 11-16　氢储能电站

一、氢储能系统的原理及组成

氢储能系统主要包括制氢系统、储氢系统、氢发电系统 3 个部分。其主要功能通过以下流程实现：制氢系统利用富余的可再生能源电力电解水制氢，由高效储氢系统将制得的氢气封存起来，待需要或者可再生能源发电低谷时通过燃料电池发电回馈到电网。同时，氢储能系统还可以与氢产业链中的应用领域结合，在化工生产、氢气燃气轮机发电、燃料电池汽车等方面发挥更大的作用。氢能产业链如图 11-17 所示。

上游：氢生产与供应			中游：燃料电池及核心零部件			下游：燃料电池应用		
氢制取	化石重整（煤、天然气）		燃料电池电堆	质子交换膜	碳纸/碳布	交通领域	乘用车	物流车	专用车
	工业副产（焦炉煤气、化肥氯碱轻烃工业）	电解水		铂基催化剂	膜电极		重型卡车	大型客车
	变压吸附（PSA）装置			双极板	密封垫片		船舶	有轨电车	飞机
氢储运	高压气氢拖车	储氢瓶	燃料电池系统配件	空气压缩机	压力调节阀	工业及新能源领域	固定式电源/电站
	液氢槽车	管道气氢		各种电磁阀及管路	稳压罐 / 加湿器		天然气掺氢	氢能冶金
氢加注	加氢机	卸氢机	压缩机		氢气循环泵或引射器	DC/DC	建筑领域	天然气掺氢
	站控系统、管道及阀门	储氢瓶组 / 氮气汇流排		传感器	储氢瓶	增湿器		微型热电联供

图 11-17　氢能产业链

二、制氢技术路线

氢气的制取主要有三种主流的技术路线：以煤炭、石油、天然气为代表的化石能源重整制氢（灰氢），以焦炉煤气、氯碱尾气、丙烷脱氢为代表的工业副产物提纯制氢（蓝氢）；以电解水制氢为代表的可再生能源制氢（绿氢）。未来可能发展的制氢技术路线还包括热化学制氢、光催化制氢、光电化学制氢、太阳能直接制氢技术等。灰氢成本低、碳排放量高，是世界主要制氢来源。蓝氢成本较低、碳排放量低，产量有限。主要制氢方式比较见表 11-8。

表 11-8　　　　　　　　　　　　主要制氢方式比较

序号	制氢技术	制氢效率（%）	单位碳排放 CO_2/H_2(kg/kg)	制氢成本（kg）	能源成本占比	能源价格
1	电解水制氢	55～65	0	21.22	0.8	0.3 元/kWh
2	煤炭蒸汽重整	70～90	22～35	8.85	0.5	600 元/t
3	煤炭重整+CCS	70～90	2～3	15.85	0.3	600 元/t
4	天然气蒸汽重整	70～90	5～15	11.35	0.7	3 元/m³（标准状态）
5	天然气重整+CCS	70～90	0.5～1	18.35	0.45	3 元/m³（标准状态）
6	工业副产氢提纯	60～95	2～5	13	—	—

以电解水制氢为代表的可再生能源制氢（绿氢）是未来制氢的主流技术。电解水制氢是在直流电的作用下，通过电化学过程将水分子解离为氢气与氧气，分别在阴、阳两极析出。根据电解质不同，主要可分为碱性电解（ALK）水、质子交换膜（PEM）电解水、固体氧化物（SOEC）电解水三大类。

主要电解水制氢技术对比见表 11-9。

表 11-9   主要电解水制氢技术对比

特性	碱性电解水制氢	质子交换膜电解水	固化氧化物电解水
能源效率（%）	60~75	70~90	85~100
运行温度（℃）	70~90	70~80	700~1000
电流密度（A/cm²）	0.2~0.4	1~2	1~10
标准状态能耗（kWh/m³）	4.5~5.5	3.8~5.0	2.6~3.6
启停速度	启停较快	启停快	启停慢
动态响应能力	较强	强	—
电能质量需求	稳定电源	稳定或波动	稳定电源
电解质	20%~30%KOH	PEM（常用 Nafion）	Y₂O₃/ZrO₂
系统运维	有腐蚀液体，后期运维复杂，成本高	无腐蚀性液体，运维简单，成本低	目前以技术研究为主，尚无运维需求
电解槽寿命	可达 12 000h	已达到 10 000h	—
电解槽成本（美元/kW）	400~600	约 2000	1000~1500
安全性	较差	较好	较差
占地面积	较大	占地面积小	未知
特点	技术成熟，已实现工业大规模应用，成本低	较好的可再生能源适应性，无污染，成本高（PEM 更换与贵金属电极），商业化水平低	部分电能被热能取代，转化效率高，高温限制材料选择，尚未实现产业化
国外代表企业	法国 Mcphy、美国 Teledyne、挪威 Nel	美国 Proton、加拿大 Hydrogenics	—
国内代表企业	苏州竞立、天津大陆制氢、中船重工 718 所	中船重工 718 所、中电丰业、大连物化所、安思卓、中国航天科技 507 所	—

三、可再生能源制氢技术路线

（一）风力发电制氢技术

风力发电制氢系统根据与电网连接情况可以分为并网型风力发电制氢系统和离网型风力发电制氢系统，目前我国离网条件下风力发电耦合制氢技术尚处于起步阶段，大多采用并网型风力发电耦合制氢系统。并网型风力发电制氢系统原理如图 11-18 所示。

（二）光伏发电制氢技术

光伏发电制氢即将太阳能面板转化的电能供给电解槽系统电解水制氢，系统整体结构类似风力发电制氢系统。其中，光伏发电技术主要是基于半导体的光电效应，光伏发电的主要核心元件是太阳能电池，其他还包含有蓄电池组、控制器等元件。光伏发电制氢系统原理图如图 11-19 所示。

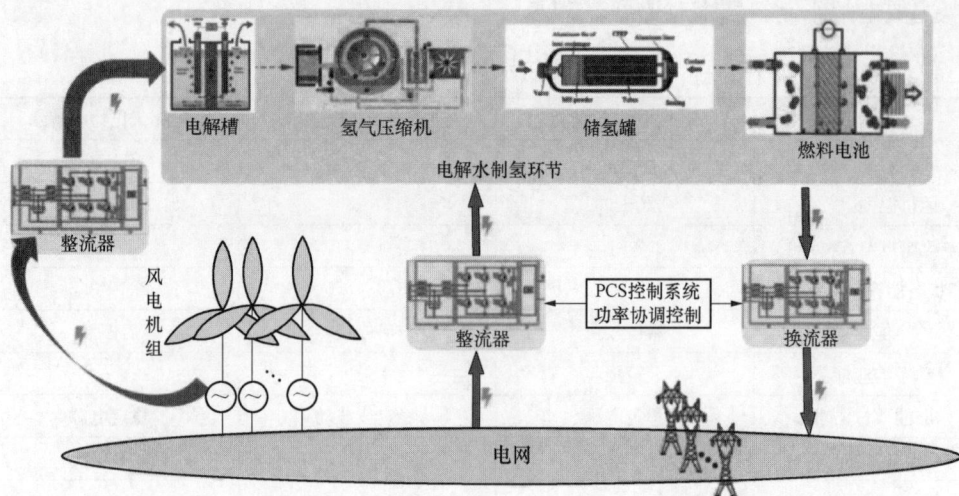

图 11-18 并网型风力发电制氢系统原理图

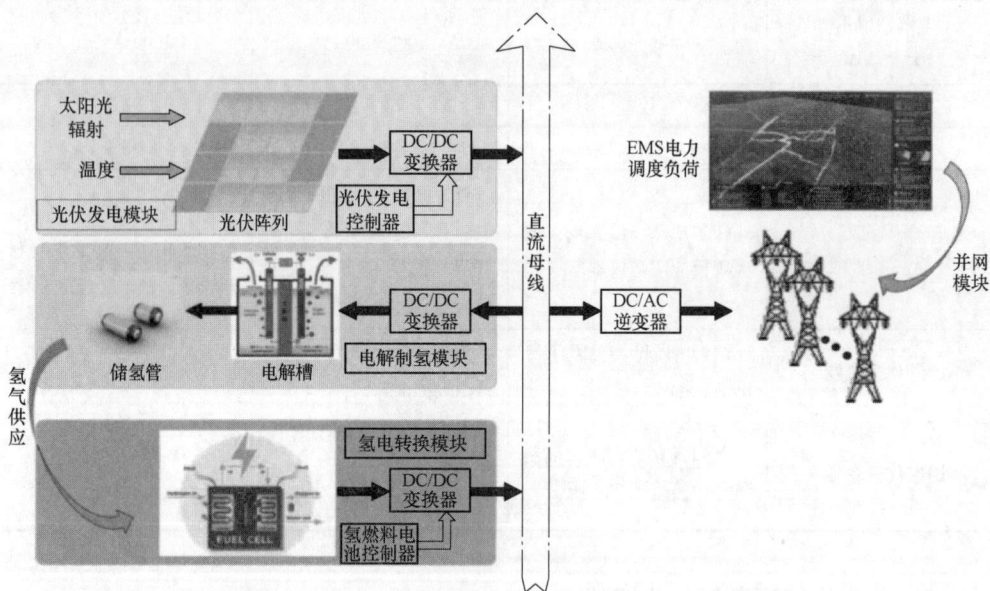

图 11-19 光伏发电制氢系统原理图

（三）风光互补发电制氢技术/多能耦合发电制氢

众多研究案例表明，在发电机组容量相同时，风光互补发电制氢储能系统相较于单一含有风电或光伏发电制氢的系统具有以下优点：

利用风能、太阳能的互补性，可以获得比较稳定的输出，系统有较高的稳定性和可靠性；

在保证同样供电的情况下，可大大减少储能蓄电池的容量；

通过合理地设计与匹配，可以基本上由风光互补发电系统供电，很少或基本不用启动备用电源，如柴油机发电机组等，可获得较好的社会效益和经济效益，符合脱碳减排理念。因此，多种可再生能源互补耦合发电制氢将是我国实现"双碳目标"的重要手段。风光互补耦合发电制氢系统由风力发电系统、太阳能发电系统、电解制氢装置及氢能储存和利用系统组成。风光互补耦合发电制氢系统原理图如图11-20 所示。

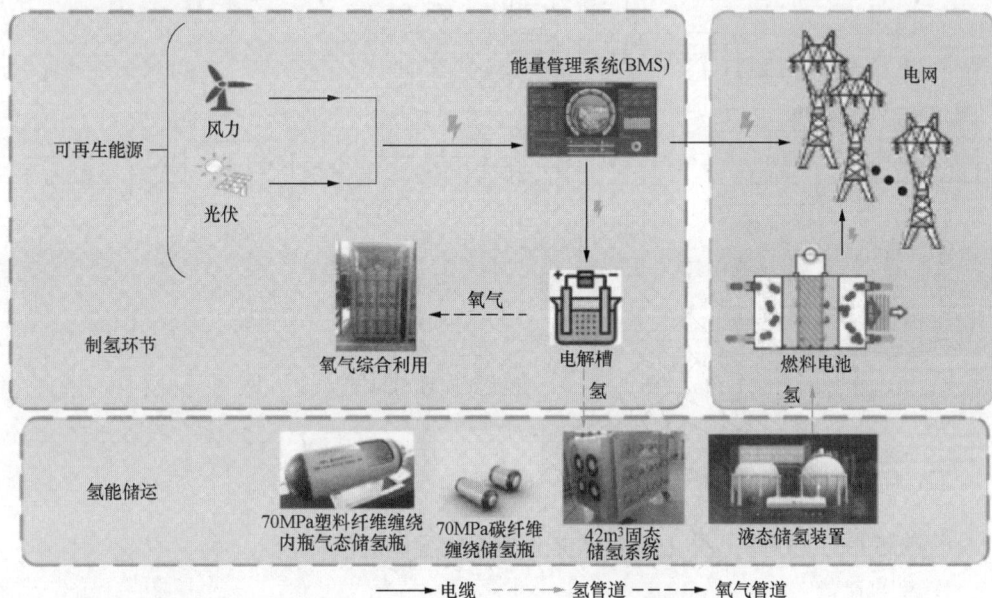

图 11-20　风光互补耦合发电制氢系统原理图

四、技术优缺点

（一）优点

（1）能量密度高，储能规模大。

（2）来源广泛：氢气可由水电解制取，水取之不尽。属于不依赖化石燃料的储量丰富的新的含能体能源。

（3）燃烧性能好，零排放。

（二）缺点

（1）制取成本高，需要大量的电力。

（2）生产、存储难：氢气密度小，很难液化，高压存储不安全。

第六节　其他储能技术

一、飞轮储能

飞轮储能指利用电动机带动飞轮高速旋转，在需要的时候再用飞轮带动发电机发电的储能方式。其优点是运行寿命长；功率密度高；维护少、稳定性好；响应速度快（毫秒级）。缺点是能量密度低，只可持续几秒到几分钟；自放电率高。

飞轮储能原理示意图如图 11-21 所示。

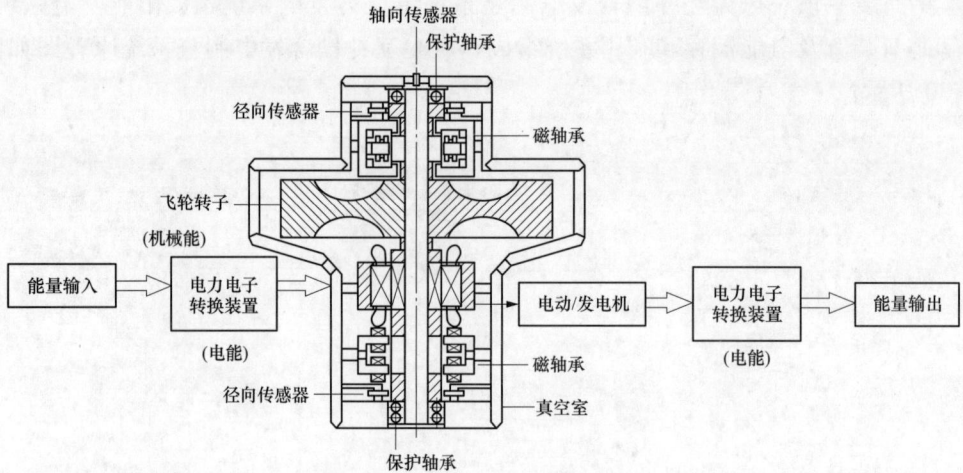

图 11-21　飞轮储能原理示意图

二、电磁储能的应用形式

电磁储能的应用形式分为超导储能和超级电容储能两种。

1. 超导储能

超导储能系统是利用超导线圈将电磁能直接储存起来，需要时再将电磁能返回电网或其他负载的一种电力设施。其优点是功率密度高、响应速度极快。缺点是超导所使用的材料价格昂贵、能量密度低、维持低温制冷运行需要大量能量、应用有限。超导储能原理示意图如图 11-22 所示。

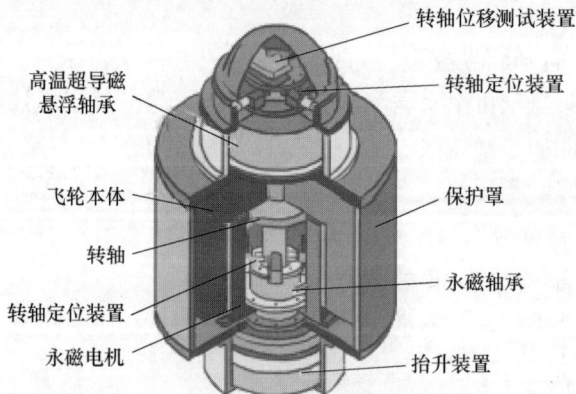

图 11-22　超导储能原理示意图

2. 超级电容储能

超级电容储能是在电极/溶液界面通过电子或离子的定向排列造成电荷的对峙而产生的。其优点是寿命长，循环次数多；充放电时间快，响应速度快；效率高；维护少，无旋转部件；运行温度范围广，环境友好等。缺点是电介质耐压能力很低，储存能量较少；能量密度低；投资成本高。

超级电容储能原理示意图如图 11-23 所示。

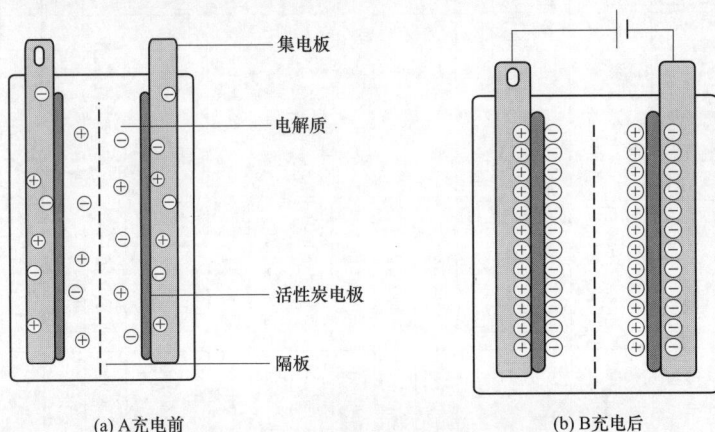

(a) A充电前   (b) B充电后

图 11-23　超级电容储能原理示意图

三、热储能系统

热能被储存在隔热容器的媒质中，以后需要时可以被转化回电能，也可直接利用而不再转化回电能。热储能有许多不同的技术，可进一步分为显热储存和潜热储存等。热储能需要各种高温化学热工质，应用场合比较受限。热储能包括储热和储冷。热储能原理示意图如图 11-24 所示。

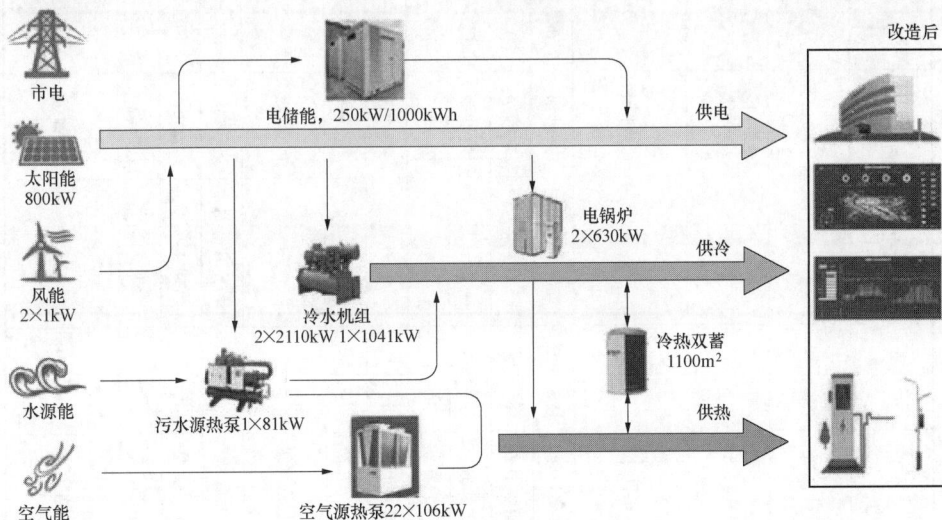

图 11-24　热储能原理示意图

第七节　各类储能项目的技术性能与经济技术指标

各类储能项目的技术性能与经济技术指标见表 11-10。

表 11-10　各类储能项目的技术性能与经济技术指标

类别	技术类型	实际工程功率等级	效率 (%)	自放电率	响应时间	寿命	功率密度 (W/kg)	能量密度	能量成本 (元/kW)	能量成本 (元/kW)	应用场合
物理储能	抽水蓄能	吉瓦级	70~80	0	分钟级	30~40年	—	0.5~1.5Wh/kg	5700~6400	900~1200	调峰、日负荷调节、频率控制、系统备用
	压缩空气储能	十兆瓦级	40~65	1%/月	分钟级	30~50年	—	3~6Wh/L	6000~15 000	300~1000	调峰、调频、系统备用
	飞轮储能	兆瓦级	>85	100%/月	分钟级	20~25年	1~2	5~7Wh/kg	1700~2000	10万~13万	调峰、频率控制、不间断电源、电能质量控制
电化学储能 电池	磷酸铁锂	百兆瓦级	85~90	1.5%~2%/月	毫秒级	6000~10 000次	200~300	150~250Wh/kg	1500~9000	1500~2000	电能质量控制、备用电源、平滑可再生能源功率波动
	三元锂	百兆瓦级	85~90	1.5%~2%/月	毫秒级	3000~5000次	250~350	200~300Wh/kg	1800~10 000	1800~2100	
	钛酸锂	十兆瓦级	85~90	1%/月	毫秒级	15 000~30 000次	700~1200	70~80Wh/kg	1500~3000	4000~6000	
	钠硫	百兆瓦级	80~90	0	毫秒级	4000~6000次	15~20	90~120Wh/kg	10 000~13 000	2500~3000	
	全钒液流	百兆瓦级	70~75	0	毫秒级	10 000~15 000次	10~30	15~20Wh/kg	14 000~16 000	3500~4000	
	铝炭电池	十兆瓦级	70~80	1%/月	毫秒级	2000~4000次	10~30	30~40Wh/kg	1300~7000	1300~1800	
电磁储能	超导储能	十兆瓦级	>95	0	毫秒级	>50年	5000	1~2Wh/kg	5000~14 000	—	输配电稳定、抑制振荡
	超级电容	兆瓦级	>90	<10%/月	毫秒级	30~50年	1500~10 000	10~30Wh/kg	400~500	40 000~60 000	电能质量控制
储热技术	熔盐储热	十兆瓦级	40~50	热损1%/天	分钟级	10~15年	—	100~150Wh/kg	1500~3000	200~300	
	相变储热	十兆瓦级	—	热损1%/天	秒级	15~20年	—	150~300Wh/kg	800~1000	170~200	
化学燃料储能	氢储能	百兆瓦级	30~40	—	分钟级	12~20年	燃料电池电堆 500~2500	—	5000~20 000	—	

第十二章

电力源网荷储一体化和多能互补、多能耦合

第一节 电力源网荷储一体化和多能互补

一、电力源网荷储一体化和多能互补的内容

源网荷储是以"电源、电网、负荷、储能"为整体规划的新型电力运行模式，可精准控制社会电力系统中的用电负荷和储能资源，有效解决电力系统因新能源发电量占比提高而造成的系统波动，提高新能源发电量消纳能力，提高电网安全运行水平。

过去，电网系统调控主要采取"源随荷动"的模式，当用电负荷突然增高时，一旦电源侧发电能力不足，就会出现供需不平衡以致严重影响电网的安全运行。随着构建新型电力系统步伐加快，以风电、光伏为代表的新能源在能源系统结构中比重不断提升，但其波动性、间歇性和随机性特点也给电网安全稳定运行带来挑战。

"源网荷储一体化"是一种可实现能源资源最大化利用的运行模式和技术，通过源源互补、源网协调、网荷互动、网储互动和源荷互动等多种交互形式，从而更经济、高效和安全地提高电力系统功率动态平衡能力，是构建新型电力系统的重要发展路径。

电力源网荷储一体化和多能互补如图 12-1 所示。

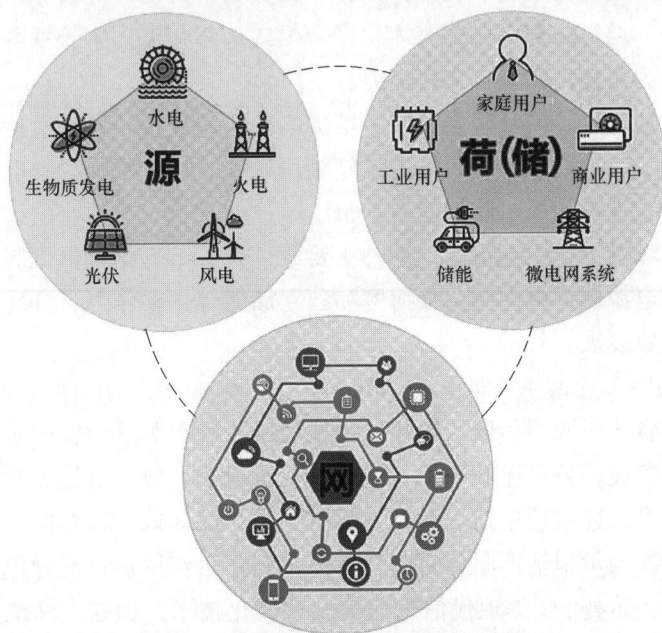

图 12-1 电力源网荷储一体化和多能互补

多能互补是按照不同资源条件和用能对象，采取多种能源互相补充，以缓解能源供需矛盾，合理保护和利用自然资源，同时获得较好的环境效益的用能方式。多能互补有多种组合形式，目前常见的商业化应用形式有"风光储一体化""风光水（储）一体化""风光火（储）一体化"等。

二、电力源网荷储一体化和多能互补的意义

（1）有利于提升电力发展质量和效益。强化源网荷储各环节间协调互动，充分挖掘系统灵活性调节能力和需求侧资源，有利于各类资源的协调开发和科学配置，提升系统运行效率和电源开发综合效益，构建多元供能智慧保障体系。

（2）有利于全面推进生态文明建设。优先利用清洁能源资源、充分发挥常规电站调节性能、适度配置储能设施、调动需求侧灵活响应积极性，有利于加快能源转型，促进能源领域与生态环境协调可持续发展。

（3）有利于促进区域协调发展。发挥跨区源网荷储协调互济作用，扩大电力资源配置规模，有利于推进西部大开发形成新格局，改善东部地区环境质量，提升可再生能源电量消费比重。

三、源网荷储一体化实施路径

1. 实施源网荷储一体化的主要路径

（1）通过优化整合本地电源侧、电网侧、负荷侧资源，以先进技术突破和体制机制创新为支撑，探索构建源网荷储高度融合的新型电力系统发展路径，主要包括区域（省）级、市（县）级、园区（居民区）级"源网荷储一体化"等具体模式。

（2）充分发挥负荷侧的调节能力。依托"云大物移智链"等技术，进一步加强源网荷储多向互动，通过虚拟电厂等一体化聚合模式，参与电力中长期、辅助服务、现货等市场交易，为系统提供调节支撑能力。

（3）实现就地就近、灵活坚强发展。增加本地电源支撑，调动负荷响应能力，降低对大电网的调节支撑需求，提高电力设施利用效率。通过坚强局部电网建设，提升重要负荷中心应急保障和风险防御能力。

（4）激发市场活力，引导市场预期。主要通过完善市场化电价机制，调动市场主体积极性，引导电源侧、电网侧、负荷侧和独立储能等主动作为、合理布局、优化运行，实现科学健康发展。

2. 源网荷储一体化的主要模式

（1）区域（省）级源网荷储一体化。依托区域（省）级电力辅助服务、中长期和现货市场等体系建设，公平无歧视引入电源侧、负荷侧、独立电储能等市场主体，全面放开市场化交易，通过价格信号引导各类市场主体灵活调节、多向互动，推动建立市场化交易用户参与承担辅助服务的市场交易机制，培育用户负荷管理能力，提高用户侧调峰积极性。依托5G等现代信息通信及智能化技术，加强全网统一调度，研究建立源网荷储灵活高效互动的电力运行与市场体系，充分发挥区域电网的调节作用，落实电源、电力用户、储能、虚拟电厂参与市场机制。

（2）市（县）级源网荷储一体化。在重点城市开展源网荷储一体化坚强局部电网建设，梳理城市重要负荷，研究局部电网结构加强方案，提出保障电源以及自备应急电源配置方案。结合清洁取暖和清洁能源消纳工作开展市（县）级源网荷储一体化示范，研究热电联产机组、新能源电站、灵活运行电热负荷一体化运营方案。

源网荷储一体化坚强局部电网建设四级保障体系如图 12-2 所示。

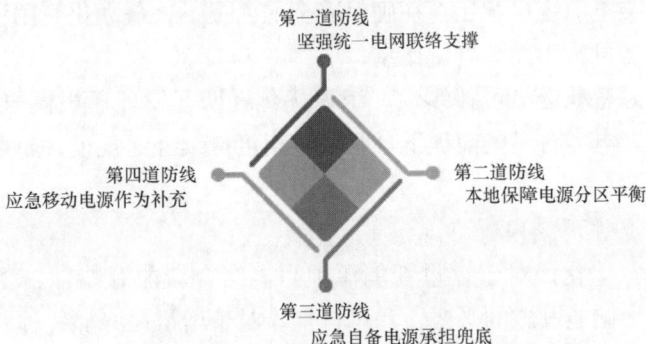

图 12-2 源网荷储一体化坚强局部电网建设四级保障体系

（3）园区（居民区）级源网荷储一体化。以现代信息通信、大数据、人工智能、储能等新技术为依托，运用"互联网＋"新模式，调动负荷侧调节响应能力。在城市商业区、综合体、居民区，依托光伏发电、并网型微电网和充电基础设施等，开展分布式发电与电动汽车（用户储能）灵活充放电相结合的园区（居民区）级源网荷储一体化建设。在工业负荷大、新能源条件好的地区，支持分布式电源开发建设和就近接入消纳，结合增量配电网等工作，开展源网荷储一体化绿色供电园区建设。研究源网荷储综合优化配置方案，提高系统平衡能力。

分布式电源与用户储能技术紧密结合如图 12-3 所示。

图 12-3 分布式电源与用户储能技术紧密结合

四、多能互补实施路径

1. 实施多能互补的主要路径

（1）利用存量常规电源，合理配置储能，统筹各类电源规划、设计、建设、运营，优先发展新能源，积极实施存量"风光水火储一体化"提升，稳妥推进增量"风光水（储）一体化"，探索增量"风光储一体化"，严控增量"风光火（储）一体化"。

（2）强化电源侧灵活调节作用。充分发挥流域梯级水电站、具有较强调节性能水电站、火电机组、储能设施的调节能力，减轻送受端系统的调峰压力，力争各类可再生能源综合利用率保持在合理水平。

（3）优化各类电源规模配比。在确保安全的前提下，最大化利用清洁能源，稳步提升输电通道输送可再生能源电量比重。

（4）确保电源基地送电可持续性。统筹优化近期开发外送规模与远期自用需求，在确保中长期近区电力自足的前提下，明确近期可持续外送规模，超前谋划好远期电力接续。

2. 多能互补的主要模式

（1）风光储一体化。对于存量新能源项目，结合新能源特性、受端系统消纳空间，研究论证增加储能设施的必要性和可行性。对于增量风光储一体化，优化配套储能规模，充分发挥配套储能调峰、调频作用，最小化风光储综合发电成本，提升综合竞争力。

（2）风光水（储）一体化。对于存量水电项目，结合送端水电出力特性、新能源特性、受端系统消纳空间，研究论证优先利用水电调节性能消纳近区风光电力、因地制宜增加储能设施的必要性和可行性，鼓励通过龙头电站建设优化出力特性，实现就近打捆。对于增量风光水（储）一体化，按照国家及地方相关环保政策、生态红线、水资源利用政策要求，严控中小水电建设规模，以大中型水电为基础，统筹汇集送端新能源电力，优化配套储能规模。

（3）风光火（储）一体化。对于存量煤电项目，优先通过灵活性改造提升调节能力，结合送端近区新能源开发条件和出力特性、受端系统消纳空间，努力扩大就近打捆新能源电力规模。对于增量基地化开发外送项目，基于电网输送能力，合理发挥新能源地域互补优势，优先汇集近区新能源电力，优化配套储能规模；在不影响电力（热力）供应前提下，充分利用近区现役及已纳入国家电力发展规划煤电项目，严控新增煤电需求；外送输电通道可再生能源电量比例原则上不低于50%，优先规划建设比例更高的通道；落实国家及地方相关环保政策、生态红线、水资源利用等政策要求，按规定取得规划环评和规划水资源论证审查意见。对于增量就地开发消纳项目，在充分评估当地资源条件和消纳能力的基础上，优先利用新能源电力。

五、主要项目类型及典型案例

（一）源网荷储一体化项目

目前，源网荷储一体化项目一般电源（新能源）与配电网、负荷端配套建设，常见的负荷端有产业园区、制氢、制氨、数据中心、充电桩、岛屿负荷等类型。以下详细介绍几个典型的示范项目。

1. 乌兰察布源网荷储示范项目

乌兰察布源网荷储示范项目是全球规模最大的源网荷储示范项目，项目总装机容量为 300 万 kW，包括新一代电网友好绿色电站、源网荷储一体化绿色供电示范两个子项目，采用新能源、电网、储能、负荷相互协同优化的供电技术，通过精确控制用电负荷和储能资源，解决新能源消纳及其产生的电网波动性等问题。

新一代电网友好绿色电站示范项目位于内蒙古乌兰察布市四子王旗境内，总容量为 200 万 kW，含风电 170 万 kW，光伏 30 万 kW，配套建设 55 万 kW×2h 储能，以风光互补保障电力供应。投运后可提升高峰供电能力 60 万 kW，电力可满足南部大工业负荷供电需要；不占用电网消纳空间，控制弃电率低于 5%。

源网荷储一体化绿色供电示范项目在商都县、化德县吉庆区域建设 2 个 50 万 kW 风电项目，在负荷侧与电源侧各配套每 2h 15 万 kW 储能设施，通过专线向化德县工业园区负荷供电。该项目建成后可提升高峰供电能力 30 万 kW，控制弃电率低于 5%，降低新能源输送通道容量需求。

该项目采用新能源、电网、储能、负荷相互协同优化的供电技术，除先进储能技术及设备外，还将技术创新延伸到负荷侧的预测预报、智能控制相关领域，为工业园区提供节能服务。后期还可延伸为工业园区提供综合能源服务，全方位提升新能源消纳水平和综合利用效率。

乌兰察布源网荷储示范项目如图 12-4 所示。

图 12-4　乌兰察布源网荷储示范项目

2. 浙江海宁尖山"源网荷储一体化示范区"

海宁尖山新区是我国首个建立的"源网荷储一体化示范区"。该区是我国分布式光伏等新能源起步最早、发展最快，也是密度最高的区域之一。截至 2020 年底，尖山新区新能源装机容量为 314.4MW（其中光伏 229.4MW，风力发电 50MW，生物质发电 35MW），人均光伏容量 9.7kW，超过浙江省人均 0.23kW 40 倍以上。2020 年全年本地新能源发电量 5 亿多千瓦时，占地区全社会用电量比例超过 30%。

海宁尖山新区建设"源网荷储一体化"的主要措施有：

（1）在电源侧，加强光伏等新能源建设。2020 年 7 月浙江最大的分布式光伏项目——浙江联鑫板材科技有限公司 11 973kW 分布式光伏发电项目在尖山并网，预计年发电量 1100 万 kWh。下阶段，尖山新区将持续大力发展光伏、风电等新能源，同时对新能源企业给予政策支持，大幅提升尖山新区光伏、风电等新能源占比。

（2）在电网侧，致力打造多元融合高弹性电网首域示范项目，其中包含分布式光伏集群自治与协同控制、配电网枢纽点储能电站优质共享、多元配电网分布式毫秒级自愈等 18 个应用场景，有源配电网、配电网资源整合优化、冷热电三联供等 12 个专项项目，从理论体系、技术手段、商业模式等多方面对新型电力系统进行深入研究和应用。

（3）在负荷侧，目前尖山新区 347 家企业已经签约需求侧响应，实现企业与电网间的高效互动；8 家企业实现 2.17MW 的多系统协同秒级可中断负荷控制；进一步推广冷热电三联供、热电联产等高效的利用方式；在整个海宁，智慧负控将在智慧楼宇和中央空调控制系统实现全覆盖；直流电、新型充电桩等应用也在加紧铺开。

（4）在储能侧，新能源项目装机容量 10% 配置储能的要求正全面落地。在光伏侧配置储能站，尖山已经拥有一座 1MW/2MWh 的大型储能站；下阶段会完成 V2G 充电设施全面覆盖，并按比例配置储能。

浙江海宁尖山"源网荷储一体化示范区"如图 12-5 所示。

图 12-5　浙江海宁尖山"源网荷储一体化示范区"

3. 华电达茂旗 20 万 kW 新能源制氢工程示范项目

华电达茂旗 20 万 kW 新能源制氢工程示范项目位于内蒙古自治区包头市达茂旗巴润钢铁稀土原料加工园及其北侧区域，是全国首批大规模可再生能源制绿氢示范项目之一，共建设风力发电 12 万 kW、光伏发电 8 万 kW、电化学储能 2 万 kWh，电解水制氢每小时 12 000 标准 m^3，采用 100% 绿电制氢。预计建成后风电光伏年发电量为 5.52 亿 kWh，年制绿氢量为 7800t。项目总投资 27 亿元，利用绿色灵活化工技术，能够协同利用电制氢设备的灵活调节能力，将新能源发电转化为绿氢，进一步转换为绿氨，为新能源向化工领域深度拓展和应用提供技术路径，同时通过与电网进行电量交换解决新能源发电随机波动难以消纳难题，解决氢气应用场景瓶颈。

项目建成后，每年将产绿氢 0.78 万 t，可供 20 座规模为 1000kg/日的加氢站使用，满足约 1000 辆燃料电池重型卡车需求。制氢站还根据风光可再生能源出力波动特点，采用碱性电解槽和质子交换膜（PEM）电解槽配套的技术路线，使用的 PEM 电解槽单体容量和总容量创国内之最。

4. 张北云计算基地绿色数据中心新能源微电网项目

张北云计算基地绿色数据中心新能源微电网项目位于河北省张家口市张北县，是国家发展改革委、国家能源局联合公布的第一批 28 个新能源微电网示范项目之一，总装机规模为 220MW，其中风力发电 120MW、光伏发电 80MW、储能 20MW。规划在张北云计算产业基地构建由 2 个微电网组成的微电网群，每个微电网内包括电源、配电网、负荷三部分，光伏发电、风力发电、储能发电经升压站主变压器后送出去。项目建成后年发电量约为 4.5 亿 kWh，目标可再生能源渗透率大于 100%。

目前，张北云基地已经建成运营阿里巴巴的 4 个数据中心，服务器规模为 18 万台，正在建设阿里中都草原和榕泰云计算 2 个数据中心，届时，基地大数据服务器规模将接近 50 万台。数据中心对电力需求很大，且稳定性要求高。

张北云计算基地绿色数据中心新能源微电网项目如图 12-6 所示。

图 12-6 张北云计算基地绿色数据中心新能源微电网项目

5. 重庆市铜梁区玉泉"光储充检换"一体站项目

重庆市铜梁区玉泉"光储充检换"一体站集合"光伏、储能、充电、检测、换电"五大功能于一体，是重庆首座一体化综合站。一方面，通过光伏优先消纳、余量存入储能、充满之后上网以及储能夜充日放的原则，实现清洁能源存储就地消纳，缓解大功率充电对电网的冲击；另一方面，多元化的充、换电场景，可以同时满足更多电动车主的用电需求，方便百姓绿色出行。

在光伏区，利用车位棚顶、屋顶和变电站周边闲置空地，铺设光伏 400kW。在日照条件充足情况下，光伏区每天发电 3000kWh，可满足 60 台/次小型电车充电需求，若有富余电量，则可余电存储。按照 25 年使用寿命进行测算，光伏总发电量约为 690 万 kWh，等同于减少标准煤消耗量 2263t，减少二氧化碳排放量 6880t。

储能区则配置了 2 套 480kW/860kWh 储能装置，每日在谷段、平段各充电一次，在尖段、峰段放电，实现电网负荷削峰填谷，缓解电网供电压力。

重庆市铜梁区玉泉"光储充检换"一体站项目风光水火储多能互补项目如图 12-7 所示。

（二）风光水火储多能互补项目

风光水火储多能互补项目有多种组合形式，如建设风电和光伏发电项目的同时配套建设储能电站；利用常规火电和水电（抽水蓄能）的调节功能，配套建设风电和光伏发电项目等。下面详细介绍几个典型示范项目。

图 12-7　重庆市铜梁区玉泉"光储充检换"一体站项目风光水火储多能互补项目

1. 大唐吉林公司晟源洮南向阳 150MW 风光互补"光伏+"项目

大唐吉林公司晟源洮南向阳 150MW 风光互补"光伏+"项目位于吉林省洮南市向阳乡及二龙乡境内，总装机容量为 115 万 kW，其中风电两期项目容量为 100 万 kW，共 439 台风电机组于 2021 年底发电。本次并网的光伏项目建设在风电场风能缓冲隔离带，容量为 15 万 kW，共 6532 组单晶硅太阳能电池阵列。

大唐吉林公司晟源洮南向阳 150MW 风光互补"光伏+"项目配套容量 7.5MW/7.5MWh 的磷酸铁锂电池储能装置，由 3 套 2.5MW/2.5MWh 储能子系统设备组成，具有解决新能源发电的随机性、间歇性缺点等功能，确保电网安全运行和用户供用电安全。

项目可实现年均发电量约 36 亿 kWh，节约标准煤 118 万 t，减少二氧化碳排放 292 万 t，减少二氧化硫排放 3 万 t，减少氮氧化物排放 2.65 万 t。

大唐吉林公司晟源洮南向阳 150MW 风光互补"光伏+"项目如图 12-8 所示。

图 12-8　大唐吉林公司晟源洮南向阳 150MW 风光互补"光伏+"项目

2. 平顶山市鲁山县风光储多能互补项目

平顶山市鲁山县风光储多能互补项目拟在鲁山县建设风电 400MW、光伏 40MW，配建电化学储能 90MW/180MWh，盐穴压缩空气储能 200MW/1600MWh，配套建设

制氢模块 $19 \times 1000 \mathrm{m}^3/\mathrm{h}$（标准状态）。

岩穴压缩空气储能电站如图 12-9 所示。

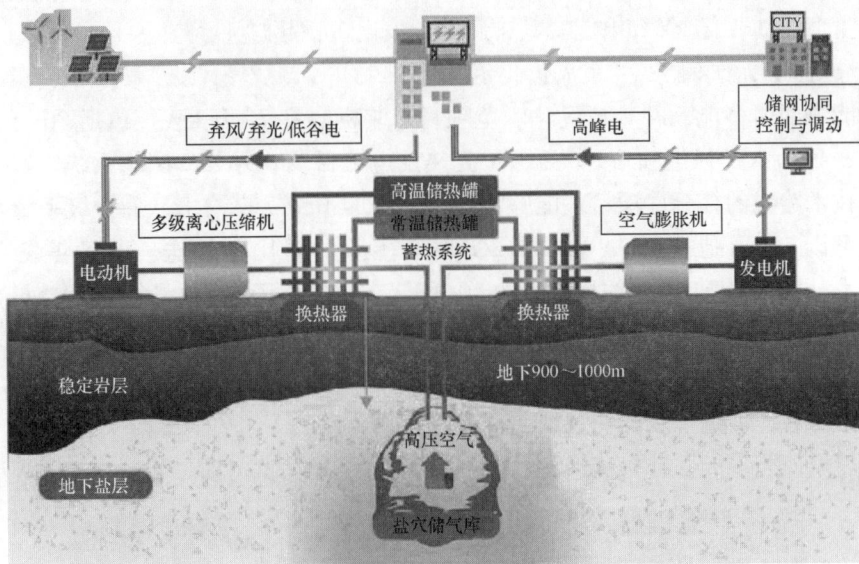

图 12-9　岩穴压缩空气储能电站

3. 新疆布尔津河流域水风光储一体化项目

新疆布尔津河流域水风光储一体化项目以布尔津抽水蓄能项目（装机规模为 140 万 kW）为基础，按照 1：4 的配套比率，配套建设布尔津河流域水风光储一体化项目，包括光伏 200 万 kW、风电 360 万 kW。

新疆布尔津抽水蓄能项目如图 12-10 所示。

图 12-10　新疆布尔津抽水蓄能项目

4. 鄂尔多斯市东胜区风光火储一体化大型综合能源基地

中国能源建设集团有限公司在鄂尔多斯市东胜区已规划建设 4 座 $2 \times 1000 \mathrm{MW}$ 坑

口煤电的基础上，开发 1000MW 风＋5000MW 光储一体化项目，总投资 238 亿元。该项目充分发挥"风光火储"一体化模式下清洁能源高效利用优势，有效整合当地坑口煤电资源，打造吉瓦级"风光火储"一体化大型综合能源基地。能源基地建成后，每年可生产约 330 亿 kWh 电能，其中新能源发电占比超过 41%。

5. 鲁能海西州多能互补集成优化示范项目

鲁能海西州多能互补集成优化示范项目总装机容量 70 万 kW，包括 20 万 kW 光伏项目、40 万 kW 风电项目、5 万 kW 光热发电项目及 5 万 kW 储能系统，这个集合了四种技术路线的综合性项目，能够实现小时级的平稳功率输出，分钟级平滑功率输出，并可以 100% 地摆脱火电调峰，实现新能源的高比例外送。项目年发电量约 12.625 亿 kWh，每年可节约标准煤约 40.15 万 t，减少烟尘排放量约 5431.96t，有效减少燃煤消耗，降低大气污染。该项目是世界上首个集风光热储调荷于一体的多能互补科技创新项目，填补了国内风光热储调荷的技术空白，解决了当前新能源大规模并网的技术难题，促进了新能源规模化开发和利用。

鲁能海西州多能互补集成优化示范工程 50MW 光热发电项目如图 12-11 所示。

图 12-11 鲁能海西州多能互补集成优化示范工程 50MW 光热发电项目

第二节 多能耦合发电

一、多能耦合发电的主要形式及优点

1. 多能耦合发电的主要形式

多能耦合发电是将可再生能源与传统化石能源的热能耦合后，利用高效的发电机组产生电力的新型发电形式。目前主要的耦合发电形式如下。

（1）燃煤耦合农林生物质发电。

（2）燃煤耦合垃圾发电。

（3）燃煤耦合污泥发电。

（4）燃煤耦合光热发电。

（5）燃气-蒸汽联合循环耦合光热发电。

2. 多能耦合发电的优点

（1）提高新能源发电效率。由于新能源发电机组普遍功率较小，效率较低。与常规火电耦合后可以并入大机组发电，从而大大提高新能源的发电效率。

（2）提高新能源发电稳定性。太阳能发电与常规火电耦合可以通过火电机组的调节能力，保证其电力的稳定性，有利于太阳能的消纳。

（3）提高新能源发电经济性。通过发电效率和太阳能消纳量的提高，其经济性也会获得相应的改善。

二、燃煤耦合生物质发电技术

（1）直燃耦合发电技术。即在燃烧侧，现有燃煤锅炉通过燃烧生物质与煤粉的混合燃料产生蒸汽进行发电。

直燃耦合发电流程示意图如图 12-12 所示。

（2）蒸汽耦合发电技术。即在蒸汽侧实现"混烧"，是一种利用蒸汽实现耦合发电的技术方式。纯燃生物质锅炉产生的蒸汽参数和电厂主燃煤锅炉蒸汽参数一样或接近，可将纯燃生物质锅炉产生的蒸汽并入煤粉炉的蒸汽管网，共用汽轮机实现"混烧耦合"发电。

蒸汽耦合发电流程示意图如图 12-13 所示。

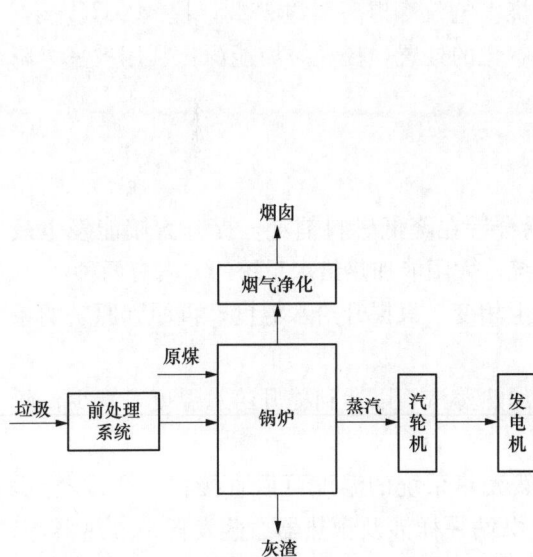

图 12-12　直燃耦合发电流程示意图

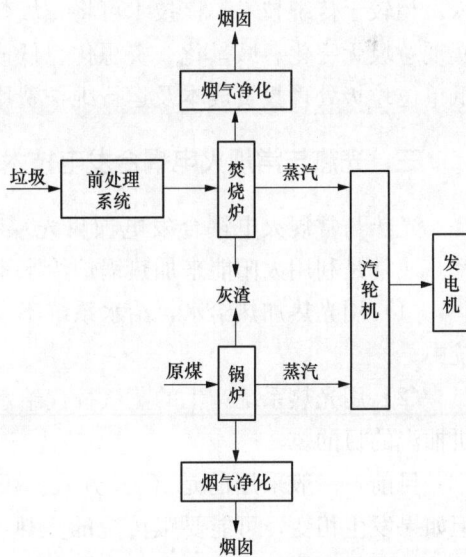

图 12-13　蒸汽耦合发电流程示意图

（3）气化耦合发电技术。首先将生物质在生物质气化炉内进行气化，生成以一氧化碳、氢气、甲烷以及小分子烃类为主要组成的低热值燃气；然后将燃气喷入煤粉炉内与煤混燃发电。

气化耦合发电流程示意图如图 12-14 所示。

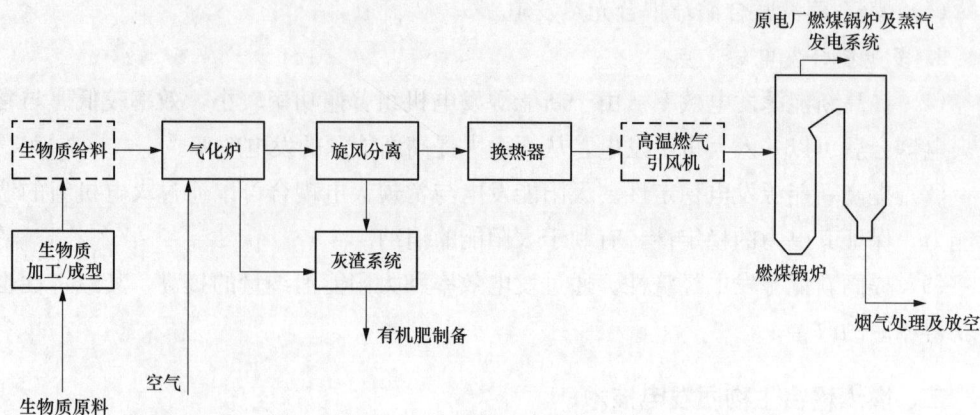

图 12-14　气化耦合发电流程示意图

从目前应用情况来看，农林生物质采用先气化再与煤混燃耦合发电技术的案例较多；污泥则多采用先干化后再与煤直接混燃耦合发电；燃煤耦合垃圾发电目前应用很少，哈电集团哈尔滨锅炉厂有限责任公司燃煤耦合垃圾发电技术是我国首个通过国家能源局评审的燃煤耦合垃圾发电技术，采用的是分烧后双链耦合的方式，其中，蒸汽侧耦合将垃圾焚烧炉产生的主蒸汽引入燃煤机组的热力系统，将低能级的垃圾焚烧炉发热量部分转移到高能级的燃煤锅炉发电，实现垃圾发热量高效利用；烟气侧耦合将垃圾焚烧炉产生的尾部烟气引入燃煤锅炉，节约了垃圾焚烧炉烟气净化系统设备投入。相较于传统技术，该技术可将垃圾焚烧发电效率提高至约 32%，提效 10% 左右，实现垃圾无害化、减量化、资源化、低成本化的处置，提高垃圾能源化利用效率，降低单位垃圾处理投资成本及运行维护费用。

三、光热与常规火电耦合发电技术

光热与常规火电耦合发电项目光煤耦合旨在降低燃料消耗，提升太阳能发电效率。通常是利用太阳能来加热锅炉给水系统，太阳能加热给水系统的方案有两种：

（1）用光热加热给水，给水系统不发生相变，只提升给水温度，再回到原来的系统中。

（2）用光热系统产生的蒸汽替代给水加热蒸汽，以达到提升给水温度，减少汽轮机抽汽的目的。

目前，一般采用的是（1）方式。虽然光热系统的温度可以直接将水变成蒸汽，但如果发生相变，可能要跟传统的光热发电站一样涉及预热器、蒸发器、过热器等，然后通过一系列的换热器产生过热蒸汽，才能达到发电的需求。而加热给水系统，则只需要设置一个换热器，不会发生相变，使系统大为简化。

光热与常规火电耦合发电项目理论上可采用的光热技术路线包括槽式、塔式、线性菲涅尔式和碟式四种，但目前主要采用槽式技术，一方面因为槽式技术较为成熟、稳定，另一方面槽式技术的集热温度对于加热锅炉给水已经足够。

1. 光热与燃煤耦合发电技术

图 12-15 所示为光热与燃煤耦合发电技术的流程示意图。太阳能集热岛将导热油

加热后送至油水换热器，热量传给凝汽器过来的锅炉给水，然后将温度提升后的给水送入锅炉。

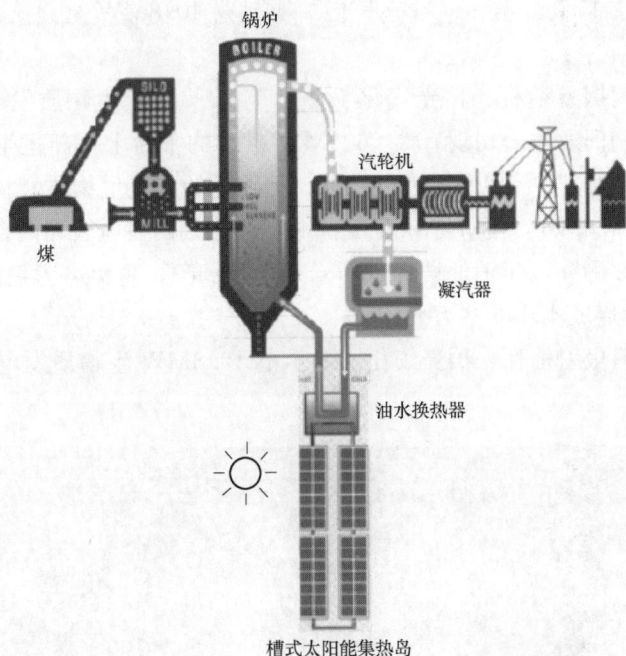

图 12-15　光热与燃煤耦合发电技术的流程示意图

2. 光热与燃气-蒸汽联合循环耦合发电技术

图 12-16 所示为光热与燃气-蒸汽联合循环耦合发电技术的流程示意图。太阳能集热岛将导热油加热后送至油水换热器，热量传给凝汽器过来的锅炉给水，然后将温度提升后的给水送入余热锅炉。

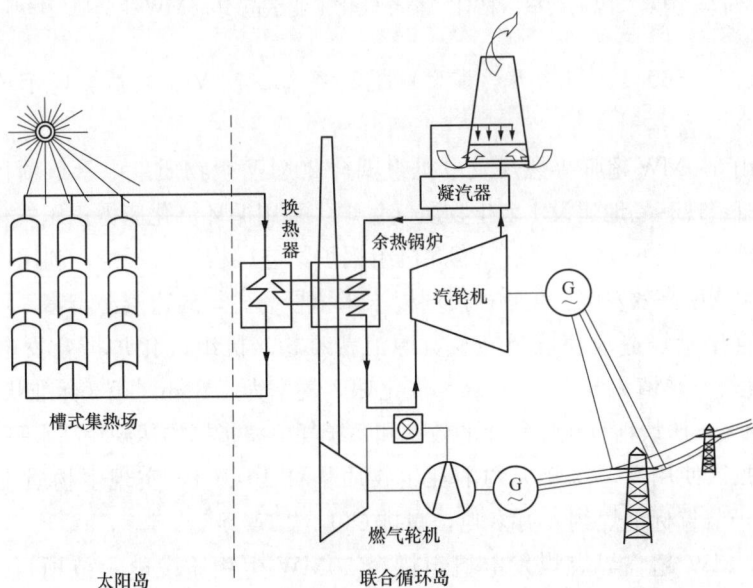

图 12-16　光热与燃气-蒸汽联合循环耦合发电技术的流程示意图

四、主要项目类型及典型案例

1. 国电长源荆门掇刀秸秆、稻壳气化工业示范 10.8MW 生物质发电项目（气化耦合）

国电长源荆门掇刀秸秆、稻壳气化工业示范 10.8MW 生物质发电项目（气化耦合）在国电长源荆门发电公司现有 2×600MW 机组的平台上，新建生物质气化装置，产生燃气送入现有锅炉，替代燃煤进行发电。已投运的装置生物质燃料消耗量为 8t/h，替代发电负荷为 10.8MW，可节约标准煤约 4t/h。按荆门发电公司两台 60 万 kW 燃煤机组年运行 5200h 测算，年消耗秸秆量约 4 万 t（稻壳），每年可为荆门电厂节省标准煤 2 万 t，节约燃煤成本 140 多万元。

国电长源荆门掇刀秸秆、稻壳气化工业示范 10.8MW 生物质发电项目如图 12-17 所示。

图 12-17　国电长源荆门掇刀秸秆、稻壳气化工业示范 10.8MW 生物质发电项目

2. 大唐长山 660MW 超临界燃煤发电机组耦合 20MW 生物质发电示范项目（气化耦合）

大唐长山 660MW 超临界燃煤发电机组耦合 20MW 生物质发电示范项目（气化耦合）在 1 号机组现有场地建设 1 台生物质气化炉，采用循环流化床微正压气化技术将产生的生物质燃气送至 660MW 超临界燃煤机组锅炉，与煤粉进行混烧，利用原有燃煤发电系统实现生物质高效发电。生物质燃料以玉米秸秆为主，周边资源丰富，可有效破解秸秆在田间直接燃烧造成环境污染及资源浪费难题。机组气化炉折合发电功率达到 20MW，气化燃气热值为 5551.5kJ/kg，气化炉产气率为 1.85m³/kg（标准状态），气化效率为 76.14%，压块秸秆正压气化的效率和系统耗电率指标均达到较高水平。

该项目投入使用后，每年大约消耗生物质秸秆 10 万 t，实现生物质发电 1.1 亿 kWh，相当于节省标准煤约 4 万多吨，减排 CO_2 约 14 万 t。

长山 660MW 超临界燃煤发电机组耦合 20MW 生物质发电示范项目如图 12-18 所示。

图 12-18　长山 660MW 超临界燃煤发电机组耦合 20MW 生物质发电示范项目

3. 湖北华电襄阳发电有限公司燃煤耦合农林生物质发电技改试点项目（蒸汽耦合）

湖北华电襄阳发电有限公司燃煤耦合农林生物质发电技改试点项目（蒸汽耦合）新建一台循环流程床气化炉及其附属设置，年处理生物质固体废物 5.14 万 t，系统年利用小时数为 5500h。其设计发电平均电功率为 10.8MW，生物质能发电效率超过 35%，年供电量可达 5458 万 kWh，节省标准煤约 2.25 万 t，减排二氧化硫约 218t，减排二氧化碳约 6.7 万 t。

湖北华电襄阳发电有限公司燃煤耦合农林生物质发电技改试点项目如图 12-19 所示。

图 12-19　湖北华电襄阳发电有限公司燃煤耦合农林生物质发电技改试点项目

4. 杨柳青热电厂燃煤耦合污泥发电一期项目（直燃耦合）

杨柳青热电厂燃煤耦合污泥发电一期项目（直燃耦合）新建 2 台日处理 250t 的城市生活污泥（含水率为 80%）处理装置，采用华能集团自主研发的城市废弃物前置干燥炭化处理技术，该技术以燃煤电站锅炉为基础，通过抽取锅炉尾部烟气，在一体机中干燥、炭化、碾磨废弃物，粉末状产物及挥发性气体等随烟气送入炉膛，焚烧后的产物通过机组现有尾部烟气净化设备达标排放。

杨柳青热电厂燃煤耦合污泥发电一期项目如图 12-20 所示。

图 12-20　杨柳青热电厂燃煤耦合污泥发电一期项目

5. 长兴发电公司燃煤耦合污泥发电项目（直燃耦合）

长兴发电公司燃煤耦合污泥发电项目（直燃耦合）被列为国家能源局、生态环境部在全国确定的 84 个燃煤耦合生物质发电技改试点项目之一，入选国家 2019 年城镇污水垃圾处理设施建设中央预算内投资计划储备项目。该项目总投资约 6600 万元，使用蒸汽干化污泥后耦合发电，并利用超低排放装置进行气体净化，项目每天可处理污泥 200t。该项目通过新建两条污泥干化线，吸收长兴县 9 家污水处理厂产生的污泥，使用蒸汽对污泥进行干化处理，并依托燃煤机组发电系统，将干化后的污泥耦合发电，同时利用高效的"超低排放"装置，对污泥干化过程中和燃烧后产生的气体进行净化，最终达到源头削减和全过程控制的效果。长兴发电公司燃煤耦合污泥发电项目如图 12-21 所示。

图 12-21　长兴发电公司燃煤耦合污泥发电项目

6. 福建华电永安发电有限公司 2×300MW CFB 锅炉生物质掺烧及城市固体废物综合利用项目（直燃耦合）

福建华电永安发电有限公司 2×300MW CFB 锅炉生物质掺烧及城市固体废物综

合利用项目（直燃耦合）设计日处理城市固体废物 400t、生物质 200t、城市污泥 200t、生活垃圾衍生燃料 50t，项目总投资 6178 万元，年替代标准煤约 8.55 万 t，年耦合发电量约为 2.67 亿 kWh，属大型固体废物处理处置与资源化技改项目。主要技术指标如下：

（1）日处理固体废物 400t、生物质 200t、城市污泥 200t、生活 RDF 50t。

（2）3 套破碎系统，每套破碎系统生产能力大于或等于 12t/h。

（3）2 套气力输送系统，每套气力输送系统输送能力大于 6t/h。

（4）破碎厂房 3045.6m²，仓储转运厂房 3244.83m²，满足 3 天仓储接卸能力。

（5）污染物排放总量控制指标：烟尘、SO_2、NO_x 排放总量不超过排污许可证要求控制的排放总量。特征污染物：HCl≤14.66t/年、二噁英放放 TEQ≤215.1mg/年、Hg≤0.380t/年、Pb≤2.849t/年。

（6）投资费用：6178 万元。

（7）运行费用：1325 万元/年。

（8）综合经济效益为 2000 万元/年，直接经济净效益为 766.88 万元/年。

福建华电永安发电有限公司 2×300MW CFB 锅炉生物质掺烧及城市固体废物综合利用项目工艺流程图如图 12-22 所示。

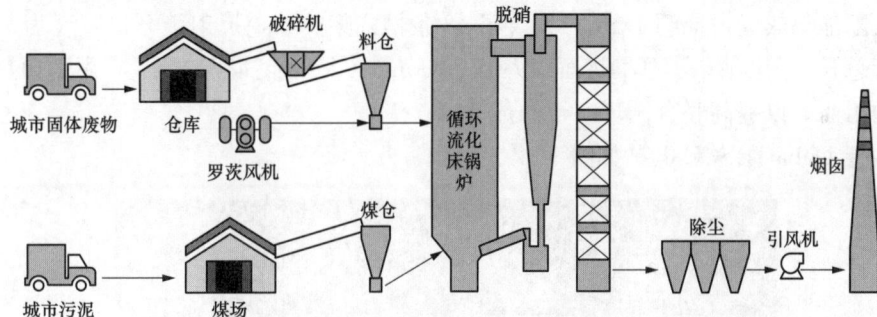

图 12-22　福建华电永安发电有限公司 2×300MW CFB 锅炉生物质掺烧及城市固体废物综合利用项目工艺流程图

7. 大唐天威嘉峪关 10MW 光煤互补项目

大唐天威嘉峪关 10MW 光煤互补项目位于甘肃嘉峪关大唐 803 燃煤电厂厂区，容量为 1.5MW，占地面积为 3.5 万 m²，采用槽式太阳能热发电技术。大唐 803 发电厂 50MW 火电机组冷凝水从凝结水泵出口分为两路，一路依次进入低压加热器、除氧器、高压加热器换热；另一路则进入太阳能光场进行加热。在 600m 长的太阳能集热场内，导热油流经集热管加热至 393℃，通过油水换热器将高温导热油的热量传给凝结水，然后高温给水再合并进入省煤器。以光煤互补发电的方式，利用太阳能资源来补充发电，可有效减少原火电机组煤耗量，降低污染排放，实现连续稳定发电。

大唐天威嘉峪关 10MW 光煤互补项目如图 12-23 所示。

图 12-23　大唐天威嘉峪关 10MW 光煤互补项目

8. 沙特 Duba 1 ISCC（太阳能联合循环）电站

沙特 Duba 1 ISCC（太阳能联合循环）电站是一个 600MW 的综合项目，位于沙特阿拉伯西北部红海沿岸的 Tabuk。项目包括一个 550MW 的天然气/液化石油气联合循环电站和一个槽式太阳能集热场，其中太阳能集热场能够带来 50MW 的额外电力。

太阳能集热场占地约 1km²，安装了 48 条槽式集热器，反射镜开口宽度为 7.5m，集热管总长度为 800m，总集热面积为 170 000m²；太阳能捕获的热量将用于预热余热锅炉的给水，以提高联合循环运行的热效率。

沙特 Duba 1 ISCC 电站如图 12-24 所示。

图 12-24　沙特 Duba 1 ISCC 电站

第十三章

新能源发电项目技术经济分析

第一节　新能源发电项目全寿命周期成本

一、项目投资及工程造价的构成

工程造价中的主要构成部分是建设投资，建设投资是为完成工程项目建设，在建设期内投入且形成现金流出的全部费用。根据国家发展改革委和建设部发布的《建设项目经济评价方法与参数（第三版）》（发改投资〔2006〕1325号）的规定，建设投资包括工程费用、工程建设其他费用和预备费三部分。工程费用是指建设期内直接用于工程建造、设备购置及其安装的建设投资，可以分为建筑安装工程费和设备及工器具购置费；工程建设其他费用是指建设期发生的与土地使用权取得、整个工程项目建设以及未来生产经营有关的构成建设投资但不包括在工程费用中的费用。预备费是在建设期内因各种不可预见因素变化而预留的可能增加的费用，包括基本预备费和价差预备费。建设项目总投资的具体构成如图13-1所示。

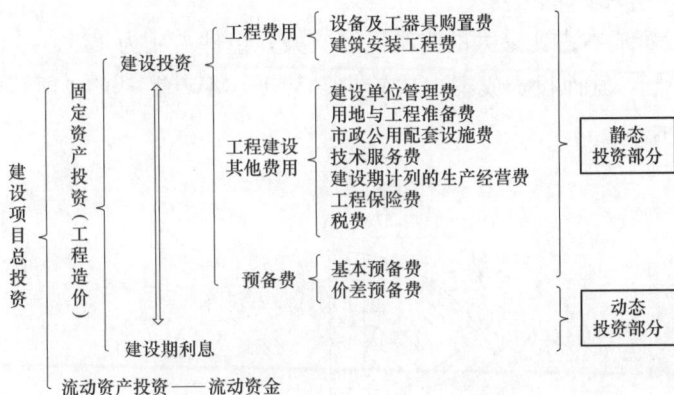

图 13-1　建设项目总投资的具体构成

二、电厂单位千瓦投资、发电单位成本及平准化度电成本(LCOE)

（1）项目一般分为建设期和运营期两个阶段。建设期单位千瓦投资指的是电站单位装机量的总投资，一般用元/kW表示。运营期的生产单位成本分为发电单位成本及平准化度电成本，一般用元/kWh表示。

（2）发电单位成本是指单位发电量所发生的成本。生产成本包括燃料费、用水费、材料费、工资及福利费、折旧费、摊销费、其他费用及保险费等。单位是元/

kWh。传统燃煤发电及燃气轮机发电项目使用较多。

（3）LCOE 的全称"Levelized Cost of Energy"，也就是平准化度电成本，单位为元/kWh。最早由美国国家可再生能源实验室（NREL）于 1995 年提出，是对项目生命周期内的成本和发电量进行平准化后计算得到的发电成本，即生命周期内的成本现值/生命周期内发电量现值。

国家能源局 2020 年 10 月 23 日发布的《光伏发电系统效能规范》指出：平准化度电成本＝（初期投资-项目增值税抵扣的现值＋生命周期内因项目运营导致的成本的现值－固定资产残值的现值）/（生命周期内发电量的现值）。

LCOE 作为清洁电力成本核算中的核心概念，对完善电力定价体系、深化电力体制改革和促进电力行业的高质量发展具有非常重要的意义。

LOCE 属于量化的经济指标，合理剔除了不同发电技术的初始投资和发电量的差异，同时在一定程度上剔除了各种财务和税收方面差异的影响，能够真实地反映不同能源和产品下各种技术方案的经济性。常被用于比较和评估可再生能源发电（光伏、风能、生物质能源、地热等）与传统发电方式（燃煤、天然气、大型水力电站等）的综合经济效益，具有很强的实用意义。同时，由于 LCOE 计算并不需要预测未来每年的现金流入，大大增加了对发电成本预测的准确性，因而在国际上广泛应用。

三、光伏、风电、生物质及垃圾电站建设期投资成本构成

1. 光伏电站的投资成本构成

光伏电站投资成本占比最大的为组件和支架，组件占比为 45％～55％，固定支架占比为 7％～10％，其他投资成本占比较少。某 150MW 集中光伏项目各投资成本构成如图 13-2 所示。

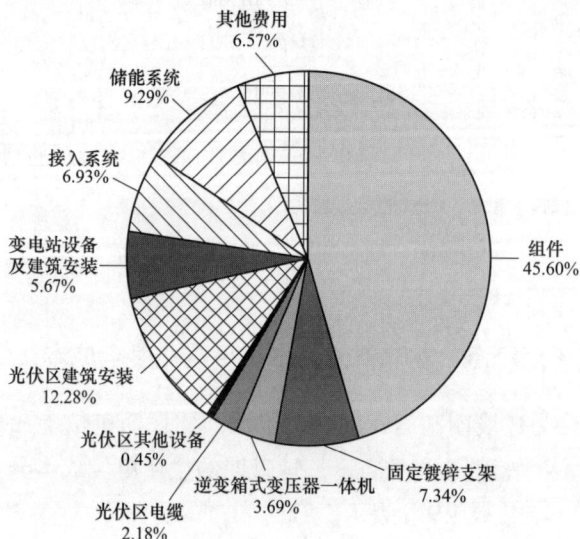

图 13-2　某 150MW 集中光伏项目各投资成本构成

2022 年上半年光伏电站系统价格见表 13-1。

表 13-1 　　　　　　　　　　2022 年上半年光伏电站系统价格

项目	EPC （元/W）	组件 （元/W）	逆变器 （元/W）	箱式变压器 （元/W）	固定支架 （元/W）	平单轴 （元/W）
价格	3.5～4.5	1.90～1.98	0.12～0.17	0.08～0.13	0.28～0.33	0.47～0.55
项目	电缆 （元/W）	主变压器 （元/W）	储能电池 （元/Wh）	勘察设计 （元/W）	运维 （元/W）	
价格	0.11～0.15	0.03～0.04	1.65～1.75	0.015～0.03	0.03～0.06	

注 根据网上 2022 年中标情况整理。

2. 陆上风电及海上风电的投资成本构成

（1）海上风电的平均投资成本高。海上风电的平均投资成本约为陆上风电的 2 倍，当下海上风电建设成本在 12 000～13 000 元/kW，陆上风电建设成本在 4500～6000 元/kW。分别拆分陆上和海上建设成本发现：陆上风电的风电机组与塔筒建设成本占比高，风电机组占比为 40% 左右，塔筒及其他设备占 18% 左右，其他方面的费用占比相对较少；海上风电的施工成本相对较高，以广东省海上风电成本构成为例，风电机组与塔筒成本占比合计不超过 40%，而风电机组基础及安装成本占比为 25%，在海上吊装船比较紧张的时候，该项成本还会进一步上升。

2021 年国内某陆上风电项目成本（平坦地区）如图 13-3 所示。

2021 年国内某海上风电项目成本构成如图 13-4 所示。

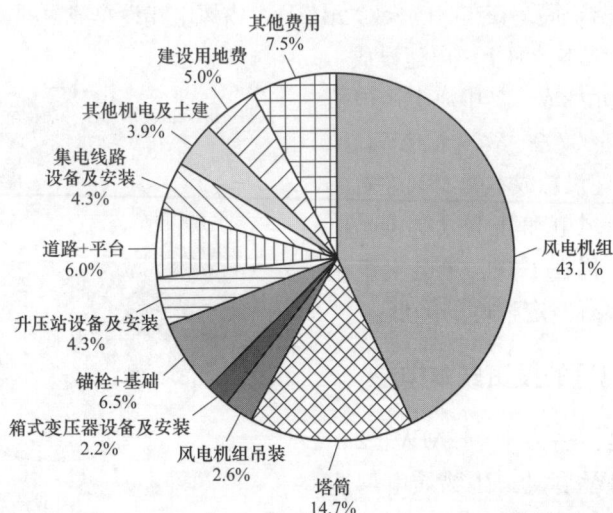

图 13-3　2021 年国内某陆上风电项目成本（平坦地区）

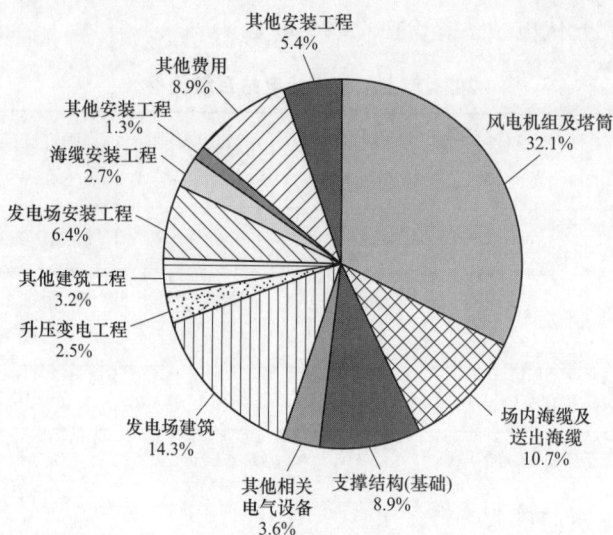

图 13-4　2021 年国内某海上风电项目成本构成

（2）风力发电的成本。包括风电项目前期建设时的投资成本和生命周期内的运行维护成本和财务费用。风力发电的投资成本是指风电项目开发和建设期间的资本投入所形成的成本，主要包括设备购置费用、建筑工程费用、安装工程费用、前期开发与土地征用等费用，以及项目建设期利息、在项目运行寿命期内固定资产的折旧。风力发电站的建造成本非常高，海上风电由于施工条件复杂，因而比陆上风电的建造成本更高。据国网能源研究院统计，海上风电的平均投资成本约为陆上风电的 2 倍。

（3）陆上风电建造成本：当下陆上风电系统成本在 4500～6000/kW，根据施工条件（地形复杂程度）的不同，施工条件较好（地形平坦）的西北部地区，建设成本在 4500 元/kW 以上，东部的山东、河北、山西等地，成本在 5100 元/kW 左右，南部的湖南、云南、贵州、四川等地由于丘陵地形较多，风电系统成本在 6000 元/kW 左右。陆上风电的风电机组价格（不含塔筒）在 1500～2500 元/kW，占风电建设总成本的 40% 左右。

（4）海上风电成本：海上风电建设成本在 12 000～13 000 元/kW，其中海上风电机组价格（含塔筒）在 4700～5700 元/kW，风电机组成本占风电建设总成本的 35% 左右。

（5）目前海上风电和陆上风电风电机组主机设备的价格仍在下探，风电机组主机设备投资占比会有一定程度的降低。

四、生物质电厂的投资成本构成

目前生物质电厂多为 1×12MW、2×12MW 或 1×30MW 容量，生物质电厂造价为 8500～9500 元/kW。

某 1×30MW 生物质电厂项目各投资成本构成如图 13-5 所示。

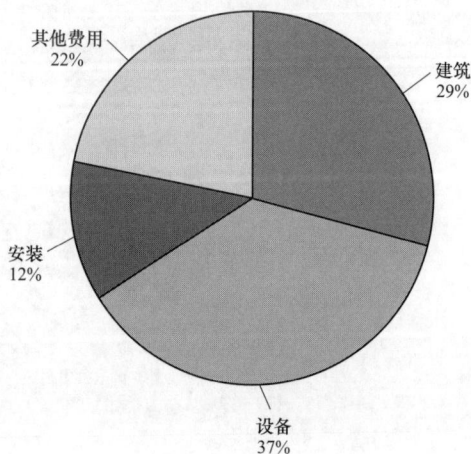

图 13-5　某 1×30MW 生物质电厂项目各投资成本构成

五、垃圾焚烧电厂的投资成本构成

垃圾焚烧电厂建设期投资，一般为 40 万～60 万/t，单位投资一般为 22 000～30 000 元/kW。某 2×600t/d 垃圾焚烧电厂项目投资成本构成如图 13-6 所示。

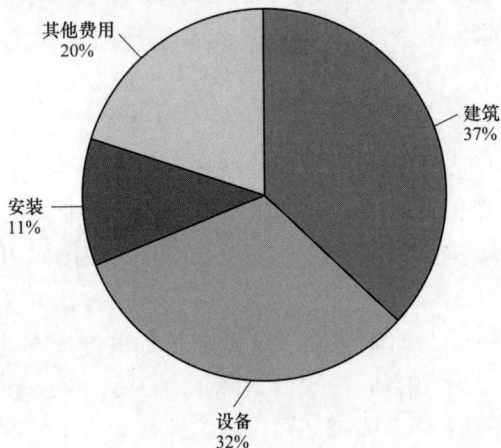

图 13-6 某 2×600t/d 垃圾焚烧电厂项目投资成本构成

六、光伏、风电、生物质及垃圾电厂运营期经营成本构成

总成本费用＝经营成本＋折旧费＋摊销费＋利息＋维持运营投资，下面仅分析各新能源电厂经营成本。经营成本包含燃料费、用水费、材料费、工资及福利费、修理费、其他费用及保险费。

1. 光伏、风电经营成本构成

根据风电场项目经济评价规范及某能源集团光伏经济评价规范，确定了以下经营成本大致水平（每个公司项目经营成本一般是根据各自管理水平确定，数据仅供参考），具体见表 13-2。

表 13-2　　　　　　　　　　　光伏、风电经营成本构成

序号	名称	光伏发电	陆上风电	海上风电
1	材料费率	10 元/kW	10～20 元/kW	30～50 元/kW
2	人工工资及福利	人工工资按企业支付给职工的报酬计算；福利费用系数中职工福利费、社会保障费、补充养老保险、补充医疗保险及住房公积金费率按当地政府规定及企业计提比例计算		
3	修理费率	运营期 1～3 年为 0.2%，4～8 年为 0.4%，9～14 年为 0.6%，15～20 年为 1%	质保期内可采用 0.50%，并以 5～10 年为一个时间段，逐级提高修理费率至 2.00%	质保期内可采用 0.50%，并以 5～10 年为一个时间段，逐级提高修理费率至 3.00%
4	保险费率	其他费用中已含	按与保险公司的协议计算，未明确时可按 0.25%～0.35%	按与保险公司的协议计算，未明确时可按 0.35%～0.60%
5	其他费率	1 万 kW 以下为 100 元/kW，1 万～3 万 kW 为 80～60 元/kW，3 万～5 万 kW 为 60～50 元/kW，5 万 kW 以上为 50 元/kW	20～30 元/kW	30～50 元/kW

2. 生物质电厂经营成本构成

生物质电厂经营成本中，燃料成本比例最大，占到整个电厂运营成本的 54%；生物质电厂每年需要定期检修，检修费用为固定资产的 2%~3%，检修费用占整个电厂经营成本的 12%；因此，在电厂的运营过程中，需要对原料和设备成本进行严格控制。

以农业秸秆燃料为例，燃料成本与发电成本呈现出正向比例关系，燃料成本越高，度电成本也越高；在一般情况下，当燃料成本大于 270 元/t 时，发电成本大于上网电价，电厂将出现亏损。

农业秸秆燃料成本中占比最大的是运输费用（占 44%），主要原因是生物质燃料具有体积大、重量轻、燃值低等特点，运输并不经济；行业内人士表示，如果运输距离超过 50km，生物质成本将大幅上升，超过 300 元/t，因此，生物质燃料在 50km 以内运输时具有经济性。

对投资 2.7 亿元、规模为 30MW 的生物质电厂的关键成本进行了敏感性测试，发现：每吨农业秸秆成本上升 10%，净现值下降 15.09%，敏感性系数为 −1.51；财务成本每上升 10%，净现值下降 −0.0256%，敏感性系数为 −0.26；固定资产投入每增长 10%，净现值上升 0.008 29%，敏感性系数为 0.08；通过上述敏感性分析，认为农业秸秆的成本是生物质电厂成本中最敏感的成本因子，需要给予最大的关注。

七、垃圾电厂经营成本构成

项目经营成本一般包括外购原材料费、燃料动力费、人工成本、维修费用、渗滤液及飞灰处理费、环境检测费、保险费、管理费等。

（1）外购原材料费：垃圾焚烧发电过程中消耗的材料、物料包括氢氧化钙、活性炭、氨水等，可根据垃圾处理量计算，一般占经营成本的 20%~30%。

（2）燃料动力费：在生产经营过程中，从外部购买的燃料和动力费用包括柴油、汽油、生产用水等。燃料主要包括垃圾焚烧燃料消耗和运输燃料消耗。可根据垃圾处理量和运输距离计算。生产用水包括垃圾焚烧发电耗水和人员办公用水，可根据垃圾处理量和人员数量计算，一般占经营成本的 4%~8%。

（3）人工成本：在生产经营过程中聘用的人员成本，包含人员工资、福利、社会保险等费用。可根据建标 142—2010《生活垃圾焚烧处理工程项目建设标准》中第八章运营管理与劳动定员，结合项目实际情况，根据人员数量和项目所在地人员工资情况计算人工成本，一般占经营成本的 20%~25%。

（4）维修费用：在生产过程中设施设备等资产的损耗，通过维修维持其原有的功能，一般包括正常修理和大修，甚至设备更新。一般可根据设备投资额的 3%~8%计算，占经营成本的 22%~27%。

（5）废弃物处置费：在垃圾焚烧过程中出现的飞灰、渗滤液、灰渣等废弃物需经专业工艺处理所产生的费用，可根据垃圾处理量计算废弃物产生量，结合废弃物处置单价进行计算，一般占经营成本的 8%~12%。

（6）其他费用还包括环境检测费、保险费、管理费、租金等费用，一般根据经验数据预测。

根据行业经验数据，垃圾焚烧发电项目经营成本构成如图 13-7 所示。

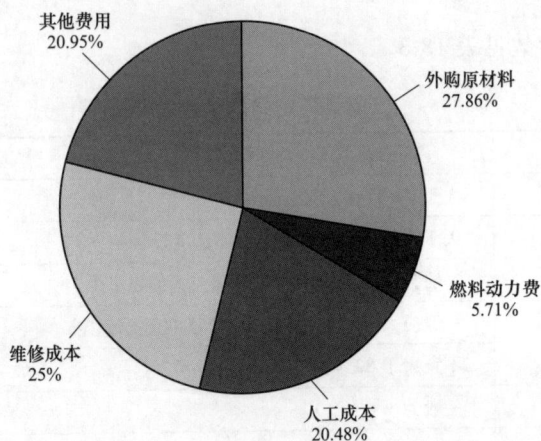

图 13-7　垃圾焚烧发电项目经营成本构成

关于垃圾焚烧电厂业内投资的一些看法：

（1）垃圾焚烧电厂只有到达一定规模才有望赢利，垃圾处理规模 600t/d 是一个临界点。

（2）焚烧炉的选型可优先选择国产炉排炉，单位投资应争取控制在 40 万元/t 之内。

（3）争取政府垃圾补贴费在 70 元/t 以上，垃圾补贴费应能补偿运营费用。

第二节　新能源发电项目财务评价

一、财务评价主要指标

投资方案评价指标如图 13-8 所示。

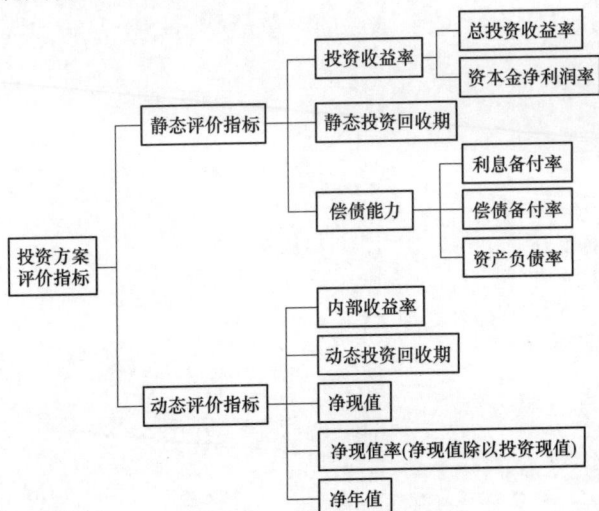

图 13-8　投资方案评价指标

二、财务评价判据参数

财务评价判据参数见表 13-3。

表 13-3 财务评价判据参数

序号	名称	判据参数	备注
1	净现值	大于 0，且越大收益越好	
2	内部收益率	大于或等于基准收益率，项目可行	
3	利息备付率	一般为 1.5~2.0，并结合债权人的要求确定	
4	偿债备付率	一般应大于 1.3，并结合债权人的要求确定	
5	资产负债率	不宜大于 80%	
6	流动比率	一般为 1.0~2.0	
7	速动比率	一般为 0.6~1.2	

三、新能源电厂对内部收益率影响最大的指标

新能源电厂对内部收益率影响最大的指标见表 13-4。

表 13-4 新能源电厂对内部收益率影响最大的指标

序号	电厂类型	敏感度系数最大的指标	提高收益措施
1	光伏电厂	电价和发电量	在上网电价一定的条件下，若要提高项目投资收益，应做好光资源测试，首先保证光伏电站的年上网电量。
2	风电场	发电量和总投资	若要提高工程投资收益，应控制工程造价，并做好风资源测试，保证机组的年上网电量
3	生物质电厂	生物质燃料收购成本	若要提高工程投资收益，降低生物质燃料的收购成本是关键
4	垃圾焚烧电厂	项目投资	若要提高工程收益，首要控制好项目投资

参 考 文 献

[1] Irena, Explore trends across various regions and technologies [M/OL]. https：//www. irena. org/ Data/View-data-by-topic/Capacity-and-Generation/Regional-Trends，2022-07-20.

[2] Irena. The dashboard ranks countries/areas to their renewable energy power capacity or electricity generation ［M/OL］. https：//www. irena. org/Data/View-data-by-topic/Capacity-and-Generation/ Country-Rankings，2022-07-20.

[3] Irena. Renewable energy statistics 2022.

[4] 电力规划设计总院. 中国电力发展报告 2022 ［R］. https：//www. baidu. com/link? url＝fZdX-aeKuAzwnLrKfFe4ODS9b3IKbwvv6O_q4KJFfzx4MB5wyVjGtMf3fs0qv9v-XxWJSqsjdH0S5BTQa5sj_ Y7EVi6syhLJ6-E7PTNhbJ9e&.wd＝&.eqid＝e7250f60000108230000000663e21070，2022-08-15.

[5] 中国光伏行业协会，赛迪智库集成电路研究所. 中国光伏产业发展路线图（2021 年版）［M/ OL］. http://www. chinapv. org. cn/road_map/1016. html1，2022-2-23.

[6] 360doc 个人图书馆. 2021 中国光伏企业组件、逆变器、EPC、支架等 20 强排行榜 ［DB/OL］. ht-tp://www. 360doc. com/content/22/0323/14/39233137_1022841941. shtml，2022-03-23.

[7] 许继刚，汪毅副. 塔式太阳能光热发电站设计关键技术 ［M］. 北京：中国电力出版社，2019.

[8] 胡宏彬，任永峰. 新能源应用技术丛书　风电场工程 ［M］. 北京：机械工业出版社，2014.

[9] 宫靖远. 风电场工程技术手册 ［M］. 北京：机械工业出版社，2004.

[10] 王勇. 垃圾焚烧发电技术及应用 ［M］. 北京：中国电力出版社，2020.

[11] 白良成. 生活垃圾焚烧处理工程技术 ［M］. 北京：中国建筑工业出版社，2009.

[12] 龙辉. 超超临界机组设计参数优化、技术创新及 CO_2 减排最新动向 ［R］. 济南：第十届超超临界机组技术交流 2016 年会，2017.

[13] 中国垃圾焚烧发电政策回顾与分析 ［OL］. 垃圾发电联盟，2022-05-16.

[14] 关于燃煤机组耦合生物质直燃发电技术研究 ［OL］. 贤集网，2021-07-21.

[15] 生物质发电行业现状：发电量占比逐年提升，双碳目标助力行业发展 ［OL］. 亚太生物质能展，2022-04-02.

[16] 我国生物质能行业现状：生物质发电迎来机遇，行业产业链将逐步完善 ［OL］. 亚太生物质能展，2022-04-19.

[17] 王长贵，崔容强，周筑. 新能源发电技术 ［M］. 北京：中国电力出版社，2003.

[18] ［美］Ronald DiPippo 著. 地热发电厂：原理、应用、案例研究和环境影响 ［M］. 马永生，刘鹏程，李瑞霞，李克文译. 北京：中国石化出版社，2016.

[19] 田增华. 太阳能光热与传统火电耦合发电技术应用. 2019 第六届中国国际光热大会暨 CSP-PLAZA 年会报告 ［R］. 2019.

231